U0169696

无人机应用技术专业系列教材

固定翼无人机技术

董彦非　李继广　编著

西安电子科技大学出版社

内 容 简 介

　　本书根据航空类专业学习固定翼无人机相关知识的需要,从飞行原理、动力装置和检查试飞等方面,全面介绍了固定翼无人机知识。全书共分为六个模块,分别为固定翼无人机基础知识(第1、2章),固定翼无人机的空气动力特性(第3~6章),固定翼无人机的飞行性能(第7~10章)、固定翼无人机的平衡、稳定性和操纵性(第11、12章),固定翼无人机的动力装置(第13~15章),固定翼无人机的飞行准备和飞行操纵(第16、17章)。本书以应用为导向,注重基本概念、结论和经验的介绍,力求做到深入浅出,简单实用。

　　本书可供高等院校航空类专业以及涉航各专业使用,也可供相关研究人员、工程技术人员、管理人员以及航空爱好者参考。

图书在版编目(CIP)数据

固定翼无人机技术/董彦非,李继广编著. —西安:西安电子科技大学出版社,
2021.9(2024.7重印)
ISBN 978 - 7 - 5606 - 6090 - 5

Ⅰ. ①固…　Ⅱ. ①董…　②李…　Ⅲ. ①无人驾驶飞机—高等学校—教材
Ⅳ. ①V279

中国版本图书馆 CIP 数据核字(2021)第 124758 号

责任编辑　于文平　裴欣荣
出版发行　西安电子科技大学出版社(西安市太白南路 2 号)
电　　话　(029)88202421　88201467　　　邮　编　710071
网　　址　www.xduph.com　　　　　　电子邮箱　xdupfxb001@163.com
经　　销　新华书店
印刷单位　陕西日报印务有限公司
版　　次　2021 年 9 月第 1 版　2024 年 7 月第 2 次印刷
开　　本　787 毫米×1092 毫米　1/16　印 张　18.5
字　　数　438 千字
定　　价　47.00 元

ISBN 978 - 7 - 5606 - 6090 - 5

XDUP 6392001 - 2

前　言

本书以应用为导向，系统全面地介绍了固定翼无人机的基础知识，空气动力特性，飞行性能、平衡、稳定性和操纵性，动力装置以及飞行准备和飞行操纵等相对独立而又有机结合的六个部分。

本书以培养高素质应用型工程技术人才目标为导向，编写中力图做到概念清晰，内容全面、简明扼要，实用性强。本书具有以下两个特点：

（1）内容全面。本书既介绍了固定翼无人机的空气动力特性、飞行性能和飞行品质，又介绍了固定翼无人机的动力装置及其飞行准备和飞行操纵等方面的内容。书中从基础的概念和认识入手，重点讲解固定翼无人机的飞行原理和动力装置，也讲解了进行实际飞行检查和操纵的实用技能。

（2）简洁易懂。本书注重实用，重点关注基本概念和重要结论。全书图文并茂，深入浅出，可读性较强。

本书共分 17 章，全书由董彦非统稿，邵靖宇主审。其中，董彦非编写第 1～15 章；李继广编写第 16、17 章。史佳龙、陈东东、宋鹏飞、张士祎负责配套资源（课程教案、PPT 讲义、授课方案、学习任务单等）的制作。

本书的出版得到了西安天翼智控教育科技有限公司的资助，感谢西安天翼智控教育科技有限公司无人机行业专家邵靖宇、陈东东、史佳龙、宋鹏飞、张士祎等对本书出版做出的贡献，同时感谢西安电子科技大学出版社的大力支持与帮助。

本书在编写过程中参考了大量书籍、论文和网络资料，在此，谨对相关作者深表谢意。限于作者水平，书中不妥之处在所难免，敬请广大读者批评指正（作者邮箱：China_DYF@sina.com）。

课程标准

教学进度计划

内容导图

作　者
2021 年 6 月

目　　录

模块六　固定翼无人机的飞行准备和飞行操纵

模块一 固定翼无人机基础知识

本模块首先介绍固定翼无人机的相关概念，然后对固定翼无人机平台的五大部分做整体介绍。

第1章 固定翼无人机概述

1.1 固定翼无人机的定义

学习任务单

1.1.1 概念辨析

从本质上看，固定翼无人机首先是"飞机"，然后从控制的角度又属于"无人机"。

所谓飞机，就是由动力装置产生推力/拉力，由固定机翼产生升力，在大气层中飞行的重于空气的航空器。无动力装置的滑翔机、以旋翼作为主要升力面的直升机、多旋翼飞行器以及在大气层外飞行的航天飞机都不属于本书所讲的飞机的范围。

这里要再强调一下，飞机的概念已经被限定为固定翼飞机。直升机和多旋翼飞行器不是飞机，因此，直升机不能称为直升飞机，多旋翼飞行器也不能叫作多旋翼飞机。

100多年来，出于对性能提高的需求，以及不同的使用目标，飞机气动布局（见图1-1）在持续不断地改进。固定翼无人机的发展过程中也尝试过使用各种气动外形。

无人机有各种外形，包括固定翼、直升机、多旋翼等，尺寸则从小型手持飞机到比肩民航客机的大型飞机，各种尺寸都有。由于对无人机的操纵技术、属性、应用领域等方面的认识不同，国外将其称为遥控飞机（Remotely Piloted Aircraft，RPA）、遥控飞行器（Remotely Piloted Vehicle，RPV）、无人机（Unmanned Aerial Vehicle，UAV）、无人驾驶飞机（Unmanned Aircraft，UA）等，在国内则称为无人驾驶航空器、无人机、无人航空器、无人驾驶飞行器等。

2015年，中国民用航空局颁布的《轻型和小型无人机操作规程（试行）》中，将无人机定义如下：

常规布局—平直机翼(A10)　　　常规布局—后掠翼(轰-6)　　　常规布局—三角翼(歼-8)

鸭式布局(歼-10)　　　　三翼面布局(歼-15)　　　　无尾布局(幻影2000)

前掠翼布局(X-29)　　　　变后掠翼布局(F-14)　　　　飞翼布局(B-2)

图1-1　飞机气动布局

（1）无人机（UA）：由控制站管理（包括远程操纵或自主飞行）的航空器，也称远程驾驶航空器（RPA）。

（2）无人机系统（UAS）：由无人机、相关控制站、所需的指令与控制数据链路以及批准的型号设计规定的任何其他部件组成的系统，也称远程驾驶航空器系统（RPAS）。

可以看出，我国民航主管部门对无人机的定义主要基于程序控制和无线电遥测技术，强调现阶段无人机运行需要人的操纵，并已经将模型类航空器排除在管理范围外。

综合"飞机"和"无人机"的概念，固定翼无人机在本书中可以定义为：由控制站管理的具有固定翼的航空器。

固定翼无人机与航空模型（简称航模）是有区别的。国际航空联合会（FAI）定义航模是一种重于空气、有尺寸限制、带或不带发动机、可遥控、不能载人的航空器。固定翼无人机与航模最本质的区别（见图1-2）在于：无人机有飞行控制系统，可以人工遥控，也可以自主控制；而航模没有飞行控制系统，只能人工遥控。另外，航模的飞行范围只在视距内，即距离操控者不超过500 m，相对高度不超过120 m。从应用范围上来看，航模在我国只是一项竞技运动，归国家体育总局航管中心管理，没有实用功能；而无人机的应用范围从民用到军用，承担了大量实际功能。

图 1-2　固定翼无人机与航模的区别

1.1.2　特点与分类

1. 固定翼无人机的特点

固定翼无人机具有与无人直升机和多旋翼无人机不同的特点，可以概括如下：

1）固定翼无人机的优势

（1）航程大，续航时间久。固定翼无人机可以以较低的功率巡航飞行，而无人直升机和多旋翼无人机的升力必须大于自身的重量，所以固定翼无人机的飞行效率最高，航程和续航时间都高。如美国全球鹰无人机的最大航程大于 25 000 km，最大续航时间大于 40 h，这些都是无人直升机和多旋翼无人机无法比拟的。

（2）飞行速度快。固定翼无人机的飞行速度可以达到现役的有人驾驶飞机水平，从亚声速到超声速的都有。一些试验中的固定翼无人机的飞行速度甚至远超有人机，达到高超声速（飞行马赫数[①] $Ma>5$）。而现役无人直升机和多旋翼无人机的飞行马赫数一般都小于 0.3。

（3）飞行高度高。固定翼无人机的飞行高度范围涵盖高、中、低空。很多固定翼无人机在中高空飞行，受天气影响较小，安全系数高。由于空气密度对旋翼气动性能影响较大，因而无人直升机和多旋翼无人机只能在中低空飞行。

（4）任务载荷大。固定翼无人机的飞行效率高，运载能力大，经济性好，所以大批量货运和客运首选固定翼无人机。

2）固定翼无人机的不足

固定翼无人机的主要不足：一是对起降条件要求较高，需要跑道或者专用发射/回收器械，中型和大型固定翼无人机都需要机场，对起降场地的要求相对比较苛刻；二是低速飞行的灵活性和机动性不如无人直升机和多旋翼无人机。

此外，固定翼无人机的原理、结构和操纵比多旋翼无人机复杂；无人直升机在飞行过程中会产生通道间耦合，自驾仪控制器设计困难，控制器调节也很困难。因此，在小型无人机领域，多旋翼无人机容易上手，更受青睐。

目前，固定翼无人机因其独有的优势已经成为军用和多数民用无人机的主流平台，也

---

① 马赫数是一个表征流体可压缩程度的无量纲参数，定义为声速的倍数，记为 Ma，即流场中某点的速度 v 同该点的当地声速 a 之比，即 $Ma = v/a$，它是以奥地利科学家 E. 马赫的姓氏命名的。

是类型最多、应用最广泛的无人机。

2. 固定翼无人机的分类

从不同的角度，固定翼无人机可以有不同的分类方法。

1）按重量分类

2024 年 1 月 1 日开始实施的 CCAR-92 部《民用无人驾驶航空器运行安全管理规则》中按照重量对无人机的分类如表 1-1 所示。

表 1-1 《民用无人驾驶航空器运行安全管理规则》中对无人机的分类

分类	微型	轻型	小型	中型	大型
空机重量	<250 g	≤4 kg	≤15 kg		
最大起飞重量		≤7 kg	≤25 kg	≤150 kg	>150 kg
最大飞行真高	≤50 m				
最大平飞速度	≤40 km/h	≤100 km/h			

军用无人机根据起飞重量，可以划分为小、中、大型无人机，如表 1-2 所示。

表 1-2 军用无人机按照起飞重量分类

起飞重量/kg	<200	200~500	>500
机型（小、中、大）	小型	中型	大型

2）按使用领域分类

目前民用无人机主要用于货物运输、无线通信、地质勘探、地形测绘、农作物病虫害防治、农作物产量评估、森林防火、汛情监视、交通管制、气象监测、航拍摄影等方面。其总需求主要来自政府提供的公共服务。未来，农业植保、空中无线网络和数据获取等方面的市场需求潜力很大。

军民用无人机
作业视频

军用无人机在杀伤和非杀伤两个方向上根据应用领域的不同，可以分为不同的类别，见图 1-3。

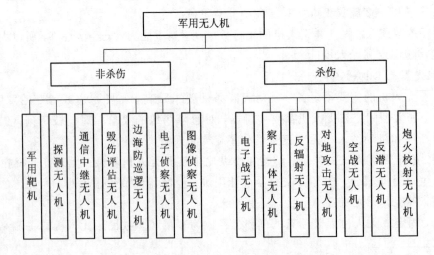

图 1-3 无人机按任务功能分类示意图

3）其他分类方法

根据不同的研究目的，还可以有很多分类方法。

例如，按照执行任务的高度 H，无人机可以分为超低空无人机（$H \leqslant 100$ m）、低空无人机（$100 < H \leqslant 1000$ m）、中空无人机（$1000 < H \leqslant 7000$ m）、高空无人机（$7000 < H \leqslant 20\,000$ m）、超高空无人机（$H > 20\,000$ m）。

军用无人机按照航程、活动半径、续航时间和飞行高度可以分为战术无人机和战略无人机。

无人机按照控制方式可以分为遥控式、半自主式和自主式，以及兼具以上方式的混合式；按照动力装置可以分为电动式、油动式和油电混合式等。

1.2　固定翼无人机的飞行环境

飞行器的飞行活动与其所处的环境有着密不可分的关系。在学习飞行原理之前，了解飞行器的飞行环境非常重要。固定翼无人机飞行的主要环境为地球表面的大气层。

1.2.1　大气飞行环境

包围地球的空气层称为大气层，是航空器唯一的飞行环境，也是导弹与航天器飞行的重要环境。大气层没有明显上限，其总质量的 90% 集中在地球表面 15 km 高度以内，99.9% 集中在 50 km 高度以内。到了 2000～3000 km，大气极其稀薄，接近星际气体密度，因此通常将这一高度作为大气层顶界。

大气层的各种特性沿铅垂方向上的差异非常显著，例如，空气密度和压强都随高度增加而减小（见图 1-4）。在 10 km 高度，空气密度相当于海平面空气密度的 1/3，压强约为海平面压强的 1/4；而在 100 km 高空，空气密度是地面密度的百万分之零点四，压强是地面的百万分之零点三。

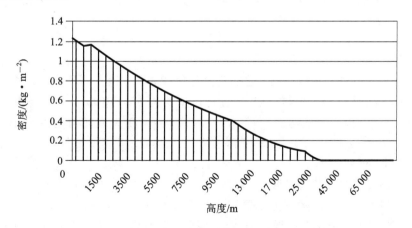

图 1-4　大气密度随高度的变化

按照大气层在垂直方向的物理特性，可以将大气层分成若干层次。按照大气层温度随高度分布的特征，可把大气层分成对流层、平流层（旧称同温层）、中间层、高温层（热层）和散逸层（电离层）（见图 1-5）。大气层的底界是地面，而顶界则没有明显的自然界限。如果以空气密度接近于星际气体密度的高度作为顶界,那么这一高度约为 2000～3000 km。

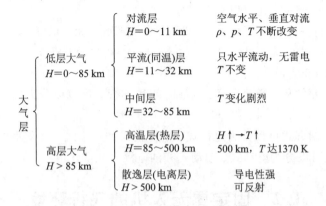

图 1-5 大气的分层

目前的航空活动均发生在对流层和平流层(见图 1-6)。

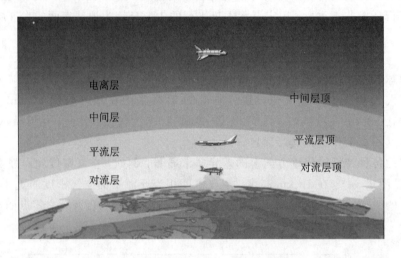

图 1-6 航空活动发生在对流层和平流层

1. 对流层

对流层是贴近地球表面的一层,它的底界是地球表面,顶界则随地球纬度、季节等情况而变化。就纬度而言,对流层的顶界在赤道区平均为 17～18 km,在中纬度地区平均为 10～12 km,在南北极地区平均为 8～9 km。也就是说,由赤道向南北极,随着纬度的增加,对流层的顶界逐渐降低。就季节而言,夏季对流层的顶界高于冬季。

对流层有以下特点:

(1)气温随高度的升高而降低。在对流层内,平均每升高 100 m,气温下降 0.65℃,所以对流层又叫变温层。该层的气温主要靠地面反射太阳的红外辐射而加热,所以离地面越近,空气就越热,气温随高度的增加而逐渐降低。爬过高山的人都知道山上比山下冷,就是这个道理。若以海平面的平均温度 15℃ 为起点,则到 11 000 m 高空,气温将下降到 —56.5℃。

(2)有云、雨、雾、雪、雹等天气现象。地球上的水受太阳照射而蒸发,使大气中聚集大量各种形态的水蒸气,而它们几乎都集中在对流层内,因而在不同的气温及条件下,对流层会形成云、雨、雾、雪、雹等天气现象。

（3）空气上下对流激烈。由于地面有山川、湖泊、沙漠、森林、草原、海洋等不同的地形和地貌，因此造成垂直方向和水平方向的风，即空气发生大量的对流。例如，森林吸热少，散热慢，而沙漠吸热多散热快，因而沙漠上面的空气被加热得快，温度较高，向上浮升，四周的冷空气填入热气所离开的空间，因而造成上升气流和水平方向的风。

2. 平流层

平流层位于对流层之上，顶界伸展到 50～55 km，空气稀薄，所包含的空气质量约占整个大气质量的四分之一。在平流层内，空气没有上下对流，只有水平方向的风。由于高空中空气稀薄，摩擦力减小，当空气随着地球自转而运动时，上层空气落后于下层空气，就形成了与地球自转方向相反、方向一定的水平风。

平流层在 25 km 高度以下，因受地面温度的影响较小，气温基本保持不变，平均温度为 $-56.5℃$，所以又叫同温层。高度超过 25 km 时，气温随高度增加而上升，这是因为该层存在着臭氧，会吸取太阳辐射热的缘故。

1.2.2　空气的性质与标准大气

1. 空气的状态参数

气体是流体的一种，描述其状态的物理量叫作气体的状态参数。最常见的有体积、密度、温度和压强。

1）体积

体积是描述物体占有多少空间的量，以符号 V 表示，其国际单位是立方米（m³）。

2）密度

密度是物质每单位体积内的质量，以符号 ρ 表示。密度的国际单位是千克每立方米（kg/m³）。

3）温度

气体的温度描述了气体的冷热程度，是分子热运动平均移动功能的度量。温度的度量方法叫作温标，常用的温标有摄氏温标、华氏温标和热力学温标三种，对应的温度计算记为摄氏温度、华氏温度和热力学温度。

摄氏温度是摄氏温标的温度计量单位，用符号 ℃ 表示。摄氏温度的含义：在标准大气压下，纯净的冰水混合物的温度为 0 度，水的沸点为 100 度，其间平均分为 100 份，每一等份为 1 度，记作“1℃”，用符号 t 表示。摄氏度现已纳入国际单位制（SI）中。

华氏温度（F）是温度的一种度量单位，是以其发明者德国人华伦海特（Gabriel D. Fahrenheit，1686—1736）命名的。1714 年他发现液体金属水银比酒精更适宜制造温度计，以水银为测温介质，发明了玻璃水银温度计，选取氯化铵和冰水的混合物的冰点温度为温度计的零度，人体温度为温度计的 100 度。在标准大气压下，冰的熔点为 32 度，水的沸点 212 度，中间有 180 等份，每一等份为华氏 1 度，记作“1℉”。

热力学温度（又称开尔文温度、绝对温度，简称开氏温度）以理想气体分子完全停止热运动时的温度为绝对零度，每度大小与摄氏温度相同，热力学温度用符号 T 表示，单位用 K 表示。0 K 的温度相当于零下 273.16 摄氏度（在实际计算中常取 $-273℃$）。

三种温标之间的换算关系如下：

$$C = \frac{5}{9}(F - 32)$$

$$F = \frac{9}{5} \times C + 32$$

$$T = t + 273.15$$

式中：t——摄氏温度(℃)；

　　F——华氏温度(℉)；

　　T——热力学温度(K)。

4）压强

物体所受的压力与受力面积之比叫作压强，压强用来比较压力产生的效果，压强越大，压力的作用效果越明显。压强的单位是帕斯卡，符号是 Pa(N/m²)。实际应用中，为了便于测量和使用，还常用以下压力单位：

百帕(hPa)：1 百帕=100 Pa=1 毫帕(mPa)。

千帕(kPa)：1 千帕=1000 Pa。

1 标准大气压=760 mmHg=1013 hPa。

工程大气压(at)：1 at= 1 kgf/cm²=98 066 Pa。

标准大气压(atm)：温度为 15℃时，海平面上空气的平均压力，1 atm=1.033 at。

PSI：1 PSI=1 lbf/ in²⁻ =0.07 kgf/cm²=6894.8 Pa；1 kgf/cm²=14.3 PSI。

毫米(或英寸)汞柱：1 mmHg 的压力等于高为 1 mmHg 的重力对底部所产生的压力。航空活塞发动机的进气压力常用此单位。

2. 空气的性质

1）热膨胀性

在一定压强下，流体体积随温度升高而增大的性质称为流体的热膨胀性。热膨胀性的大小用膨胀系数 α 表示，它的物理意义是单位温度变化所引起的体积的相对变化率，即

$$\alpha = \frac{1}{V} \frac{\Delta V}{\Delta T} \tag{1-1}$$

式中：α——体积膨胀系数(K^{-1})；

　　V——流体的体积(m³)；

　　ΔV——流体体积的增加量(m³)；

　　ΔT——温度的增加量(K)。

气体的热膨胀性相对很大，一般不可忽略。当气体压强不变时，温度每升高 1 K，体积便增大到 273 K 时体积的 1/273。因此，气体的热膨胀系数 $\alpha=1/273(K^{-1})$。

2）压缩性与马赫数

在一定温度下，流体体积随压强升高而减小的性质称为流体的压缩性。压缩性的大小用体积压缩率 k 表示，它的物理意义是单位压强变化所引起的体积的相对变化率，即

$$k = -\frac{1}{V} \frac{\Delta V}{\Delta P} \tag{1-2}$$

式中：k——体积压缩率(Pa^{-1})；

　　V——流体的体积(m³)；

ΔV——流体体积的变化量(m^3)；

Δp——流体压强的变化量(Pa)；

由于压强增大，体积缩小，Δp 与 ΔV 的变化趋势相反，为保证 k 为正值，式(1-2)的右边加一负号。并且从 k 的表达式中可以看出，当压强变化相同时，体积变化率越大，k 也就越大，即流体越容易被压缩，而 k 小的流体不易被压缩。因此，k 值标志着可压缩性的大小。

体积压缩率 k 的倒数称为体积模量，以 K 表示：

$$K = \frac{1}{k} = -\frac{V\Delta P}{\Delta V} \tag{1-3}$$

纯液体的体积压缩率很小。当压强在 0.1～50 Pa 以及温度在 0～200℃范围内时，水的体积压缩率约为 1/20 000。对于工程中常用的矿物系液压油，K 值随压强变化不大。但如果油中混入气体，压缩性将显著增加。通常油中没有混入空气时，可取 $K = (1.4～2.0)\times 10^9$ Pa。当油中混入 1% 的气体时，K 值将降到原来的 5% 左右；当油中混有 5% 的空气时，K 值将降到纯油的 1% 左右。

气体的情况比液体的复杂得多，一般需要同时考虑压强和温度对气体密度的影响，才能确定 k 或 K 值。

根据流体的密度或体积随温度和压强变化的不同程度，通常把流体分为可压缩流体和不可压缩流体两种。对于液体，由于其密度随温度和压强的变化很小，可以视为常量，即可以看作不可压缩流体。

气体的密度随温度和压强的变化很大。在大气层中，各处的空气压缩性并不相同，而压缩性的大小可以通过当地声速(原称音速)的变化表现出来。因此，飞机飞行中，空气所表现出的压缩性不仅与飞行速度有关，还与当地声速的大小有关。飞行速度的大小表明飞机飞行时造成空气局部压力变化的大小，而声速的大小则表示飞行当地空气被压缩的难易程度，所以引入了马赫数的概念(以 Ma 表示)。飞行马赫数 Ma 等于前方来流速度 V(飞机相对气流的速度)与当地声速 a 之比：

$$Ma = \frac{V}{a}$$

Ma 是一个无量纲的量。Ma 越大，说明飞行速度越大或声速越小，空气局部的压力变化越大或者空气越容易被压缩。这样空气的压缩性表现得越明显，对飞行的影响越大。因此，计算空气动力时是否考虑空气压缩性的影响就以飞行马赫数的大小来确定。

一般 $Ma < 0.3$(也有定为 0.4)时，空气的压缩性对空气动力的影响较小，可以忽略(可以认为不可压)。$Ma \geq 0.3$ 以后，在空气动力计算中就不能忽略压缩性的影响。

3) 黏性与雷诺数

流体流动时，在流体内部产生阻碍运动的摩擦力的性质称作流体的黏性。黏性是流体物理性质中最重要的性质。流体产生黏性最主要的原因有两条：一是流体分子之间的吸引力产生阻力；二是流体分子做不规则的热运动的动量交换产生阻力。

牛顿经实验研究发现，流体运动产生的内摩擦力与沿接触面法线方向的速度变化(速度梯度)成正比，与接触面的面积成正比，与流体的物理性质有关，而与接触面上的压强无关(见图 1-7)。这个关系式称为牛顿内摩擦定律，即

$$F = \mu A \frac{\mathrm{d}v}{\mathrm{d}n} \qquad (1-4)$$

式中：F——流体层接触面上的内摩擦力（N）；

　　　A——流体层之间的接触面积（m^2）；

　　　$\mathrm{d}v/\mathrm{d}n$——速度梯度（1/s）；

　　　μ——动力黏度（Pa·s）。

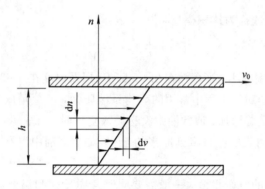

图 1-7　牛顿内摩擦定律实验

流体黏性的大小以黏度来表示和度量，气体的黏度表示主要是以下两种。

（1）动力黏度 μ。

由牛顿内摩擦定律可得

$$\mu = \frac{\tau}{\mathrm{d}v/\mathrm{d}n} \qquad (1-5)$$

动力黏度表示单位速度梯度下流体内摩擦应力的大小，它直接反映了流体黏性的大小。在 SI 制中，μ 的单位为 N·s/m^2 或 Pa·s（称为帕秒）。过去沿用的动力黏度单位还有泊（P）或厘泊（cP），它们的换算关系为 1 Pa·s＝10 P＝1000 cP。

（2）运动黏度 ν。

动力黏度 μ 与流体密度 ρ 的比值称为运动黏度，以 ν 表示。即

$$\nu = \frac{\mu}{\rho} \qquad (1-6)$$

在 SI 制中，ν 的单位为 m^2/s。运动黏度的非法定单位还有 cm^2/s，称为斯（St），其百分之一称为厘斯（cSt），且有

$$1 \ \mathrm{m}^2/\mathrm{s} = 10^4 \ \mathrm{St} = 10^6 \ \mathrm{cSt}$$

气体分子间距较大，内聚力较小，但分子运动较剧烈，黏性主要来源于流层间分子的动量交换。当温度升高时，分子运动加剧，黏性增大；而当压强提高时，气体的动力黏度和运动黏度减小。当温度为 15℃时，动力黏度 μ 为 0.000 017 9 N·s/m^2。当温度下降时，黏度会增加。工程估算大气黏度约与其绝对温度的 0.76 次方成正比。空气黏度虽然很小，但对无人飞机来说影响较大，尤其是小/微型无人飞机，一定要考虑空气黏性的影响。

无人飞机在空中飞行时，一般空气的黏性作用只是明显地表现在机体表面薄薄的一层空气内。离开了这一紧靠着机体表面的薄层，理论计算中便可以认为空气没有黏性。这一薄层空气称为边界层。边界层内的空气流动情况与外面的气流不同。边界层最靠近机体表面的地方的气流速度是 0，最外面的地方的流动速度和外界气流的流动速度相同。而边界

层内空气黏性摩擦力的总和就等于物体在空气中运动的表面阻力(或者称为摩擦阻力)。

　　气流在刚开始遇到物体时,在物体表面所形成的边界层是比较薄的。以后流过物体表面的气流愈长,边界层便愈厚。在开始的时候,边界层内空气的流动是比较有层次的,各层的空气都以一定的速度流动,这种边界层称为层流边界层。以后边界层内的流动会慢慢地混乱起来。一方面由于气流流过物体表面时受到扰动,同时空气质点的活动也是很活跃的。结果边界层内的气流便不再是很有层次的了。靠近最上面的速度比较快的空气质点可能走到底下速度慢的那一层来,而底下的质点也会走到上面去。这种边界层称为湍流(旧称紊流)边界层。而边界层的性质在一定条件下会使空气绕飞行物体的整个流场产生很大变化。

　　气流的速度愈大,流过物体表面的距离愈长或者空气的密度愈大,层流边界层便愈容易变成湍流边界层。相反,气体的黏性愈大,流动起来便愈稳定,便愈不容易变成湍流边界层。在考虑层流边界层是否会变成湍流时,这些有关的因素都要估计在内。

　　英国科学家雷诺(Osborne Reynolds)首先提出将流体动力与黏性力之比作为黏性流体流动相似性的判据。这个比值包括上述黏性流的有关参数,称为雷诺数,用符号 Re 表示。两个形状相同但大小不同的物体在不同流体中运动时,只要其雷诺数一样,它们形成的流场和各种力的系数就相同。Re 也可以用来衡量流体的黏性影响,例如,可作为衡量边界层到底会不会从层流变湍流的一个基本指标。飞机在空气中运动时,其雷诺数可用公式表示为

$$Re = \frac{\varrho Vb}{\mu} = \frac{Vb}{\nu} \tag{1-7}$$

式中:b——气流流经物体的距离,单位为 m。

　　高空大气密度、温度降低,运动黏度(旧称黏性系数)增大(见表 1-3)。例如,海平面的运动黏度为 0.000 014 6,在 11 000 m 高度,运动黏度为 0.000 039(试求无人飞机在不同高度飞行的雷诺数时,应选用该高度的运动黏度值)。

表 1-3　标准大气不同高度运动黏度 ν 的数值

H/km	0	1	2	3	4	5	6	7	8	9
$\nu \times 10^7$	146	158	171	186	203	221	242	265	290	319
	10	11	12	13	14	15	16	17	18	19	20
	352	390	456	534	625	732	857	1003	1175	1375	1610
	21	22	23	24	25	26	27	28	29	30	
	1885	2207	2583	3024	3540	4195	4969	5875	6952	8226	

　　不同的典型飞行物在不同高度的雷诺数见表 1-4。当雷诺数为 1～100 时,流体的流动全是黏性流。不过这种情况只存在于润滑的滚珠轴承内,或者太空高度稀薄大气中。而雷诺数大于 100 的流场往往是边界层与无黏性流的混合流场。流体黏性的作用只集中在边界层内。不过边界层的情况很多时候会影响到整个流场,如引起机翼的过早失速等。

表 1 − 4　不同飞行物的雷诺数

飞行物名称	$V/(m/s)$	平均气动弦长 b_A/m	雷诺数 Re		
			海平面	高 7000 m	高 20 000 m
海鸥	16	0.20	220 000	—	—
单人滑翔机	16	1.30	1 424 660	—	—
全球鹰无人机	176	1.41	17 000 000	9 364 500	1 540 000
太阳神无人机	33	2.40	5 424 660	3 000 000	492 000
天眼无人机	55	0.86	3 240 000	1 785 000	—
捕食者无人机	36	0.78	1 923 000	1 060 000	—
微星无人机	15	0.125	128 000	—	—
模型滑翔机	5	0.12	41 000	—	—

试验表明，要使机翼翼面层流边界层变为湍流边界层，大约在雷诺数为 50 000～160 000 间。一般的小/微型无人机机翼表面上多数是层流边界层，很少会变成湍流边界层。而有人机的速度很快，机翼很大，故其雷诺数也很大，机翼表面上气流形成的边界层绝大部分是湍流边界层。专门设计的层流翼型，在大雷诺数时(如 $5.0×10^6$)也可以在翼面上保持很大范围的层流边界层。

此外，还要注意，在进行风洞测试时，同一翼型在低雷诺数时性能不好，但当雷诺数达到一定值时，其性能会突然变好，这种雷诺数称为临界雷诺数 Re_{cr}；若雷诺数再继续增大，则气动性能略微变好，但变化已经不大。不同翼型或物体在不同迎角的临界雷诺数不一样。因此，尽可能厘清使用的翼型或外挂物等的临界雷诺数十分必要。无人飞机或微型无人飞机与真飞机的性能及各种空气动力的作用都相差很远的原因，就是雷诺数相差很大。计算微型无人机的性能时，不能使用由大雷诺数试验出来的数据。

3. 标准大气

飞行器的飞行性能与大气状态的主要参数——气温、气压和密度有密切关系。但是这些参数随着地理位置、季节、时间、高度和气象条件的不同而变化着，因而，随着大气状态的改变，飞机的空气动力和飞行性能也要改变。为了比较飞机的飞行性能，就必须有统一的大气状态作为衡量的标准。在设计飞机、发动机和仪表时，要按标准大气的物理参数来计算性能，在试验和试飞时，也要把结果按标准大气进行换算，才能互相比较。

因此，为了提供大气压力和温度的通用参照标准，国际标准化组织(ISO)根据大量的测量数据确定了一个大气的温度、压力、密度和声速等的平均值，以及这些参数随高度变化的规律，规定为国际标准大气(ISA)，并将其作为飞行仪表和飞机大部分性能数据的参照基础。

中国国家标准总局于 1980 年颁布了"中华人民共和国标准大气"(30 km 以下部分)：

大气被看成完全气体，海平面的高度为零。且在海平面上，大气的标准状态如下：

气温 $T=15℃$；

压强 $p=1$ 标准大气压($p=101\ 325\ N/m^2$)；

密度 $\rho=1.2250\ kg/m^3$；

声速 $a=341$ m/s。

在 11 km 以下时，高度每增高 100 m，温度降低 0.65℃；在 11～20 km 时，温度保持 -56.5℃。这样规定的标准大气压与中国中纬度（北纬 45°）的实际大气十分接近。

1.2.3　飞行中的各种高度

高度表示某个点距离某个指定参考面的垂直距离，飞机的飞行高度是指飞机在空中距某一个基准面的垂直距离（见图 1-8）。

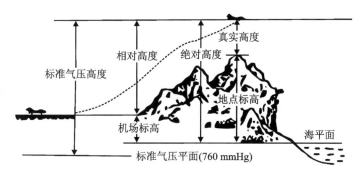

图 1-8　飞行高度示意图

根据所选基准面，飞行中使用的飞行高度大致可分为以下四种：

（1）绝对高度。

飞机从空中到平均海平面的垂直距离。飞机在海上飞行时，用雷达可直接测出其绝对高度。

（2）相对高度。

飞行器到某指定的水平面（机场、靶场、战场等）的垂直距离。飞机在起飞和着陆时需要知道飞机对机场的相对高度，这时把高度表的气压刻度调到该机场的气压值即场压，飞机距机场的相对高度即可由高度表显示出来。

（3）真实高度。

飞机从空中到正下方接触面（水面、地面、山顶等）的垂直距离称为真实高度。在飞行器飞越高山，进行空中摄影、航测、侦察、轰炸、搜索和救援，以及农林作业等任务时，需要准确测量其真实高度。因此飞行器只能在预先设计的某高度范围内飞行。

（4）标准气压高度。

飞行器从空中到标准气压平面（大气压力等于 760 mmHg 的水平面）的垂直距离称为标准气压高度。大气压力经常发生变化，因此，标准气压平面与海平面的垂直距离也经常改变。若标准气压平面恰好与海平面相重合，则标准气压高度等于绝对高度。民航飞机在航线上飞行和军用飞机转场飞行时，都需要利用标准气压高度，以免飞机相撞。它可由气压式高度表显示出来。把气压式高度表的气压刻度调到标准大气状态（101 325 Pa 或 760 mmHg 汞柱），所指示的高度就是标准气压高度。

习　　题

1. 什么是固定翼无人机？与无人直升机和多旋翼无人机相比，有什么优缺点？

2. 简述无人机的几种分类方法。

3. 简述对流层和平流层的特点。

4. 马赫数为什么能反映气体的压缩性？

5. 什么是雷诺数？雷诺数对飞行有什么影响？

6. 为什么要规定"标准大气"？中华人民共和国标准大气是如何规定的？

7. 飞行中各种高度是如何定义的？

第2章　固定翼无人机平台

固定翼无人机的飞机平台目前采用最多的还是常规布局，其飞机平台与有人驾驶飞机相同，也是由机身、机翼、尾翼、动力装置和起落架等五部分组成，如图2-1所示。

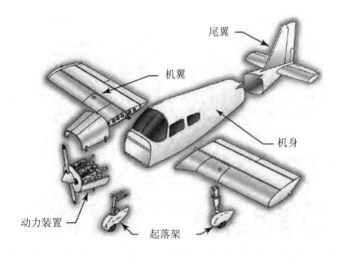

图 2-1　飞机平台的主要组成部分

2.1　机　身　结　构

机身的主要功能是装载乘员、旅客、武器弹药、货物以及各种设备，同时将飞机的其他部件(如机翼、尾翼、发动机、起落架等)连接成一个整体。

2.1.1　机身结构受力构件

传统的金属机身结构是由纵向构件(沿机身纵轴方向)——长桁、桁梁和垂直于机身纵轴的横向构件——隔框以及蒙皮组合而成的。机身结构各构件的功用与机翼结构中的长桁、翼肋、蒙皮的功用基本相同。

1. 隔框

隔框构造如图2-2所示。作为横向构件的隔框分为普通框和加强框。普通框主要用于维持机身的截面形状，承受蒙皮的局部载荷，一般沿机身周边空气压力对称分布，此时空气动力在框上自身平衡，不再传到机身其他结构上。普通框一般都为环形框。加强框的主要作用是将装载的质量力和其他部件(如机翼、尾翼等)上的载荷，经连接接头传递到机身结构上，将集中力加以分散，然后以剪流的形式将力传递到机身蒙皮。

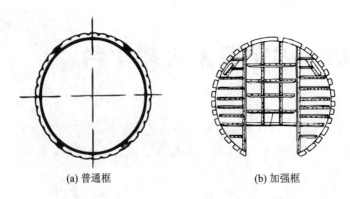

(a) 普通框   (b) 加强框

图 2-2 隔框构造

2. 长桁与桁梁

长桁作为机身结构的纵向构件,在桁条式机身中主要用来承受机身弯曲引起的轴向力。另外长桁对蒙皮有支持作用,它提高了蒙皮的受压、受剪失稳临界应力。其次,与机翼的长桁相似,长桁还承受部分作用在机身蒙皮上的气动力并传给隔框。桁梁的作用与长桁相似,只是截面积比长桁大。

3. 蒙皮

机身蒙皮在构造上的功用是构成机身的气动外形,并保持表面光滑,所以它承受局部空气动力,密封座舱部位的蒙皮还将蒙皮承受的内外载荷传递给机身骨架。

蒙皮在机身总体受载中起着很重要的作用,它除了承受着垂直和水平两个平面内的剪力和扭矩,同时与长桁一起组成壁板,承受垂直和水平两个平面内弯矩引起的轴力。

2.1.2 机身结构的基本构造形式

1. 构架式机身

在早期的低速飞机上,机身的承力构架都做成四缘条的立体构架。

为了减小飞机的阻力,在承力构架外面,固定有整形用的隔框、桁条和蒙皮,这些构件只承受局部空气动力,不参加整个结构的受力(见图 2-3)。机身的剪力、弯矩和扭矩全部由构架承受。其中,弯矩引起的轴向力由构架的四根缘条承受;垂直方向的剪力由构架

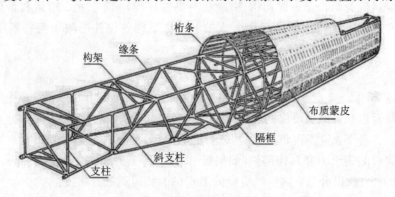

图 2-3 构架式机身构造

两侧的支柱和斜支柱(或各对张线)承受;水平方向的剪力由上、下平面内的支柱、斜支柱(或张线)承受;机身的扭矩则由四个平面构架组成的立体结构承受。构架式机身的抗扭刚度差,空气动力性能不好,其内部容积也不易得到充分利用,只有一些小型低速飞机机身采用构架式机身。

2. 硬壳式机身

硬壳式机身结构是由蒙皮与少数隔框组成的(见图 2-4)。其特点是没有纵向构件,蒙皮较厚,由蒙皮承受机身总体弯、剪、扭引起的全部轴向力和剪力。普通框和加强框用于维持机身截面形状,支持蒙皮和承受、扩散框平面内的集中力。

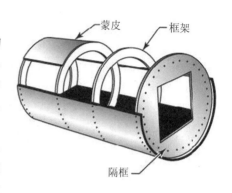

这种机身的优点是结构简单,气动外形光滑,内部空间可全部利用。但因为机身的相对载荷较小,而且机身不可避免地要布置大开口,会使蒙皮材料的利用率不高(因开口补强增重较大)。因此,

图 2-4　硬壳式机身构造

这种形式的机身实际上用得很少,只在机身结构中某些气动载荷较大、要求蒙皮局部刚度较大的部位,如机身头部、机头罩、尾锥等处有采用。

3. 半硬壳式机身

为了使机身结构的刚度能满足飞行速度日益增大的要求,需要使蒙皮参加整个结构的受力。因此,目前的机身结构将蒙皮与隔框、大梁、桁条牢固地铆接起来,成为一个受力的整体,通常称为半硬壳式机身。根据蒙皮参与承受弯矩的程度不同,半硬壳式机身可分为桁梁式和桁条式两种构造形式。

1) 桁梁式

桁梁式机身(见图 2-5)的结构特点是具有几根桁梁,且桁梁的截面积很大。在这类机身结构上,长桁的数量较少而且较弱,甚至长桁可以不连续,同时蒙皮较薄。这种结构的机身由弯曲引起的拉、压轴向力主要由桁梁承受,蒙皮和长桁承受很小部分的轴向力,剪力则全部由蒙皮承受。普通框的作用是维持机身外形,支持纵向构件,加强框除了维持外形外,主要承受集中载荷,且机翼、尾翼和机身连接的接头部位都布置有加强框。

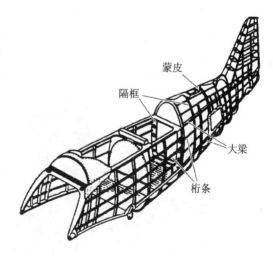

从桁梁式机身的受力特点可看出,在桁梁之间布置大开口不会显著降低机身的

图 2-5　桁梁式机身构造

抗弯强度和刚度。虽然因大开口会减小结构的抗剪强度,且开口必须补强,但相对桁条式和硬壳式结构的机身来说,同样的开口,由桁梁式的机身加强引起的重量增加较少,因此这种形式的机身便于开较大的舱口。

2）桁条式

桁条式机身（见图 2-6）的特点是没有桁梁，长桁较密、较强，蒙皮较厚，此时弯曲引起的拉伸轴向力将由许多桁条与较厚的蒙皮组成的壁板来承受，剪力仍全部由蒙皮承受。普通框和加强框的作用与桁梁式机身相同。从其受力特点可以看出，蒙皮上不宜开大口，但与桁梁式相比，它的弯、扭刚度比桁梁式大。由于蒙皮较厚，在空气动力的作用下，蒙皮的局部变形小，有利于改善气动性能。

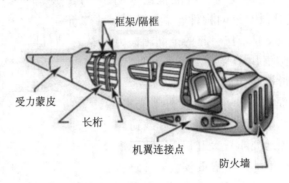

图 2-6　桁条式机身构造

2.2　机　　翼

2.2.1　机翼的组成与功能

机翼的主要功能是产生升力，从而支持飞机在空中飞行，同时也起到操纵与稳定作用。在机翼上一般安装有副翼和襟翼，操纵副翼可使飞机滚转，放下襟翼可使升力增大（见图 2-7）。机翼上还可安装发动机、起落架、油箱和内置弹仓等。不同用途飞机的机翼形状、大小也各有不同。

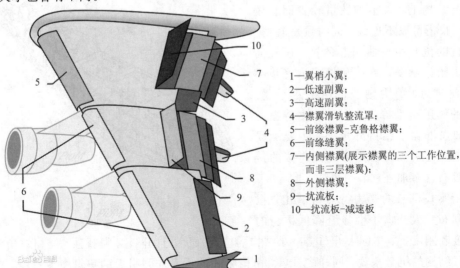

1—翼梢小翼；
2—低速副翼；
3—高速副翼；
4—襟翼滑轨整流罩；
5—前缘襟翼-克鲁格襟翼；
6—前缘缝翼；
7—内侧襟翼（展示襟翼的三个工作位置，而非三层襟翼）；
8—外侧襟翼；
9—扰流板；
10—扰流板-减速板

图 2-7　机翼操纵面与附属装置示意图

机翼上常安装有起落架、发动机等部件。现代歼击机和歼击轰炸机往往在机翼下布置多种外挂，如副油箱、导弹、炸弹等军械设备。机翼的内部空间常用来收藏主起落架、燃油箱和其他部件等。特别是客机，为了保障乘客安全，很多飞机不在机身内设置燃油箱，而全部设置在机翼内。为了最大限度地利用机翼容积，同时减轻质量，现代飞机的机翼油箱大多采用整体油箱。此外机翼内常安装有操纵系统和一些小型的设备和附件。

图 2-7 为机翼操纵面与附属装置示意图，具体机型因设计理念的不同，其实际使用种类、构型、功能和名称也可能不同。

1. 操纵面

副翼：机翼后缘外侧的一对可动面，用来控制飞机进行滚转（绕机身纵轴进行的旋转运动）。某些高速飞机为减小副翼偏转所引起的机翼扭转变形，还装有内侧副翼。

襟翼：在机翼前缘或后缘安装的可以活动的翼面，用来增大机翼面积和弯度，提高机翼的升力系数，起到增大升力的作用。襟翼大多安装在机翼后缘，安装在前缘的襟翼特称为前缘襟翼。

前缘缝翼：正常工作时与机翼主体产生缝隙，可使机翼下表面部分空气流经上表面，从而推迟气流分离的出现，增大机翼的临界迎角。

襟副翼：机翼后缘内侧的活动翼面，常见于大型飞机，巡航飞行时与副翼功能一致，以减少副翼的气动弹性影响，降低滚转操纵功效，低速飞行时同襟翼联动。

翼梢小翼：安装在翼尖垂直方向的翼片上，主要用于削弱翼尖下表面气流绕流至上表面的效应，减少升致阻力和升力损失（详见第 4 章），改善机翼的气动性能。

扰流板：安装在机翼上表面可被操纵打开的平板，可用于减小升力、增大阻力和增强滚转操纵。当两侧机翼的扰流板对称打开时，其作用主要是增大阻力和减小升力，从而达到减小速度、降低高度的目的，因此也被称为减速板；而当其不对称打开时（通常由驾驶员的滚转操纵而引发），两侧机翼的升力随之不对称，使得滚转操纵功效大幅度增大，从而加速航空器滚转。

配平片：安装在操纵面上可相对操纵面运动的装置，通常用于平衡作用在操纵面上的气动力矩。当达到力矩平衡状态时，传统操纵系统上将感受不到来自相应操纵面上的气动作用力。

2. 附属装置

翼刀：垂直安装在机翼上表面并平行于机身方向薄板，用于阻滞气流沿机翼展向的运动，以及防止整个机翼沿展向同时失速。常见于后掠翼飞机。

涡流发生器：在机翼上表面产生涡流，推迟气流分离的出现。

2.2.2　机翼构造

1. 机翼结构受力构件的基本构造

机翼的典型结构元件如图 2-8 所示。

机翼一般由以下 3 种典型构件组成。

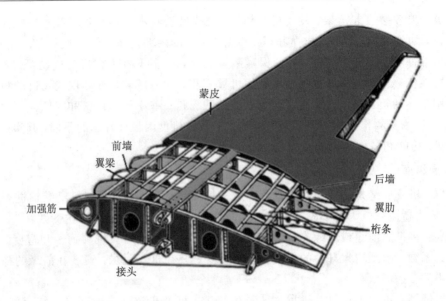

图 2-8　机翼的典型结构元件

1) 纵向构件

（1）翼梁。

翼梁一般由梁的腹板和缘条（凸缘）组成（见图 2-9）。翼梁主要承受剪力 Q 和弯矩 M，在某些结构形式中，它是机翼主要的纵向受力件，承受机翼的大部分或全部弯矩。翼梁大多在根部与机身固接，既能传力，也能传递力矩。

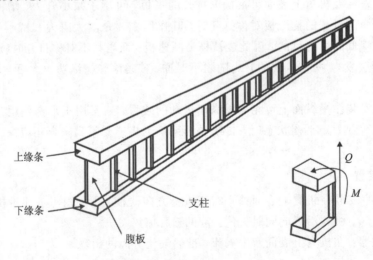

图 2-9　翼梁

翼梁常用的剖面形状如图 2-10 所示。翼梁的结构形式可分为腹板式和构架式。现代飞机机翼普遍采用腹板式梁，它构造简单，受力特性好，同时可作为整体油箱的一块隔板。构架式梁则零件多，制造复杂，没有或只有很少是超静定的，安全性低，又不能构成整体油箱，现已很少采用。

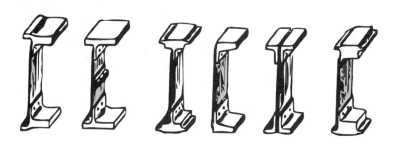

图 2-10　翼梁的典型剖面

（2）长桁（桁条）。

长桁是与蒙皮和翼肋相连的构件（见图 2-11），在现代机翼中它一般都参与机翼的总体受力，承受机翼弯矩引起的部分轴向力，是纵向骨架中的重要受力构件之一。除上述承力作用外，长桁还承受蒙皮的局部气动力并传给翼肋，对蒙皮提供支持，提高蒙皮的屈曲临界应力。

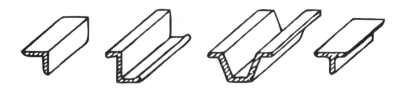

图 2-11　各种长桁

（3）纵墙。

如图 2-12 所示，纵墙的缘条比梁缘条弱得多，但大多强于一般长桁，纵墙与机身的连接可作为铰接，但它只能传递力，不能传递力矩。纵墙虽然一般不能承受弯矩，但可与蒙皮组成封闭盒段承受机翼的扭矩。另外，后墙还有封闭机翼内部容积的作用。

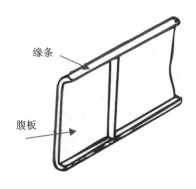

图 2-12　纵墙

2）横向构件——翼肋

翼肋分为普通肋和加强肋。其构造形式可分为腹板式、桁架式、围框式和整体式等几种（见图 2-13）。

普通肋一般不参加机翼的总体受力，主要用来承受局部气动载荷和维持机翼剖面所需的形状。

加强肋除了具有普通肋的作用外，还用于承受其他部件传来的集中载荷或由于结构不

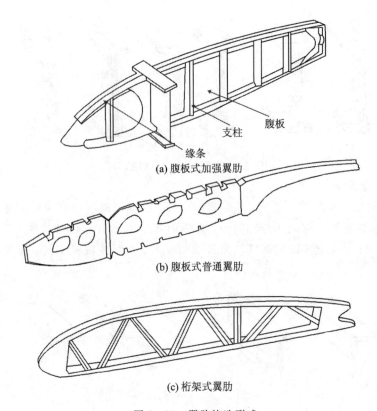

(a) 腹板式加强翼肋

支柱
腹板
缘条

(b) 腹板式普通翼肋

(c) 桁架式翼肋

图 2-13 翼肋构造形式

连续(如大开口处)引起的附加载荷，它一般由较强的腹板、缘条组成。

由此可见，在机翼传力中翼肋通常是很关键的构件。

3) 包在纵、横向构件组成的骨架外面的蒙皮

蒙皮是覆盖在骨架外的受力构件，直接功用是形成流线型的机翼外表面。为了使机翼的阻力尽量小，蒙皮应力求光滑，减小它在飞行中的凹凸变形。从受力看，气动载荷直接作用在蒙皮上，因此蒙皮受垂直于其表面的局部气动载荷。此外蒙皮还参与机翼的总体受力，它和翼梁或翼墙组合在一起，形成封闭的盒式薄壁结构，承受机翼的扭矩。当蒙皮较厚时，它与长桁、翼梁缘条一起组成壁板，承受机翼弯矩引起的剪切力。

早期的或低速小型飞机用布(麻、棉)作为蒙皮，此时的蒙皮只能承受部分有限的气动载荷，不参加整体受力。目前飞机常见的蒙皮有金属蒙皮(见图 2-14)、复合材料层压蒙皮、夹层蒙皮和整体壁板(见图 2-15)等。

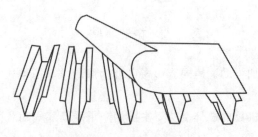

图 2-14 金属蒙皮

图 2-15　复材整体壁板

现代飞机的蒙皮广泛使用硬铝(下表面蒙皮)、超硬铝。有些马赫数约为 2.5 的高超声速飞机使用钛合金,有些马赫数约为 3 的飞机使用不锈钢蒙皮。夹层蒙皮由上、下两块面板和中间芯材组成,芯材有蜂窝夹芯、泡沫塑料、波纹板等。复合材料蒙皮(或壁板)由于其特殊的优异性能,被广泛地应用于第四代战斗机和近些年来设计的飞机翼面结构上。

蒙皮与长桁、翼梁缘条连接在一起,组合成壁板(也称加筋板)。翼肋和梁、墙一起向壁板提供横向支持。壁板有铆接组合式壁板和整体壁板两种典型形式。

(1) 铆接组合式壁板。

蒙皮与长桁通过铆接连接在一起,组合成壁板,典型形式如图 2-16 所示。

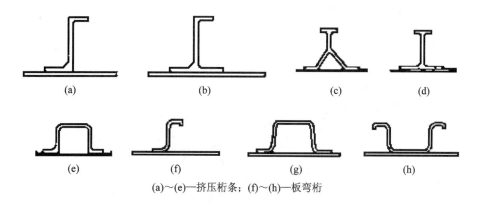

(a)～(e)—挤压桁条;(f)～(h)—板弯桁

图 2-16　典型的承力蒙皮壁板

(2) 整体壁板。

整体壁板是将长桁和蒙皮作为一个整体而形成的板状结构,是一种质量轻、强度高的构件。对承受大载荷的整体壁板,普遍采用的是挤压成形或机械加工的整体构件,此外也可用化学铣切、精密铸造等方法制造。

当飞机飞行速度进一步提高时,机翼上的载荷增大,机翼厚度趋于变薄,此时宜采用整体壁板结构,不宜采用铆接组合式壁板结构。研究表明,若加厚蒙皮,则会造成增重,而增多长桁将增加工艺困难,且因铆接导致的表面质量问题会使摩擦阻力增大,因此出现了整体壁板。整体壁板在现代高速薄翼飞机上,特别是机翼结构整体油箱区,得到了广泛应用。

整体壁板与铆接组合式壁板相比有如下优点:结构上便于按等强度合理分布材料,通过加工使壁板沿展向取得最佳的变厚度分布;结构的总体和局部刚度好,蒙皮不易失稳,改善了气动特性；同时由于减少了铆钉数量，机翼表面更加光滑，提高了气动外形准确度，减少了装配工作量，减小了钉孔的应力集中以及对壁板截面积的削弱，这样既减轻了紧固件的质量，又可改善疲劳性能，减少密封材料的用量，对整体油箱设计提供了有利因素。采用整体壁板一般可使机翼壁板的质量降低 10% ～15%，有资料介绍对薄机翼甚至可达 20%。其缺点是装配中可能会引起由拉伸或其他一些原因产生的残余应力，易引起应力腐蚀。

2. 基本构造形式

机翼结构按结构中起主要作用的受力构件的组织形式的不同来划分，有薄蒙皮梁式、多梁单块式、多墙(多梁)式和混合式等。

1) 薄蒙皮梁式

薄蒙皮梁式机翼结构主要的构造特点如下：

(1) 蒙皮很薄，常用轻质铝合金制作，纵向翼梁很强(有单梁、双梁或多梁等布置)。

(2) 纵向长桁较少且弱，梁缘条的剖面与长桁相比要大得多，在布置有一根纵梁的同时还要布置一根以上的纵墙。

该形式的机翼通常不作为一个整体，而是分成左、右两个机翼，用几个梁、墙根部传递集中载荷的对接接头与机身连接。薄蒙皮梁式翼面结构常用于早期的低速飞机或现代农用飞机、运动飞机，这些飞机的翼面结构高度较大，梁作为唯一传递总体弯矩的构件，在截面高度较大处布置较强的梁，从效率上看还是适宜的。图 2-17 所示是带前后纵墙的单梁式机翼。

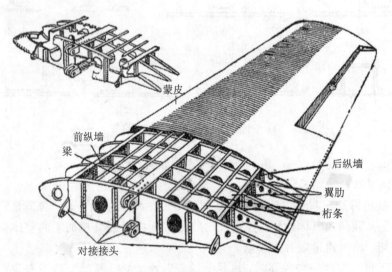

图 2-17 带前后纵墙的单梁式机翼

2) 多梁单块式

多梁单块式机翼从构造上看，蒙皮较厚，与长桁、翼梁缘条组成的壁板来承受总弯矩。纵向长桁布置较密，长桁截面积与梁的横截面比较接近或略小，梁或墙与壁板形成封闭的盒段，增强了翼面结构的抗扭刚度。为充分发挥多梁单块式机翼的受力特性，左、右机翼最好连成整体贯穿机身。有时为了使用和维修的便利，可在展向设计分离面，分离面处采用沿翼盒周缘分散连接的形式将整个机翼连成一体(见图 2-18)，然后通过接头与机身相连。

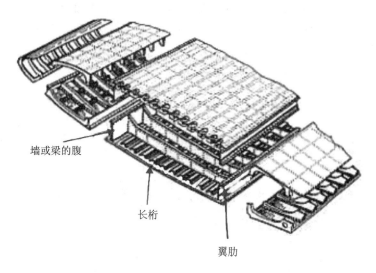

墙或梁的腹

长桁

翼肋

图 2 - 18　多梁单块式机翼

3）多墙厚蒙皮式

多墙厚蒙皮式（多梁厚蒙皮式，以下简称为多墙式）机翼布置了较多的纵墙（一般多于 5 个），蒙皮厚度为几毫米到十几毫米，无长桁，有少肋、多肋两种。但根据受集中力的需要，至少每侧机翼上要布置 3～5 个加强翼肋（见图 2 - 19）。当左、右机翼连成整体时，与机身的连接和多梁单块式类似。但有的与薄蒙皮梁式类似，分成左右机翼，在机身侧边与之相连，此时往往由多墙式过渡到多梁式，用少于墙数量的几个梁的根部集中对接接头在根部与机身相连。

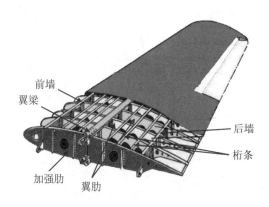

前墙

翼梁

后墙

桁条

加强肋　翼肋

图 2 - 19　多墙式机翼

2.3　尾　翼

2.3.1　尾翼的组成与功能

尾翼由水平尾翼（简称平尾）和垂直尾翼（简称垂尾或立尾）组成。水平尾翼包括水平安定面和方向舵两部分，垂直尾翼包括垂直安定面和方向舵两部分（见图 2 - 20）。水平安定面和垂直安定面主要用来增加飞机的稳定性,升降舵用于调节和控制飞机的俯仰运动(飞机的抬头、低头),方向舵用于控制飞机的偏航运动(左右转向)。大部分飞机在升降舵与方向舵上安装有可动的调整片,可以通过调整片的偏转对飞机姿态与平衡进行微调。

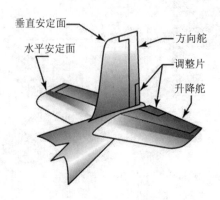

图 2-20　尾翼组成

有的高速飞机将水平安定面和升降舵合为一体成为全动式水平尾翼(全动平尾)(见图 2-21)。垂直尾翼包括固定的垂直安定面和可动的方向舵。尾翼的作用是操纵飞机俯仰和偏转,保证飞机能平稳飞行。

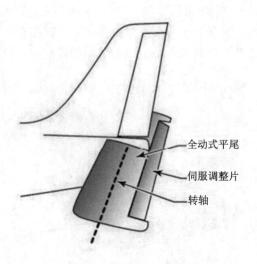

图 2-21　全动式水平尾翼

2.3.2　尾翼的构造

一般飞机的尾翼由水平尾翼(简称平尾)和垂直尾翼(简称垂尾)两部分组成。平尾和垂尾一般由安定面和操纵面构成,而现代许多飞机的平尾还采用了全动平尾的结构形式。

1. 安定面和操纵面结构的基本构造形式

安定面的结构和机翼基本相同。现代速度较高的飞机一般采用双梁(多梁)、壁板、多肋的单块式结构。使用多梁是为了增大强度,提高防颤振特性,波音747、波音767的水平安定面和垂直安定面都是双梁加一辅助前梁的结构。现代的高速运输机还有采用由数根梁、密排翼肋和变厚度蒙皮组成的结构,其翼面不用桁条,这种形式的飞机制造成本低、抗扭刚度高,尤其对防颤振有较好的效果,波音 707、波音 727 的水平安定面采用此种结构。舵面一般悬挂于后梁上,因此安定面通常将后梁设计成主梁,且在悬挂接头处布置有加强肋。安定面和操纵面的典型结构如图 2-22 所示。

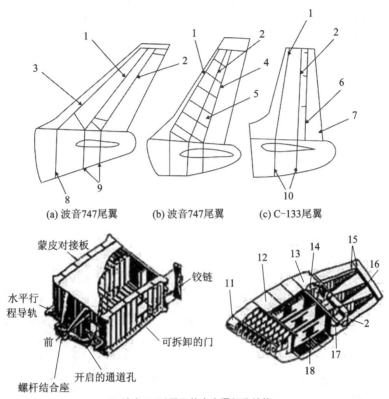

(a) 波音747尾翼　　　(b) 波音747尾翼　　　(c) C-133尾翼

(d) 波音747平尾及其中央翼部分结构

1—安定面前梁;2—安定面后梁;3—墙;4—方向舵铰链线;5—方向舵平衡板;6—舵面梁;
7—方向舵;8—次强框;9—强框;10—加强框;11—可拆前缘;12—壁板;13—铝蜂窝;
14—铰链肋;15—玻纤蜂窝;16—可更换的后缘;17—配重;18—检查口

图 2-22　安定面和操纵面的典型结构

2. 全动平尾的基本构造形式

飞机超声速飞行时,因激波后的扰动不能前传,舵面偏转后不能像亚声速流中那样改变安定面的压力分布,共同提供操纵力或平衡力,因此尾翼的效能下降。然而飞机的纵向稳定性却因机翼压力中心后移而大大增加,二者之间产生了矛盾。因此,为了提高尾翼的效能,通常采用全动平尾,全动平尾是将整个平尾作为操纵面绕某一轴转动。

全动平尾的基本构造形式有单块式(无梁)、双梁式构造(见图 2-23),其前、后缘则采用全高度蜂窝或组合式蜂窝结构,F-14、F-15、F-16 全动平尾的蒙皮还采用了复合材料。

双梁式平尾的气动载荷较容易由梁结构传递到转轴上,同时在制造工艺上也更为有利,所以双梁式的构造形式在转动平尾上用得较多。

(a) 单块式　　　　　　　　(b) 双梁式

图 2 - 23　全动平尾的基本构造形式

2.4　动　力　装　置

　　航空动力装置是为航空器提供推力(或拉力)、推动航空器前进的装置,是航空器保证发动机正常工作所必需的系统及设备的统称。航空动力装置通常由推进系统、发动机启动系统、发动机供油系统、发动机操纵系统、发动机外滑油系统、功率传输装置等组成。因发动机类型不同,有的航空动力装置仅由其中的部分系统和设备组成。

　　推进系统由航空发动机和进、排气装置或推进器组成。发动机是产生航空器动力的原动机。推进器是将发动机输出的机械能转变成推进功的装置。对于喷气式飞机,喷气发动机和进、排气系统组成推进系统。对于螺旋桨飞机,活塞式航空发动机或涡轮螺旋桨发动机和空气螺旋桨组成推进系统(见图 2 - 24)。

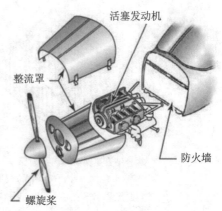

图 2 - 24　活塞式航空发动机和空气
螺旋桨组成推进系统

　　目前在航空发动机中使用最多的主要是燃气涡轮发动机(包括涡轮喷气发动机、涡轮风扇发动机、涡轮螺桨发动机、涡轮轴发动机等)和活塞式内燃机两大类。这两类发动机都属于热机,是把燃料化学能转换成机械能的设备。

　　民航运输和军用航空基本上都以燃气涡轮发动机为主。而通用航空发动机则是活塞型、涡轮螺旋桨型和涡轮风扇型并存,而且活塞型发动机是主流;涡轮风扇型主要用于公务机,性能先进,安全舒适,价格较贵,已生产的机型有 30 多种,在研的有 10 多种。

　　航空活塞发动机结构简单,成本低,易于维护,可以满足很多类型通用航空飞机的需求,所以目前 500 马力以下的小功率活塞发动机仍在通航飞机尤其是无人机上大量使用,数量上占据统治地位。

　　燃气涡轮发动机自诞生以来,主流类型一直是以下四类:涡轮喷气发动机(涡喷发动机)、涡轮风扇发动机(涡扇发动机)、涡轮螺桨发动机(涡桨发动机)和涡轮轴发动机。这四种类型的发动机虽然发展时间有先后之分，但是并没有严格意义上的先进和落后，主要区别在于各自的适用范围。

图 2-25 所示为涡喷、涡扇和涡桨发动机推进效率随马赫数的变化关系图。从图中可以看出，涡桨发动机的推进效率最高，但是仅限于亚声速范围，当速度达到跨声速范围时，涡桨发动机的效率急剧降低。涡扇发动机在跨声速阶段的推进效率高于涡桨和涡喷发动机，而且涵道比越大，推进效率越高，这也是民航飞机的发动机普遍采用大涵道比发动机的原因。涡喷发动机在马赫数 1.0 以下的推进效率很低，但是在速度达到超声速以后，推进效率快速升高，远超涡桨和涡扇发动机。结合活塞式发动机的特点，图 2-26 给出了不同类型的发动机高度和速度适用范围。无人机使用的电动机的适用范围与活塞式发动机基本一致。

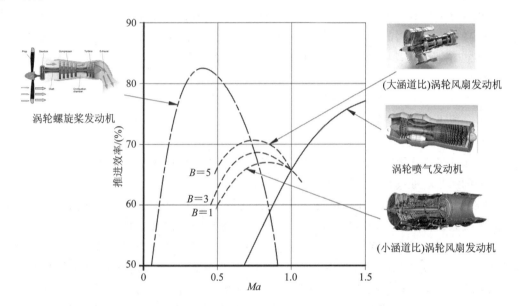

图 2-25　不同类型燃气涡轮发动机推进效率随马赫数的变化

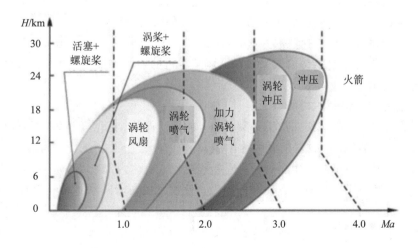

图 2-26　不同类型发动机的适用范围

2.5 起 落 架

2.5.1 起落架概述

起落架是飞机实现起飞、着陆功能的主要装置，是保证飞机安全飞行的关键部件。起落架系统的质量通常占飞机正常起飞质量的 4%～6%，占飞机结构质量的 10%～15%。起落架设计在飞机整个设计过程中占有重要地位。

多数固定翼无人机使用轮式起落架，也可以使用用于雪地着陆的滑橇式起落架。另外，水上飞机可以使用浮筒式起落架。

飞机在着陆接地和地面运动时，会与地面产生不同程度的撞击，起落架应能减缓这种撞击，以减少飞机结构的受力。起落架系统要满足飞机在地面滑跑和灵活运动的要求，还应保证飞机在地面运动时具有良好的稳定性和操纵性。对现代飞机来说，为了减少飞行阻力，起落架还必须是可收放的。概括起来，起落架的主要作用有以下几个：

(1) 承受、消耗和吸收飞机在着陆与地面运动时的撞击和颠簸能量；

(2) 完成飞机停放、起飞、着陆和滑行时在地面上的运行任务；

(3) 能够在滑跑和滑行时进行制动，并能在滑跑和滑行时操纵飞机；

(4) 保证飞机在滑行、起飞和着陆时的安全以及良好的操纵性和稳定性；

(5) 如果是舰载飞机还要实现弹射起飞功能。

当飞机停放在机坪或机库时，起落架起到支撑和固定飞机的作用。飞机起飞前滑行时，起落架系统借助于发动机推力作用，使飞机平稳地向前滑行，前起落架转弯系统为飞机提供转向的作用；飞机起飞时起落架系统为飞机提供助跑，使飞机达到起飞速度。为了减小飞机在空中所受到的空气阻力，起飞后，起落架收放系统把起落架收入腹部机舱中。

飞机着陆前，起落架收放系统打开起落架，落地时起落架系统的减振支柱和轮胎吸收来自飞机重量和速度的撞击力，减缓飞机其他结构部分的受力，保护飞机的主要结构、仪器以及乘客不受到强大冲击力的伤害。制动系统能够减小飞机在地面滑行的速度，起落架系统中的前轮减摆器能够减弱前轮的摆振，使飞机平稳安全地停下。

飞机起落架系统主要包括收放系统、减振系统、前轮转弯系统及刹车系统。飞机起落架系统包含众多结构和复杂综合装置系统，以某客机的前起落架结构为例，具体的部件名称如图 2-27 所示。

起落架各个主要部件的功能如下：

(1) 承力支柱：使起落架在放下并锁住时，能承受停放、起落及滑跑时的载荷。

(2) 减振器：消耗、吸收着陆时的撞击能量。

(3) 收放机构：飞机在空中飞行时，使起落架收入机体内部，以减小飞行阻力。

(4) 机轮：减小飞机在地面运动时的阻力，吸收飞机在着陆和地面运动时的部分撞击能量。

(5) 制动及转向操纵机构：减小飞机的着陆滑跑距离，保证飞机在地面滑跑时的减速及转向。

(6) 减摆器：用于消除高速滑跑时前轮的摆振。

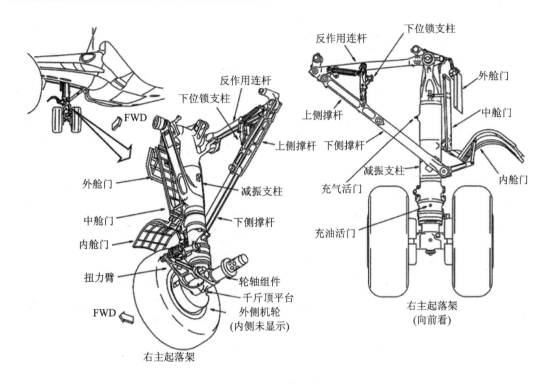

图 2-27　起落架组成

2.5.2　起落架布置形式

　　飞机起落架的布局方案可归结为四种：后三点式、前三点式、多支点式和自行车式。

　　后三点式起落架的两个(组)主轮位于飞机重心之前且靠近重心，尾轮则位于飞机的尾部，如图 2-28 所示。后三点式起落架主要适用于机身前部装有活塞式发动机的轻型、低速飞机。

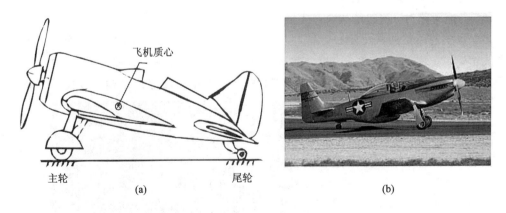

图 2-28　后三点式起落架

　　后三点式起落架的优点如下：

　　(1) 安装空间容易保证。

　　(2) 尾轮受力较小，因而结构简单，重量较轻。

（3）地面滑跑时迎角较大，降落时阻力较大。

后三点式起落架的缺点如下：

（1）对着陆技术要求高，容易发生"跳跃"现象。

（2）大速度滑跑时，不允许强烈制动。

（3）地面滑跑时的方向稳定性较差。

（4）飞行员视野不佳等。

前三点式起落架的两个主轮位于飞机重心之后，前轮则位于飞机的头部，如图 2-29 所示。前三点式起落架是现代飞机应用最广泛的起落架形式。

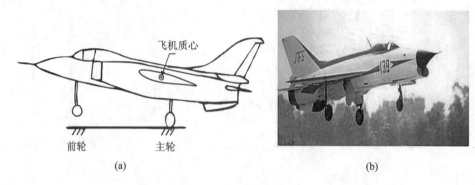

图 2-29 前三点式起落架

前三点式起落架的优点如下：

（1）着陆简单且安全可靠。

（2）具有良好的方向稳定性，侧风着陆较安全。

（3）允许强烈制动，着陆滑跑距离较短。

（4）飞行员视界较好，发动机喷气对跑道影响较小。

前三点式起落架的缺点如下：

（1）前起落架受力较大且构造复杂。

（2）高速滑跑时，前起落架会产生摆振现象。

多支点式起落架通常在质心后面附近布置四个（甚至更多）支柱，同时每个支柱上采用小车式轮架，安装 4～8 个机轮，以分散接地载荷，从而减小每个支柱的受力，如图 2-30 所示。从性能上看，多点式起落架与前三点式相近。采用多支点式结构可以使局部载荷减

图 2-30 多支点式起落架

小，有利于受力结构布置，还能够减小机轮体积，从而减小起落架的收放空间。现代重型飞机质量较大，多数采用多支点起落架，以减小对跑道的压力和分散过大的结构集中载荷。

　　自行车式起落架的两个主轮纵向排列在飞机重心的前后，同时在两侧机翼下设置辅助轮，如图 2-31 所示。自行车式起落架主要用于因机翼很薄而难以收藏起落架的飞机，特别是采用上单翼的大型飞机，如美国 B-52 轰炸机和"海鹞"AV-8 垂直起降战斗机。

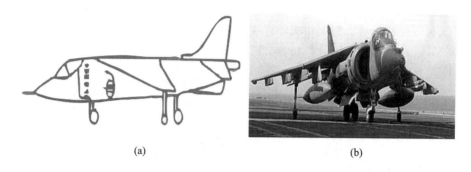

(a)　　　　　　　　　　　　　　　(b)

图 2-31　自行车式起落架

　　现在大多数飞机(特别是民用客机)普遍采用前三点式布局，两个主起落架布置在飞机质心稍后，前起落架布置在飞机头部的下方。如图 2-32 中所示 ARJ21 飞机即采用了前三点式起落架布局，机头下方的部分称为前起落架，机翼下方的部分称为主起落架。

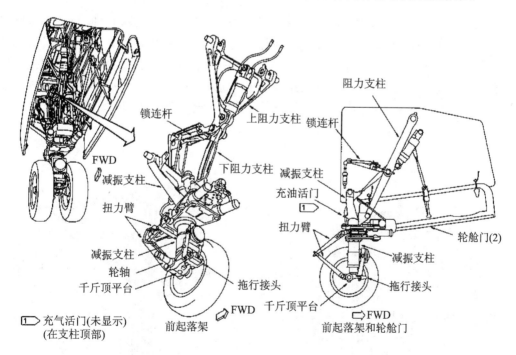

图 2-32　典型的前起落架结构图

　　前三点式的主要优点是：起飞滑跑时助力小，起降滑行距离短，驾驶员视野好，乘坐舒适。前三点式起落架的缺点是自由偏转的前支柱可能出现振幅越来越大的自激振荡现象。这种现象称为"摆振"，可利用专设的液压减摆器加以消除。相比于后三点式布局，前三点式具有滑跑稳定性，在着陆时大刹车的情况下不会出现向前翻倒的现象，缩短了着陆滑跑距离，且以大速度小迎角着陆时，亦不会出现跳跃现象。

2.5.3　起落架的结构类型

按照缓冲器的位置和受载方式，起落架的结构形式可分为构架式起落架、支柱式起落架、摇臂式起落架。

构架式起落架通过受力构架将机轮连接到机翼或机身上，受力构架中的杆件和减振支柱互相铰接，如图 2-33 所示。构架式起落架结构简单，但难以收放，主要用于轻型低速飞机，一般设置为固定且不收起。

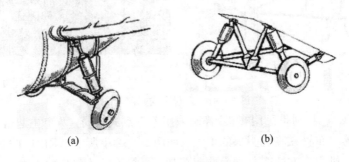

(a)　　　　　　　　(b)

图 2-33　构架式起落架

支柱式起落架的受力支柱本身就是减振器，机轮直接连接于支柱下端，支柱上端则固定在机体骨架上，连接形式按收放要求分为悬臂式和撑竿式两类，如图 2-34 和图 2-35 所示。支柱式起落架构造简单紧凑，质量较小，且易于收放，在现代飞机，尤其是民用飞机上得到了广泛采用。支柱式起落架的缺点是：当受到来自正面的水平撞击时，减振支柱不能很好地起减振作用。另外，活塞杆不但承受轴向力，而且承受弯矩，因而减振支柱的密封装置容易磨损及可能出现卡滞现象。

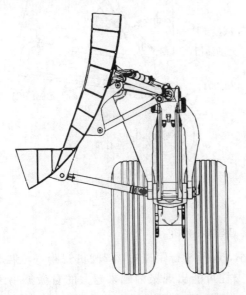
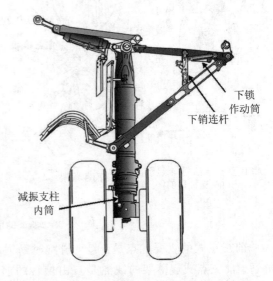

图 2-34　单侧斜撑式起落架结构(悬臂式)　　图 2-35　双侧斜撑式起落架结构(撑竿式)

　　摇臂式起落架的机轮通过可转动的摇臂与减振器的活塞杆相连,根据受力支柱是否与减振器分开,还可进一步分为全摇臂式和半摇臂式两类,如图 2 - 36 所示。摇臂式起落架的减振支柱只承受轴向力,因而密封性能好,另外吸收来自正面的水平撞击的性能也好,故在高速飞机上得到了广泛的应用。摇臂式起落架的缺点是构造复杂,重量较大,接头较多且受力较大,因此它在使用过程中的磨损也较大。

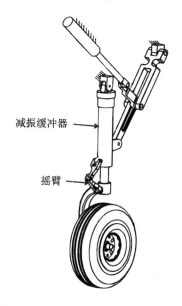

减振缓冲器

摇臂

图 2 - 36　摇臂式起落架结构

习　题

1. 飞机机身结构的基本构造形式有哪几类?
2. 简述机翼的组成和功能。
3. 简述尾翼的组成和功能。
4. 不同类型发动机的适用范围是怎样的?
5. 简述起落架的布置形式和结构类型。

模块二　固定翼无人机的空气动力特性

飞机与周围的空气发生相对运动，空气作用于飞机上的力称为空气动力。根据空气动力所起作用的不同可以分解成升力、阻力和侧力。空气动力特性指的是空气动力的产生、分布和随迎角、Ma 等的变化规律。

常规布局飞机的几何外形由机翼、机身和尾翼等主要部件共同构成。机翼是产生升力和阻力的主要部件。作用于机翼上的空气动力情况与飞机的性能密切相关，而机翼的空气动力特性受到机翼外形的影响。机翼的几何外形可以分为机翼平面几何形状和翼剖面几何形状（翼型）。

本模块固定翼飞机空气动力特性将从低速到高速，从二元翼型到三元机翼的顺序研究，然后讨论机身以及全机的空气动力特性。

第 3 章　翼型的空气动力特性

学习任务单

3.1　翼型的发展与几何参数定义

通常将平行于飞机对称面的机翼横截面外形称为翼型（又称翼剖面，见图 3-1）。它是组成机翼的基本元素，是产生升力的关键因素之一。空气绕翼型流动是一种二维流动，相当于绕无限展长矩形机翼的流动。作用在翼型上的空气动力是指作用在单位展长机翼上的力。

翼型的形状主要有平凸型、凹凸型、双凸型、对称型、S 型、特种型，其他还有超临界翼型等。不同形状对气动特性具有重要影响，一般可以用以下几何参数来表示（见图 3-2）：

（1）弦长（c）：翼型上下表面内切圆圆心的光滑连线称为中弧线，中弧线的前端点 A 称为前缘，后端点 B 称为后缘，前缘与后缘的连线叫作翼弦，其长度叫作弦长或几何弦长。

（2）相对弯度（$\bar{f}$）：翼型中弧线与翼弦之间的距离叫作弯度（f），最大弯度（见图 3-2 中的 f_{max}）与弦长的比值叫作相对弯度，即

$$\bar{f} = \frac{f_{max}}{c}$$

相对弯度的大小表示翼型的不对称程度。

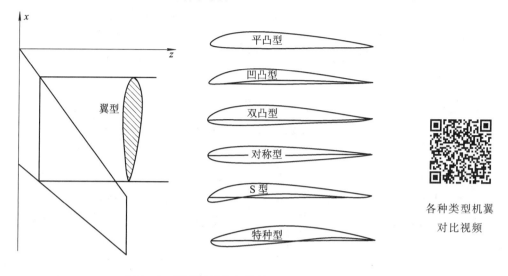

图 3-1　翼型及其基本类型

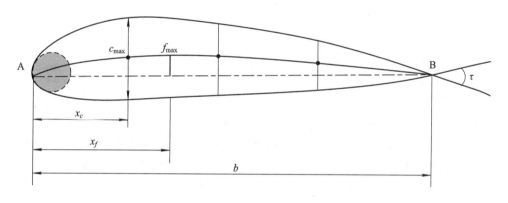

图 3-2　翼型的几何参数

（3）最大弯度相对位置（$\bar{x}_f$）：翼型最大弯度所在位置到前缘的距离（见图 3-2 中的 x_f）称为最大弯度位置，最大弯度相对位置以其与弦长的比值来表示，即

$$\bar{x}_f = \frac{x_f}{c}$$

（4）相对厚度（$\bar{t}$）：上下翼面在垂直于翼弦方向的距离叫作翼型厚度，翼型最大厚度（见图 3-2 中的 $c_{\max}$）与弦长的比值叫作翼型的相对厚度，即

$$\bar{t} = \frac{t_{\max}}{c}$$

（5）最大厚度相对位置（$\bar{x}_c$）：翼型最大厚度所在位置到前缘的距离（见图 3-2 中的 x_c）称为最大厚度位置，最大厚度相对位置以其与翼弦的比值来表示，即

$$\bar{x}_c = \frac{x_c}{c}$$

（6）前缘半径（r）：翼型前缘处的曲率半径称为前缘半径。

（7）后缘角（τ）：翼型上下表面在后缘处切线之间的夹角称为后缘角（见图 3-2）。

　　自飞机诞生后，翼型的研究一直很受重视。从一战开始，交战各国都在实践中探索出了一些性能良好的翼型。例如，德国的哥廷根（Gottingen）翼型，英国的 RAF 翼型（Royal Air Factory，后改为 RAE（Royal Aircraft Establishment 皇家飞机研究院）翼型），美国的 Clark-Y 翼型，以及 20 世纪 30 年代以后美国的 NACA（National Advisory Committee for Aeronautics）翼型等（见图 3-3）。

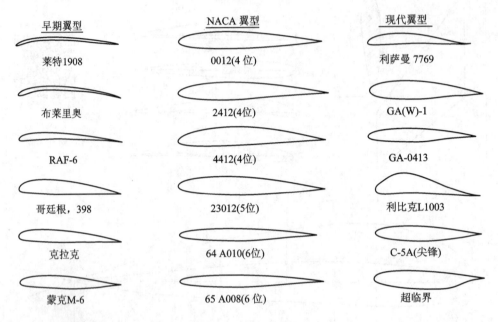

早期翼型	NACA 翼型	现代翼型
莱特1908	0012(4 位)	利萨曼 7769
布莱里奥	2412(4位)	GA(W)-1
RAF-6	4412(4位)	GA-0413
哥廷根，398	23012(5位)	利比克L1003
克拉克	64 A010(6位)	C-5A(尖锋)
蒙克M-6	65 A008(6 位)	超临界

图 3-3　典型的翼型族

　　经某些国家航空研究机构试验而得的翼型，都采用研究单位名称的缩写字为"姓"，并用表示试验系列或编号的数码或字母作为"名"。例如，美国的 Clark-Y（克拉克-Y），德国的 MVA-321 等。

　　1967 年，美国 NASA（National Aeronautics and Space Administration）兰利研究中心的惠特科姆首先提出超临界翼型的概念。超临界翼型是一种为提高临界马赫数而采取的特殊翼型，它能够推迟和减弱机翼在接近声速时剧增的激波阻力。

　　与普通翼型相比，超临界翼型的特点是前缘半径较大，中部上表面弯度较小，后部下表面在后缘处有反凹，且后缘较薄并向下弯曲，如图 3-4 所示。超临界翼型能起到减小机翼后掠角和增加机翼相对厚度并因此减小机翼重量和改善结构效率的作用，从而达到增大机翼展弦比的目的。但是超临界翼型较大范围的后部弯度会产生很大的低头力矩，造成飞机在配平飞行时因为需要增大平尾的向下载荷而增加机翼升力；超临界翼型的另一个缺点是后部的结构高度太小，给后缘襟翼系统的设计带来了一定的困难。

　　很多现代客机和运输机都采用了超临界翼型。例如，美国的波音 757、波音 767、波音 777 等客机，欧洲的空客 A310、A320、A330、A340，俄罗斯的伊尔-96、图 204，以及我国的运-20 运输机和 C919 客机等。

　　美国 NASA 的前身 NACA 研究了一系列翼型，如 4 位数字翼型、5 位数字翼型、层流 1 系列翼型、6 位数字翼型和 7 位数字翼型等。常用的 NACA 低速翼型分为两个系列，即 4 位数字翼型和 5 位数字翼型。

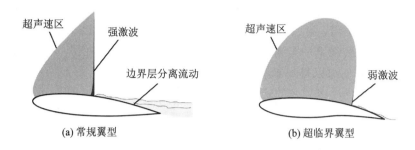

(a) 常规翼型　　　　　　　　(b) 超临界翼型

图 3-4　超临界翼型与常规翼型比较

4 位数字翼型 NACA-6409 有关数字的含义如下：

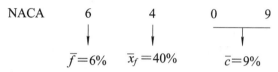

第一位数字表示相对弯度，6 就是 6%翼弦长度。

第二位数字表示相对弯度的相对位置，4 表示 40%翼弦长度处（从前缘向后）。

第三、第四位数字表示翼型最大厚度，09 即 9%翼弦长度，这类翼型的最大厚度都在 30%的地方，4 位数字翼型都一样，所以不再标出来。

由此可知，NACA-6412 翼型与 NACA-6409 翼型基本上相同（中弧线完全相同），只是前者的最大相对厚度不是 9%，而是 12%。

如果第一、第二两位数字是 0，表示这类翼型是对称翼型。例如，NACA-0009 表示最大相对厚度为 9%的对称翼型。

5 位数字翼型 NACA-23012 有关数字的含义如下：

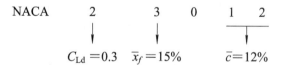

第一位数字是设计升力系数 C_{Ld}，不是直接的数值，该翼型的 $C_{Ld}=2\times 3/20=0.30$。

第二位数字 3 表示最大弯度的相对位置为 3/20。

第三位数字 0 表示中弧线为简单型的（若为 1，则表示中弧线上有拐点，上翘）。

第四、第五位数字 12 表示翼型最大厚度为 12%。

对于低亚声速飞机，为了提高升力系数，翼型通常为圆头尖尾形，如平凸型翼型；对于高亚声速飞机，为了提高阻力，发散马赫数 Ma，采用超临界翼型；超声速飞机为了减小激波阻力，采用尖头、尖尾、对称的薄翼型。

翼型的种类繁多，但是都可以用一种翼型外形坐标表表示，如表 3-1 所示。

表 3-1　翼型外形坐标表

X	0	1.25	2.5	5.0	7.5	10	20	30	40	50	60	70	80	90	100
Y_u	0	2.73	3.80	5.36	6.57	7.58	10.3	11.65	11.8	11.2	9.95	8.23	6.63	3.33	0.12
Y_d	0	-1.23	-1.64	-1.99	-2.05	-1.99	-1.25	-0.38	0.2	0.55	0.78	0.85	0.73	0.39	0.12

翼型坐标表是从翼型上下弧线上选出一定的点，把这些点的坐标用弦长百分数表示所

列成的表。坐标的原点是前缘，计算百分数的基准长度是弦长，横坐标是翼弦。表格第一行(X)表示到前缘的距离，第二行(Y_u)对应于第一行距离的翼型上弧线上一点到翼弦的距离，第三行(Y_d)是下弧线上一点到翼弦的距离。把所有这些点都在图上标出以后，用圆滑的线将各点连接起来便可以得到翼型形状。

画翼型前，要首先决定翼弦的长度。将弦长乘表 3-1 中的数字再除 100 就可以得出所需要的实际长度。

3.2 翼型的低速升阻特性

低速流动通常指 $Ma<0.3$(也有定义为 $Ma<0.4$)，此时，在理论分析中可以忽略气流压缩性的影响。

3.2.1 翼型的空气动力学系数

迎角(angle of attack，旧称攻角)是指翼弦与来流 V_∞ 方向间的夹角，用 α 表示(见图 3-5)。相对翼弦来说，来流上偏迎角为正，下偏迎角为负。相对气流方向与翼弦平行时，迎角为零。

气流绕翼型的流动是二元流动。翼型上的空气动力应视为无限翼展机翼在 z 方向截取的单位展长翼段上的空气动力。翼型上每一点都要受到空气动力的作用，它们产生一个合力 R，将 R 分解为垂直来流方向的升力 L 和平行于来流方向的阻力 D，合力 R 对前缘点取矩可得纵向力矩 M_z，规定 M_z 使翼型抬头为正、低头为负，如图 3-5 所示。

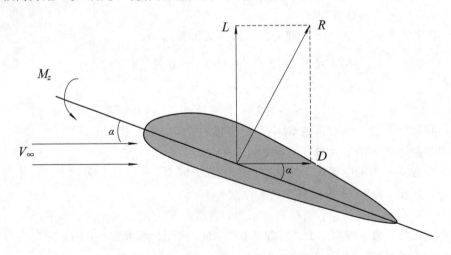

图 3-5 翼型的空气动力

在描述飞机空气动力学特性时，经常使用无量纲的空气动力系数。翼型无量纲的空气动力系数定义如下(分母中的"1"是单位展长)：

升力系数：
$$C_L = \frac{L}{\frac{1}{2}\rho V_\infty^2 c \cdot 1} \tag{3-1a}$$

阻力系数：
$$C_D = \frac{D}{\frac{1}{2}\rho V_\infty^2 c \cdot 1}$$
(3 - 1b)

力矩系数：
$$m_z = \frac{M_z}{\frac{1}{2}\rho V_\infty^2 c^2 \cdot 1}$$
(3 - 1c)

3.2.2　任意翼型低速气动特性

对任意形状翼型的低速($Ma < 0.3$)气动特性，其数值解法比较复杂，目前仍主要依靠试验结果，这里以试验为基础来研究其低速气动特性。

1. 升力特性

1) 升力的产生

下面以空气流过具有正迎角的双凸翼型为例，定性地说明机翼升力的产生。如图 3 - 6 所示，空气流到机翼前缘，分为上下两段，分别沿机翼上下表面流过。由于机翼有一定的正迎角，上表面又比较凸出（弯度＞0），所以机翼上表面的流线弯曲很大，流管变细，流速加快，压力减小；下表面的流管变粗，流速减慢，压力增大。于是，机翼上下表面出现压力差。迎角和弯度（对称翼型弯度为 0）是产生压力差的直接原因。上下表面垂直于相对气流方向压力差的总和就是机翼的升力(L)。

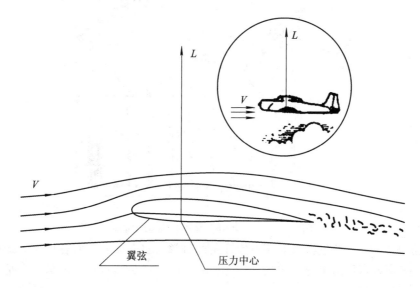

图 3 - 6　升力的产生

机翼升力的作用点与翼弦的交点称为机翼压力中心。机身与水平尾翼也能产生一部分升力，产生的原因与机翼升力产生的原因相同。飞机各部分升力的总和就是飞机升力，飞机升力的作用点叫作飞机压力中心。为了便于研究飞机运动方向的保持和变化，升力的方向规定为与相对气流方向垂直，由于飞机左右对称，升力一般位于飞机对称面内。

2) 翼型表面的压力分布

空气流过机翼上下表面的压力变化可以通过试验来测定。图 3 - 7 是测量机翼上下表面压力分布的示意图。在机翼上下表面沿气流方向各钻一些小孔，用软管分别连到多管气压计上。气压计上的 0 管管口液面感受的是大气压力。根据空气流过机翼时气压计各液柱的高度变化，可以算出翼面上这些点处的气流静压与大气压力之差。这个压力之差称为剩余压力，其大小为

$$\Delta p = p - p_\infty = -\gamma \Delta h \tag{3-2}$$

式中：p——翼面某点的气流静压；

     p_∞——机翼远前方空气静压（大气压力）；

     γ——所用液体的密度；

     Δh——液柱于 0—0 线的高度差。

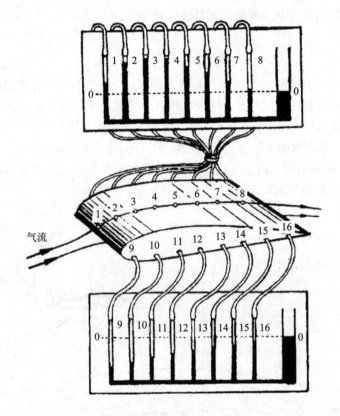

图 3-7 测定翼型表面各点压力的实验

由试验可以看出，空气流过具有一定迎角的机翼时，机翼上表面各点压力普遍小于大气压力；下表面各点压力普遍大于大气压力。由此可以进一步说明，机翼升力是由机翼上下表面压力差产生的。

机翼表面上各个点的压力大小可以用箭头长短来表示（如图 3-8 所示）。箭头方向朝外，表示比大气压力低的吸力（或叫负压力）；箭头指向机翼表面，表示比大气压力高的正压力，简称压力。把各个箭头的外端用平滑的曲线连接起来，就是用矢量表示的机翼压力分布图。图上吸力用"−"表示，压力用"＋"表示。B 点的吸力最大，叫作最低压力点；A 点的压力最大，位于前缘，这里的流速为零，动压全部变成静压，这一点叫作驻点。

从压力分布图可以看出，由机翼上表面吸力所形成的升力在总升力中占主要比重，约为 60%～80%，而由下表面的压力所形成的升力只占总升力的 20%～40%。

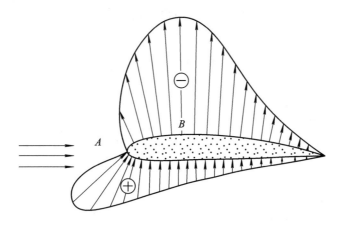

图 3-8　用矢量法表示的翼型压力系数分布

3）翼型的升力特性

升力特性常用 C_L-α 曲线表示，如图 3-9 所示。图中升力系数曲线最高点对应的迎角为临界迎角 α_{cr}，临界迎角对应的升力系数值为最大升力系数 C_{Lmax}。

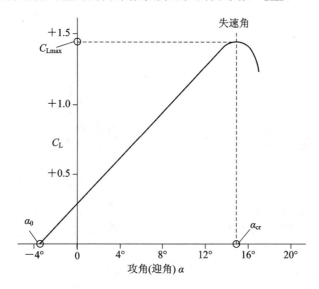

图 3-9　升力系数随迎角变化曲线

（1）在中小迎角范围内，C_L-α 变化曲线近似直线（其斜率称为升力线斜率）。升力系数随迎角增大而增大，即 $C_L = 2\pi(\alpha - \alpha_0)$。

（2）在较大迎角范围内，C_L 随 α 增大而上升缓慢，当 $\alpha = \alpha_{cr}$ 时，升力系数为最大 C_{Lmax}。

（3）当 $\alpha > \alpha_{cr}$ 时，升力系数随迎角的增大而减小，进入失速区。减小的趋势随翼型的不同而有所不同。

可见，表示翼型升力特性的主要参数有三个：C_L^α、α_0、C_{Lmax}。

（1）升力线斜率 C_L^α：

按照薄翼型理论有

$$C_L^\alpha = 2\pi (1/\mathrm{rad})$$

对于厚翼型，在高雷诺数下可采用下面的经验公式：

$$C_L^\alpha = 1.8\pi(1 + 0.8\bar{c}) \tag{3-3}$$

（2）零升力迎角 α_0：

对于有弯度的翼型，升力系数曲线不通过原点（见图 3-9），升力系数为 0 的迎角称为零升力迎角，用 α_0 表示，一般弯度越大，α_0 越大。对称翼型弯度为 0，其升力系数曲线要通过原点（$\alpha_0 = 0$）。

（3）最大升力系数 $C_{L\,max}$：

翼型的最大升力系数 $C_{L\,max}$ 与表面上边界层分离密切相关，因此它取决于翼型几何参数、雷诺数以及表面粗糙度。

2. 分离特性

$\alpha > \alpha_{cr}$ 后，C_L 随 α 增大而下降的趋势随翼型的不同而不同，这反映了翼型在大迎角下气流分离特性的不同。

1）后缘分离

图 3-10 给出了不同 α 下后缘分离翼型的流谱及表面压力分布情况。由图可见，在小 α 范围内，气流附体流动无分离，表面上边界层较薄，其后涡流区很窄，对翼型的压力分布影响很小。前驻点在下表面距前缘点很近处，从而前缘外形成较大的正压力。在后缘处，上下表面两股气流平滑汇合沿中弧线切线方向向下后方流去，并逐渐转折回来流方向，满足库塔-茹科夫斯基后缘条件。

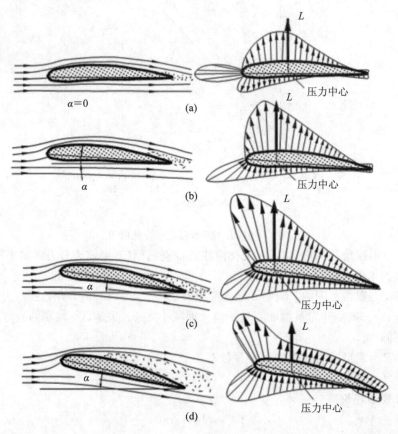

图 3-10　不同迎角的流线谱及压力分布

随着迎角的增大，翼型前驻点后移。附着涡强增强，翼型上表面流速增大，特别是上表面前部，流线更加弯曲，流管更为收缩，流速更加快，压力降低，吸力增大。与此同时，气流在下表面流速减慢，压力增加，这相当于气流在下表面受到翼型的阻挡造成流速减慢，压力增高。此时压力分布仅因为迎角增大而变化，因此在这种迎角变化范围内，C_L 随 α 增大呈线性增加。

在比较大的迎角下，气流流经翼型上表面时，前缘区的负压增大，后缘附近的边界层因受较强逆压梯度作用，分离点前移，涡流区扩大，使得上下表面压力差和 C_L 随 α 的增长率下降，C_L 增加较慢，C_L 随 α 变化呈非线性关系。

当迎角达到临界迎角 α_{cr} 后，继续增大迎角，分离点迅速前移，涡流区迅速扩大，致使翼型上表面前段流管变粗，流速减慢，吸力降低。在靠近后缘的一段范围内，吸力虽然稍有增高，但很有限，补偿不了前段的吸力降低，所以升力减小，升力系数也减小。

这种后缘分离的速度发展比较缓慢，其原因是翼型较厚，最低压力点靠近前缘，在翼型头部有一小段层流边界层，然后在最低压力点附近转换为紊流边界层。由于湍流边界层内有较大的动能，因此，湍流边界层的分离是随着迎角增大而逐渐由后向前发展的，这就使得 $\alpha > \alpha_{cr}$ 以后，C_L 下降得比较缓和，如图 3-10 所示。

翼型上有两个重要的气动特性点：一个是压力中心（Pressure Center，PC），简称压心；另一个是焦点，也称空气动力中心（Aerodynamic Center）或气动中心，是升力增量的作用点。

压心是翼型上空气动力合力的作用点，在理想流体中就是升力的合力作用点。绕压心的力矩为零。压心的弦向位置用 $\bar{x}_P = x_P / b$ 表示，如图 3-11 所示。小迎角下 $m_z = -C_L \bar{x}_P$，则

$$\bar{x}_P = -\frac{m_z}{C_L} = -\frac{m_{z0}}{C_L} - m_z^{C_L} \tag{3-4}$$

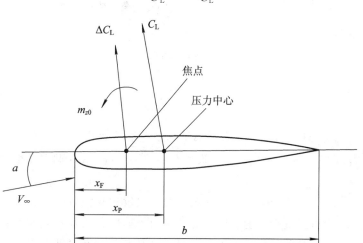

图 3-11　翼型压力中心与焦点

正弯度翼型随迎角增大，压心位置从远后方逐渐前移而接近焦点，弯度越大，压心移动越显著（见图 3-12）。对称翼型零升力矩为 0，压心与焦点重合。

焦点是翼型上的一个定点，在一定的迎角（或 C_L）变化范围内，围绕该点的力矩系数不

变(等于 m_{z0})。焦点的弦向位置用 $\overline{x}_F = x_F / b$ 表示，如图 3-12 所示。对焦点取矩：

$$m_{zF} = -C_L(\overline{x}_P - \overline{x}_F) = m_{z0} \tag{3-5}$$

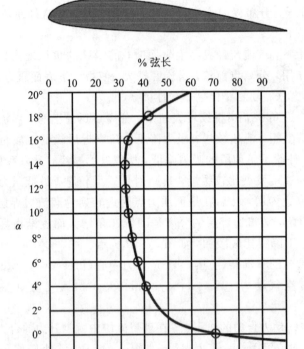

图 3-12　压力中心位置随迎角的变化

将式(3-4)代入式(3-5)得

$$\overline{x}_F = -m_z^{C_L} \tag{3-6}$$

而

$$\overline{x}_P = \overline{x}_F - \frac{m_{z0}}{C_L} \tag{3-7}$$

可见，焦点位置与迎角无关，它实际上是翼型随迎角变化而引起的升力增量 ΔC_L 的作用点。由于正弯度时 m_{z0} 为一个小负数，故当 $C_L > 0$ 时，$\overline{x}_P > \overline{x}_F$，即压心位于焦点之后。

2) 长泡分离

尖头翼型或薄的圆头翼($\overline{c} < 9\%$)在一定迎角下会发生长泡分离。

气流以一定的迎角流过较尖前缘时，由于前缘处速度很大而产生很大的负压力，但流过前缘后压力又回升，因而在前缘附近形成高的逆压梯度产生边界层分离。但分离后接着发生边界层转捩，边界层由层流变为湍流，"忍受"逆压梯度能力增强而使边界层重新附体。这样在分离点和附体点之间就形成一个局部分离区，称为气泡。这种气泡一旦形成就较长。其长约为弦长的 2%～3%，随 α 增大，分离点仍在前缘，而附体点逐渐后移，气泡增长，所以称为长泡分离。因为长泡分离是逐渐发展的，所以当 $\alpha > \alpha_{cr}$ 后，C_L 下降得并不突然(见图 3-13)。

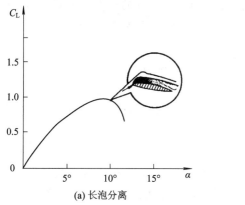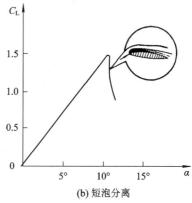

(a) 长泡分离　　　　　　　　　(b) 短泡分离

图 3 - 13　长泡分离与短泡分离

3）短泡分离

中等厚度翼型($\bar{c}=9\%\sim15\%$)在中等雷诺数下会发生短泡分离。它与长泡分离的区别是：由于翼型表面曲率较大，故随 α 增大，最低负压区前移，分离点前移，转捩点也前移，使分离区缩短，故称短泡分离。

前缘出现短泡分离时，翼型升力特性几乎没有变化；当 $\alpha=\alpha_{cr}$ 时，气泡破裂，分离的气流不再附体；当 $\alpha>\alpha_{cr}$ 时，C_L 随 α 增大而突然下降(见图 3 - 13)。

3. 力矩特性

翼型的力矩特性常用力矩系数 m_z-C_L 曲线表示(见图 3 - 14)。在中小迎角范围内，m_z-C_L 曲线呈一条直线，即

$$m_z = m_{z0} + m_z^{C_y} C_L \tag{3-8}$$

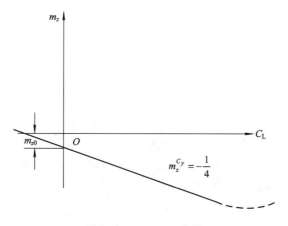

图 3 - 14　m_z - C_L 曲线

4. 阻力特性与极曲线

作用在翼型上的空气动力在 V_∞ 方向上的分量称为翼型阻力，简称型阻 $C_{D\,pr}$。对于翼型这种二元流动，低速型阻是由空气黏性引起的。从物理实质上可以将黏性阻力分为摩擦阻力 C_{Df} 和压差阻力 C_{Dp}(与边界层分离有关)：

$$C_{D\,pr} = C_{Df} + C_{Dp} \tag{3-9}$$

当迎角不大时，摩擦阻力是型阻的主要成分。通常在设计的升力系数 C_{Ld} 下（此时迎角不大），阻力系数最小，称为最小阻力系数 C_{Dmin}，它可由机翼的摩擦阻力系数通过适当修正得到：

$$C_{Dmin} = 0.925(2C_F)\eta_c \tag{3-10}$$

$$C_{Dmin} = 2C_F(1 + 2\bar{c} + 60\bar{c}^4) \tag{3-11}$$

式中：C_F——机翼的单面摩擦阻力系数；

　　　η_c——厚度修正系数，与翼型厚度特性有关，它反映了黏性压差阻力的贡献，其值可由相应的曲线查得。

随 C_L（或 α）的增大，压差阻力上升为翼型阻力的主要成分。当 $\alpha > \alpha_{cr}$ 后，翼型表面气流出现严重分离，压差阻力 C_{Dp} 急剧增大。可见，当 $\alpha > \alpha_{cr}$ 时，飞机不仅升力下降，并且阻力急剧上升。这将导致飞机迅速丧失速度，导致坠机，这种现象称为失速。飞机失速前，C_{Dp} 可近似认为与 C_L^2 成正比，即

$$C_{Dp} = kC_L^2 \tag{3-12}$$

其中，k 为黏性压差阻力系数，由试验测定。

典型的翼型阻力系数与迎角的关系如图 3-15 所示。

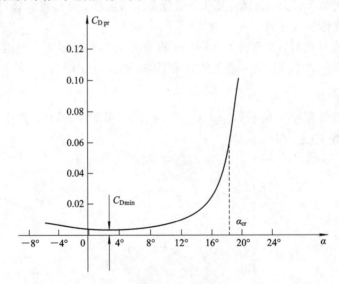

图 3-15　翼型阻力随迎角变化曲线

飞机设计中常采用升力系数随阻力系数变化（$C_L \sim C_D$）的曲线表示翼型的升阻特性，称为极曲线（polar），如图 3-16 所示。曲线上每一点对应一个迎角值，$C_L = 0$ 处的 C_D 值称为翼型的零升阻力系数 C_{D0}。通常，$C_{D0} \approx C_{Dmin} = 0.005 \sim 0.008$。失速前，翼型极曲线可近似用下式表示：

$$C_D = C_{D0} + kC_L^2 \tag{3-13}$$

显然，这是一条抛物线。极曲线上任一点与原点的连线和横轴的夹角为 φ，定义如下：

$$K = \tan\varphi = \frac{C_L}{C_D} \tag{3-14}$$

式中：K——翼型的升阻比。

翼型的最大升阻比 K_{max} 是衡量翼型升阻特性的重要指标之一，性能优良翼型的 K_{max} 可达 50 以上。

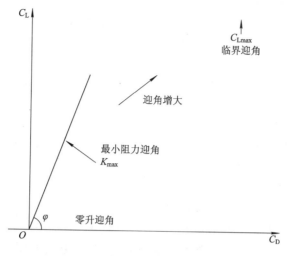

图 3-16 翼型极曲线

3.2.3 雷诺数对翼型气动性能的影响

雷诺数 Re 的物理意义是特征惯性力与特征黏性力之比。利用雷诺数可以判断气流的流动状态。当 $Re<2300$ 时，黏性力占主要地位，气流为层流状态；当 $Re>4000$ 时，惯性力占主要地位，流体呈湍流状态；$Re=2300\sim4000$ 为过渡状态。

Re 对无人机的阻力特性影响很大。低速无人机飞行中遇到的阻力主要是摩擦阻力和压差阻力，空气黏性与这两种阻力关系密切。Re 越大，翼型阻力越小。

Re 对翼型升力线斜率的影响很小，主要影响最大升力系数 $C_{L\,max}$。一般 $C_{L\,max}$ 随 Re 的增大而增大，雷诺数对升力系数的影响曲线如图 3-17 所示。

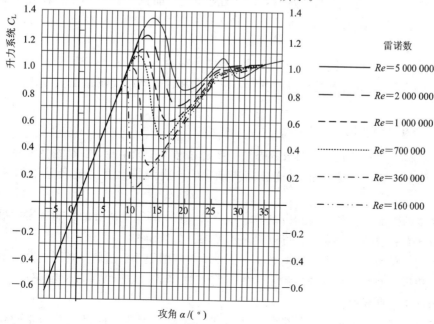

图 3-17 雷诺数对升力系数的影响曲线

3.3 翼型的选择

3.3.1 翼型外形与参数的选择

1. 翼型弯度的选择

低速飞行翼型弯度对升力的贡献较大,适当增大翼型的弯度是提高翼型升力系数和最大升力系数的有效手段,常用的弯度约为 2%～6%,其中 4% 比较常见。

适当前移最大弯度位置也可以提高翼型的最大升力系数,失速形式为前缘失速。若最大弯度位置靠后,则最大升力系数降低,但是可以取得比较缓和的失速特性。

从外形看,弯度从大到小排序为:凹凸型＞平凸型＞双凸型＞对称型。

对称翼型的最大失速特性远不如有弯度的翼型,但是它的速度特性比较好,尤其是航模飞机,如果要做比较多的特技飞行,尤其是倒飞特技时,对称翼型的优点就比较明显。

翼型的零升力矩是由翼型的弯度决定的。对称翼型的零升力矩为零,零升力矩太大会增大配平阻力。

低速和亚声速飞机的阻力主要来自摩擦阻力,因此常选择小弯度层流翼型来减小阻力。

2. 翼型厚度的选择

适当增加翼型厚度也可以使最大升力系数增大。对常规的 NACA 翼型,一般在相对厚度为 12%～15% 时达到最大升力系数,有些特殊翼型还要高。

飞机的飞行速度限制了翼型的厚度参数选择,每减小 1% 的相对厚度可以增加 0.015 的临界马赫数。超声速飞机为了减阻,翼型相对厚度只能在 4%～8% 之间较薄翼型和较薄前缘半径翼型间选择;而低速飞机可以在 12%～18% 之间选择;亚声速飞机在 10%～15% 之间选择。

薄翼型阻力小,但不适合大迎角飞行,且失速特性不佳,适合高速飞机。

厚翼型阻力大,升力特性较好,不易失速,低速时适当增大翼型最大厚度还可以提高翼型的升力线斜率。

3. 其他参数的选择

增大对称翼型的最大升力系数的方法主要通过增大前缘半径、加厚翼型头部来实现。

翼型头部决定大迎角下的气流分离流动,从而决定最大升力值及其他重要的几何参数。

薄翼型的头部半径对最大升力系数影响不大,但中等翼型所受的影响就增大很多。

适当增大翼型的头部半径还可以提高翼型的升力线斜率。

雷诺数对翼型最大升力系数的影响有的很大,有的很小。因此,当评估升力储备时就要考虑所选的翼型在机翼系统中的实际使用雷诺数,若最大升力系数差值超过 0.1,则不易在翼梢使用这种翼型。

当机翼的展弦比大于 5 时,从安全角度考虑应使翼梢翼型的最大升力系数比翼根的要大。

翼型的后缘角增大将使后部的边界层增厚，容易导致气流分离，使得升力线斜率下降，但后缘角接近于零则会给加工制造和强度、刚度带来问题。

3.3.2　翼型选择的其他考虑因素

1. 平面形状

由于平直机翼和后掠机翼的根部流动特性不一样，因此，适用于平直机翼的翼型不一定适用于后掠机翼；反之亦然。对于大展弦比机翼，为了防止翼尖失速造成飞机安全问题，翼尖处翼型的最大升力系数一般要比翼根处翼型的大。

一般为了增大对称翼型的最大升力系数，常通过加厚翼型头部来实现；但是对小展弦比的后掠翼却相反。例如，三角翼要尽量减小翼型前缘半径，前缘较尖，能形成前缘涡，产生的最大升力系数越大，这些前缘涡就会越推迟机翼失速。

2. 空间和刚度

除了出于对气动方面的考虑，选择翼型时还要考虑减轻结构质量。对于小飞机来说，增大翼型相对厚度不仅会带来结构高度的增加，还会给加工制造带来很大的便利。

实际使用中，不论是亚声速飞机还是超声速飞机，翼型厚度从翼根到翼尖都是变化的。由于机身的影响，亚声速飞机根部的翼型即使比翼尖厚 20%～60%，仍不会对阻力产生很大影响，而会提供更大的可利用空间，且增加刚度。但这种较厚翼型沿展向一般不超过 30% 半展长。

习　　题

1. 什么是翼型？有哪些主要类型，几何参数有哪些？

2. 举例说明 NACA 四位数翼型和五位数翼型有关数字的含义。

3. 什么是迎角，如何判断其正负？

4. 什么是超临界翼型，其主要优点和缺点分别是什么？

5. 升力是如何产生的，如何计算？

6. 画出升力系数随迎角变化的曲线，标出零升迎角、临界迎角，并说明升力系数随迎角变化的规律与原因。

7. 压力中心与焦点有什么联系与区别？

8. 绘图并简述任意翼型低速力矩特性。

9. 简述摩擦阻力、压差阻力和干扰阻力的不同与产生原因。

10. 画出阻力系数随迎角变化的曲线并加以说明，标出最小阻力系数。

11. 什么是诱导阻力？是如何产生的？影响因素有哪些？

12. 画出极曲线示意图，说明其用途。

13. 翼型的选择主要需要考虑哪些因素？

学习任务单

第4章 机翼空气动力特性

4.1 机翼的几何参数与空气动力系数

4.1.1 机翼的平面形状与几何参数

早期飞机机翼的平面形状大多做成矩形。矩形机翼制造简单，但阻力较大。为了适应提高飞行速度的要求，后来又出现了梯形翼和椭圆翼两种机翼。随着飞行速度接近或超过声速，相继出现了后掠翼、三角翼等机翼。从 20 世纪 50 年代起，又陆续出现了由上述基本平面形状发展或组合而成的复合机翼，如双三角翼、S 形前缘翼、边条翼、变后掠翼、前掠翼等。几种常见的机翼平面形状如图 4-1 所示。

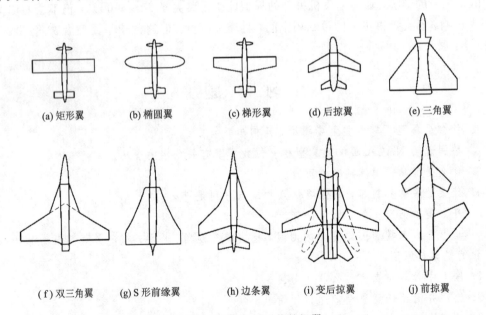

(a) 矩形翼　　(b) 椭圆翼　　(c) 梯形翼　　(d) 后掠翼　　(e) 三角翼

(f) 双三角翼　　(g) S 形前缘翼　　(h) 边条翼　　(i) 变后掠翼　　(j) 前掠翼

图 4-1　各种平面形状的机翼

根据机翼的平面形状特点，可以用以下几个几何参数（见图 4-2）表示。

（1）机翼面积（S）：机翼在 xOz 平面上的投影面积称为机翼面积（襟翼、副翼全收）。如不加说明，机翼面积包括机身所占的那部分面积。

（2）展长（L）：机翼左右翼端（翼尖）之间的距离称为展长。

（3）弦长 $b(z)$：机翼展向剖面弦长是展向位置 z 的函数，包括根弦（$z=0$）长 b_0 和尖弦（$z=\pm L/2$）长 b_1。气动计算还会用到平均气动弦长 b_A。

（4）展弦比（λ）：展长与平均弦长之比叫作展弦比。因为 $b_{mean}=S/L$，所以

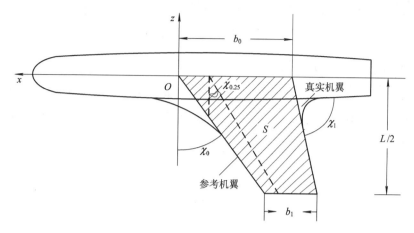

图 4-2　机翼平面几何参数

$$\lambda = \frac{L}{b_{\text{mean}}} = \frac{L^2}{S} \tag{4-1}$$

现代歼击机的展弦比大致为 2～5，轰炸机、运输机的展弦比大致为 7～12，滑翔机、高空侦察机的展弦比可达 16～19。

（5）根尖比（η）：翼根弦长（b_0）与翼尖弦长（b_1）之比称为根尖比（也称根梢比），即

$$\eta = \frac{b_0}{b_1}$$

矩形翼的 $\eta=1$，三角翼的 $\eta=\infty$。有些情况也用尖根比（梢根比）来表示，尖根比是根尖比的倒数。

机翼的有关角度包括如下几种：

（1）后掠角（χ）：后掠角是指机翼上有代表性的等百分弦线（如前缘、1/4 弦线、后缘线等）在 xOz 平面上的投影与 Oz 轴之间的夹角。后掠角的大小表示机翼向后倾斜的程度。图 4-2 中，χ_0 称为前缘后掠角，$\chi_{0.25}$ 称为 1/4 弦线后掠角，χ_1 称为后缘后掠角。

（2）几何扭转角（φ）：机翼展向任一剖面处翼型弦线与翼根剖面处弦线的夹角称为几何扭转角。上扭为正，下扭为负，如图 4-3 所示。除了几何扭转角以外，还有气动扭转角，指平行于机翼对称面的任一翼剖面的零升力线与翼根剖面零升力线之间的夹角。

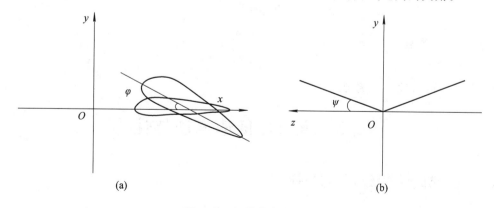

(a) 　　　　　　　　　　　　　　　　　　(b)

图 4-3　机翼的有关角度

（3）上（下）反角（ψ）：机翼的弦平面与 xOz 平面的夹角称为机翼的上（下）反角，如图

4-3所示。通常 ψ 为 $+7°\sim-3°$，上反为正，下反为负。

（4）机翼安装角：机翼翼根弦与机身轴线之间的夹角。

4.1.2 机翼的空气动力系数

如果来流 V_∞ 与机翼对称面平行，那么 V_∞ 与翼根剖面弦线的夹角定义为机翼迎角 α。V_∞ 相对翼根平面弦线上偏为正，下偏为负。此时，作用于机翼上的空气动力和翼型一样，有升力 L、阻力 D、纵向力矩 M_z：

升力：
$$L = \frac{1}{2}\rho V_\infty^2 C_L S \tag{4-2}$$

阻力：
$$D = \frac{1}{2}\rho V_\infty^2 C_D S \tag{4-3}$$

纵向力矩：
$$M_z = \frac{1}{2}\rho V_\infty^2 m_z S b_A \tag{4-4}$$

其中无量纲空气动力系数如下：

升力系数：
$$C_L = \frac{L}{\frac{1}{2}\rho V_\infty^2 S} \tag{4-5}$$

阻力系数：
$$C_D = \frac{D}{\frac{1}{2}\rho V_\infty^2 S} \tag{4-6}$$

纵向力矩系数：
$$m_z = \frac{M_z}{\frac{1}{2}\rho V_\infty^2 S \cdot b_A} \tag{4-7}$$

若来流 V_∞ 与机翼对称面有夹角，则定义此夹角为侧滑角 β。当 V_∞ 在对称面右面时，β 为正。此时，作用于机翼上的空气动力除了 L、D、M_z 以外，还有侧力 Z、滚转力矩 M_x、偏航力矩 M_y。定义其无量纲空气动力系数如下：

侧力系数：
$$C_z = \frac{Z}{\frac{1}{2}\rho V_\infty^2 S} \tag{4-8}$$

滚转力矩系数：
$$m_x = \frac{M_x}{\frac{1}{2}\rho V_\infty^2 S \cdot l} \tag{4-9}$$

偏航力矩系数：
$$m_y = \frac{M_y}{\frac{1}{2}\rho V_\infty^2 S \cdot l} \tag{4-10}$$

式中：l——特征长度，一般取机翼翼展。

4.2 直机翼低速气动特性

4.2.1 直机翼低速绕流流态及特点

1. 翼端效应和展向流动

气流以正迎角绕流机翼时，机翼产生向上的升力，下翼面的压力必高于上翼面的压力,下翼面的高压气流有向上翼面流动的倾向。对 $\lambda=\infty$ 的无限翼展翼型,由于无翼端存在,上下翼面压力差不会引起展向流动,展向任一剖面均保持二维特性。若机翼是有限翼展,由于翼端存在,下表面高压气流通过翼端(该处上下表面压力相等)与上表面互相沟通,因而下表面从翼根剖面产生向外侧的展向流速,上表面产生向内侧的展向流速,使得下翼面的流线向翼端偏斜,上翼面的流线向对称面偏斜,这种现象称为翼端效应(见图 4-4)。

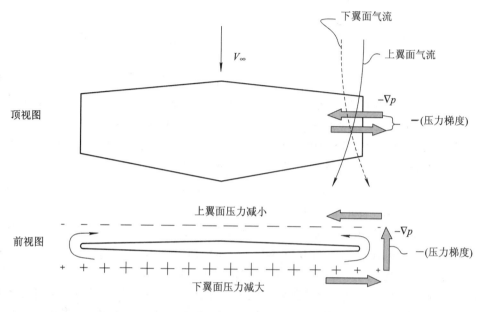

图 4-4　机翼翼端流动

2. 自由涡的形成和发展

围绕机翼部分的涡称为附着涡,附着涡终止于翼梢,由于上下翼面流线的倾斜,流经上下翼面的气流在后缘汇合时,受到展向流动的气流影响,在后缘拖出无数条涡线,这些涡线组成一个涡面,这个涡面称为机翼的自由涡面。自由涡面在距机翼后缘约一倍展长的地方,由于黏性和涡的相互诱导作用,逐渐卷起并形成一对旋转方向相反的涡卷面(尾迹涡)后延伸,其轴线大致与来流平行(见图 4-5)。这两组尾迹涡与启动涡一起形成一组封闭涡环。而启动涡一般可以认为其位置位于机翼后方无穷远处,这样这个涡环就变成了一

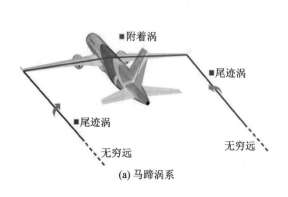

(a) 马蹄涡系

(b) 飞机飞过云层形成的旋涡

图 4-5　常见的两种自由涡

组附着涡和两组延伸到无穷远处的尾迹涡组成的涡系，即所谓的马蹄涡系。

3. 升力沿展向分布

在翼端处，由于上下表面相通，压差为零，因而升力为零。对有升力的平直机翼，下翼面中间（根部）剖面压力最高，向两侧逐渐降低；上翼面刚好相反，翼端处压力最高，向中间逐渐降低。因此，上下翼面压差升力或环量沿展向是变化的，中间剖面最大，向外侧逐渐降低，翼端为零。

大展弦比直机翼沿展向任一剖面和二维翼型的主要差别在于自由涡面在展向剖面处引起一个向下（正升力时）的诱导速度，称为下洗速度。尾翼通常是在机翼影响的气流之内，所以下洗气流主要对尾翼产生作用，即改变了吹到尾翼上的气流方向。下洗角就是机翼前面吹过来的气流方向与机翼后气流的方向所成的角度。当机翼产生的升力愈大，即翼尖涡流愈强时，下洗角愈大，这个影响也随着展弦比的加大而减小。

同时，机翼后面气流的速度也只有原来速度的 90% 左右。如果没有螺旋桨的气流作用，尾翼的相对气流速度只有模型飞机飞行速度的 90%。

翼端效应导致上下翼面的压力差减小，产生翼尖涡流，使机翼升力系数减小。由于翼尖涡流的影响，机翼的实际迎角减小。理论迎角是翼弦线与相对气流的夹角所形成的迎角，用来测量机翼性能。但翼尖涡流使机翼气流发生变化，减小了机翼的相对气流与翼弦线所成的角度，使机翼产生的升力系数减小。如机翼无限长时，迎角为 8°，升力系数为 1.2。当展弦比为 8 时，产生的升力系数减小为 0.96。这时机翼受气流作用的实际迎角没有 8°。由图 4-6 可以看到，对于相同翼型的机翼，当迎角相同时，展弦比愈小，升力系数也愈小。另外，机翼产生的最大升力系数一般不随展弦比的改变而改变，所以展弦比愈小的机翼，临界迎角却愈大。

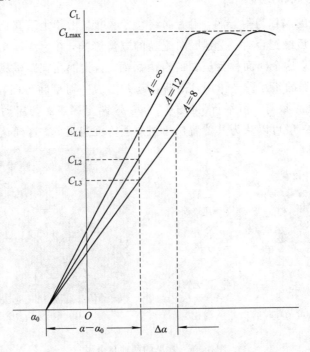

图 4-6 不同展弦比时的升力系数曲线

机翼产生的升力系数在小迎角时与绝对迎角成正比,所以升力系数曲线开头都像一根直线,如图 4-6 所示。所谓绝对迎角就是零升力迎角与迎角数值之和,也就是零升力弦与相对气流的夹角。绝对迎角的代数式表示为 $\alpha-\alpha_0$,因为 α_0 通常是负值,所以代入式中正好是两个角度相加。

4. 诱导阻力

诱导阻力是伴随着机翼升力产生的。机翼升力的产生源于机翼上下表面的压力差,压力差必然导致下翼面高压气流向上翼面低压区流动,当气流绕过翼尖时,在翼尖部分形成旋涡,这种旋涡的不断产生而又不断地向后流去即形成了翼尖涡流(见图 4-7)。翼尖涡流会诱导流过机翼的空气产生下洗速度。通常这个诱导速度不大,它与来流结合,使流向机翼的气流方向改变,使机翼的有效迎角减小。机翼上的合力因为与气流合速度垂直而在原来来流方向(飞行方向)上必然存在一个指向后方的分力(阻碍飞行),这就是诱导阻力。

(a)

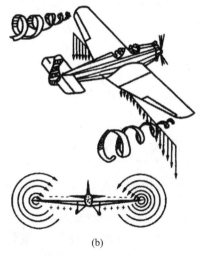

(b)

图 4-7　翼尖涡流与诱导阻力的产生

4.2.2　直机翼气动特性

根据空气动力学理论分析,大展弦比直机翼的气动特性可在椭圆形机翼的基础上加以修正而得:

$$C_{\rm L}^{\alpha} = \frac{2\pi\lambda}{\sqrt{\lambda^2/K^2 + 4} + 2} \qquad (1/{\rm rad}) \qquad (4-11)$$

$$C_{\rm Di} = \frac{C_{\rm Le}^2}{\pi\lambda}(1+\delta) \qquad (4-12)$$

式中：$K = C_{\rm Lp}^{\alpha}/(2\pi)$，$C_{\rm Lp}^{\alpha}$ 由式(3-3)计算；δ 为诱导阻力系数修正因子，与展弦比和根梢比有关。

诱导阻力系数还可以写成如下形式：

$$C_{\rm Di} = \frac{C_{\rm L}^2}{\pi\lambda_{\rm e}} = AC_{\rm L}^2 \qquad (4-13)$$

其中，$\lambda_{\rm e} = \lambda/(1+\lambda)$ 称为有效展弦比，$A = (1+\lambda)/(\pi\lambda)$ 称为诱导阻力因子，对于大展弦比直机翼，有

$$A = \frac{1}{\pi}\left(\frac{1}{\lambda} + 0.025\right) \qquad (4-14)$$

可见，诱导阻力系数 $C_{\rm Di}$ 与升力系数 $C_{\rm L}$ 的平方成正比，并随展弦比 λ 的增大而减小，在同样的 λ 和 $C_{\rm L}$ 下，椭圆形机翼的 $C_{\rm Di}$ 最小。

由 $C_{\rm D} = C_{\rm D0} + C_{\rm Di} = C_{\rm Dp} + \dfrac{C_{\rm L}^2}{\pi\lambda}(1+\delta)$ 可求得大展弦比直机翼的阻力特性，机翼阻力系数随迎角的变化曲线如图 4-8 所示。

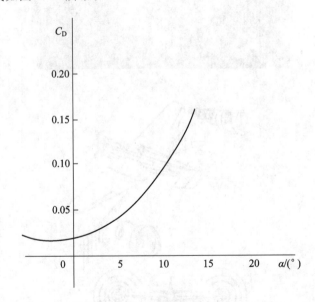

图 4-8 机翼阻力系数随迎角的变化曲线

由图 4-8 可知，在小迎角范围内，机翼表面没有气流分离，压差阻力很小；因为迎角小，升力系数也小，所以诱导阻力系数也不大。机翼阻力的主要成分是摩擦阻力。由于摩擦阻力系数基本不随迎角而变，因此，在小迎角范围内，阻力系数基本不随迎角变化。

随着迎角增大，升力系数增大，诱导阻力系数与升力系数的平方成正比地增大，诱导阻力将上升成为阻力的主要成分。

当迎角超过临界迎角 $\alpha_{\rm cr}$ 以后，机翼表面气流将发生严重分离，压差阻力急剧增大成为阻力的主要成分，阻力系数仍迅速增大。

实际计算中，通常将由 $C_L = 0$ 变到 $C_L \neq 0$ 时增加的型阻归于诱导阻力中，通称为升致阻力，记为 ΔC_D（或 C_{Di}），整个机翼的阻力系数如下：

$$C_D = C_{Dmin} + \Delta C_D = C_{Dmin} + AC_L^2 \qquad (4-15)$$

其中：C_{Dmin} 可以用平均几何弦长处的翼型参数，按照式（3-10）或式（3-11）计算，A 可以用下式计算：

$$A = \frac{0.38}{\lambda - 0.8C_L(\lambda - 1)} \qquad (4-16)$$

4.3　后掠翼与三角翼的低速气动特性

4.3.1　后掠翼低速气动特性

低速飞机通常采用大展弦比直机翼。随着飞机速度提高到跨声速和低超声速，研究发现前缘后掠角 χ 为 $30° \sim 70°$ 的后掠翼可推迟和减弱激波阻力，因此在高速飞机上已广泛采用各种展弦比和平面形状的后掠翼。但后掠翼飞机也要经历低速飞行阶段，如起飞和着陆等，且后掠翼的亚声速气动特性可通过压缩性修正由低速特性得到，因此研究后掠翼的低速特性仍具有重要意义。

1. 后掠翼升阻特性

为了说明机翼的后掠效应，可以先分析无限翼展后掠翼的气动特性。

当气流流过后掠翼时，其流速（V）同机翼前缘不垂直，可以分解成两个分速：一个是垂直分速（V_n），与前缘垂直；另一个是平行分速（V_t），与前缘平行。如图 4-9 所示，垂直分速和平行分速同前缘后掠角（χ）的关系如下：

$$V_n = V\cos\chi, \quad V_t = V\sin\chi$$

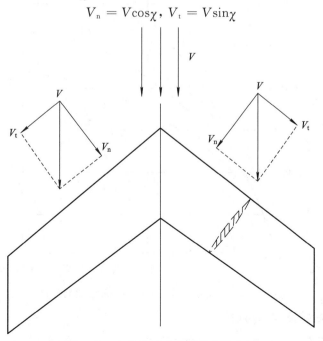

图 4-9　气流流过后掠翼的速度分解

无限翼展后掠翼的升力系数、阻力系数和升力系数斜率（定义 b_n 为后掠翼的法向弦长，$b_n = b\cos\chi$）如下：

$$C_L = \frac{L}{\frac{1}{2}\rho V^2 b_n \cdot 1} = \frac{L}{\frac{1}{2}\rho V_n^2 b_n}\cos^2\chi = C_{Ln}\cos^2\chi \qquad (4-17)$$

$$C_D = \frac{D_n\cos\chi}{\frac{1}{2}\rho V_n^2 b_n}\cos^2\chi = C_{Dn}\cos^3\chi \qquad (4-18)$$

$$C_L^\alpha = \frac{dC_L}{d\alpha} = \frac{d(C_{Ln}\cos^2\chi)}{d(\alpha_n\cos\chi)} = \frac{dC_{Ln}}{d\alpha_n}\cos\chi = (C_L^\alpha)_n\cos\chi \qquad (4-19)$$

根据上述三个公式，可由无限翼展平直翼的升力系数、阻力系数、升力线斜率求得无限翼展后掠翼的升力系数、阻力系数、升力线斜率。显然，若无限翼展后掠翼的 α_n、V_n、b_n、翼型与无限翼展平直翼都相同，则后掠翼的升力系数、阻力系数和升力线斜率都比平直翼的小。因此，后掠翼的低速空气动力特性不如平直翼的好。

对于有限翼展后掠翼，除翼根和翼尖部分与无限翼展有较大差别外，其余部分则十分接近。因此，将上述关系式用来定性分析后掠角对机翼低速空气动力特性的影响是有实际意义的。图 4-10 为各种不同后掠角的机翼升力线斜率（$C_{y\chi}^\alpha$）随展弦比（λ）的变化曲线。由图可以看出，当 λ 一定时，后掠角增大，$C_{y\chi}^\alpha$ 减小；而当后掠角一定时，λ 减小，$C_{y\chi}^\alpha$ 也减小。这是由于展弦比减小时，翼尖涡对机翼上下表面的均压作用增强的缘故。

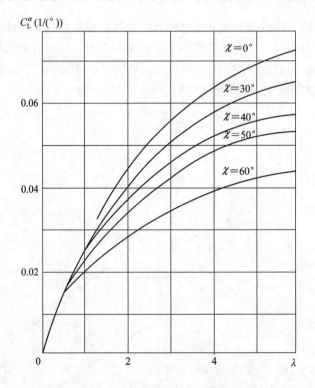

图 4-10 升力线斜率随后掠角和展弦比的变化

2. 空气流过后掠翼的流动情形

通过实验可以看到，空气流过后掠翼，流线将左右偏斜呈"S"形（见图 4-11）。

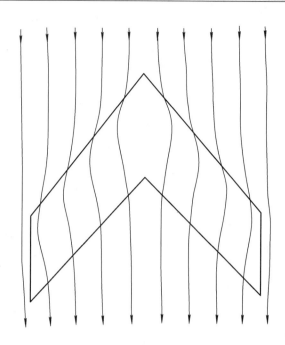

图 4 - 11　空气流过后掠翼的流动情况

因为机翼表面沿平行于前缘方向没有弯曲，所以在空气流过机翼表面的过程中，平行分速基本不发生变化，而垂直分速(V_n)则沿途不断地改变，同空气以流速 V_n 流过一个平直翼一样，机翼沿翼弦方向的压力分布自然也会发生变化。可见，只有气流的垂直分速(V_n)才对机翼压力分布起决定性的影响，因此，垂直分速(V_n)又称为有效分速。机翼后掠角越小，机翼上下表面的有效分速也相应越大。

空气从远前方流向机翼前缘，有效分速受到阻滞，越来越小，平行分速则保持不变。这样一来，越接近前缘，气流速度越慢，方向越来越偏向翼尖。经过前缘以后，空气在流向最低压力点的途中，有效分速又逐渐加快，平行分速仍保持不变，气流方向又从翼尖转向翼根。随后，又因有效分速逐渐减慢，气流方向转向原来方向。于是，整个流线呈"S"形弯曲。

3. 后掠翼的翼根效应和翼尖效应

当空气流过后掠翼时，流线左右偏斜会影响机翼的压力分布，从而出现所谓的"翼根效应"和"翼尖效应"。

在后掠翼翼根部分的上表面前段，流线向外偏斜，流管扩张变粗；而在后段，流线向内偏斜，流管收缩变细。在低速条件下，前段吸力减小；后段吸力增大。与此同时，因流管最细的位置后移，最低压力点位置向后移动，这种现象称为翼根效应，如图 4 - 12 所示。

翼尖部分情况与翼根部分相反。翼尖外侧的气流径直向后流去，而翼尖部分上表面前端流线向外偏斜，故流管收缩变细，吸力增大；后段流线向内偏斜，故流管扩张变粗，吸力减小。与此同时，因流管最细的位置前移，故最低压力点向前移动，这种现象称为翼尖效应，如图 4 - 12 所示。

翼根效应和翼尖效应引起沿翼弦方向压力分布的变化，但上表面前段的变化比较大。因此，翼根效应使翼根部分的平均吸力减小，升力系数减小。翼尖效应使翼尖部分的平均吸力增大，升力系数增大。后掠翼沿展向各剖面的升力系数分布如图 4 - 13 所示。

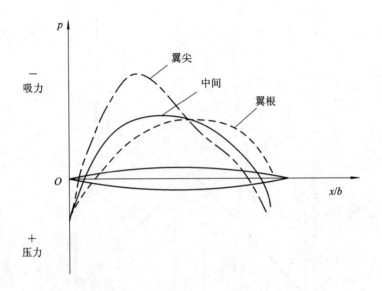

图 4 - 12 翼根效应和翼尖效应对沿弦向压力分布的影响

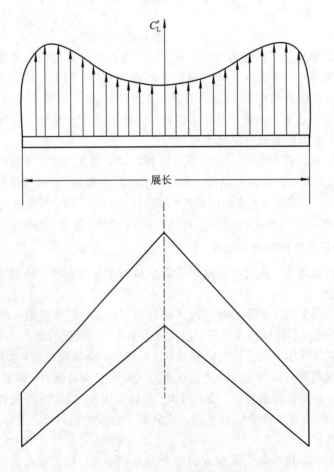

图 4 - 13 后掠翼沿展向各剖面的升力系数分布

可见，造成后掠翼低速空气动力特性不同于一般平直翼的基本原因，一是后掠翼的空气动力主要取决于有效分速，而有效分速是小于来流速度的；二是空气流过后掠翼，流线左右偏斜，形成翼根效应和翼尖效应，影响后掠翼的压力分布。这两点是分析后掠翼空气动力特性的基本依据。

4. 后掠翼大迎角气动特性与失速特性

对于平直翼，翼尖涡的影响使翼尖部分的有效迎角小于翼根部分的有效迎角，因此，在大迎角下，气流分离首先出现在翼根。

而后掠翼在大迎角下翼尖气流首先分离。其原因有两个方面。一方面，在机翼上表面的翼根部分，因翼根效应，平均吸力减小；在机翼上表面的翼尖部分，因翼尖效应，平均吸力增大。于是沿翼展方向存在压力差，这个压力差促使边界层内的空气向翼尖方向流动，致使翼尖部分的边界层变厚，容易产生气流分离。另一方面，由于翼尖效应，在翼尖部分上表面的最低压力点处，流管更细，吸力增大，而在上表面后缘部分，流管变化不大，吸力变化较小。于是翼尖上表面的后缘部分与最低压力点之间的逆压梯度增大，增强了边界层内空气向前倒流的趋势，容易形成气流分离。由于这两个原因，当迎角增加到一定程度时，后掠翼的翼尖部分就会首先产生严重的气流分离，造成翼尖失速。

翼尖失速会给飞机的稳定性和操纵性带来不利影响，因此，后掠翼可采取如下措施以延缓翼尖失速：

（1）机翼几何扭转，即各剖面的翼弦不在同一平面内，因而各剖面的迎角也不相同。当翼尖处的迎角较其他部位的迎角小时，不容易发生翼尖失速。

（2）翼尖部分采用失速迎角较大的翼型。

（3）机翼上表面安装翼刀，这样可以阻止边界层横向流动，延缓翼尖失速。

（4）减小翼尖部分的后掠角（如歼-5），使翼尖部分横向流动减弱，延缓失速。

（5）机翼上采用前缘锯齿，如图 4-14 所示。从锯齿处产生的旋涡可以起到翼刀的作用，并能对边界层内的空气输入能量，增大其速度以延缓翼尖分离。

(a) 前缘锯齿机翼构造　　　　　　　　　　(b) L-15教练机

图 4-14　前缘锯齿机翼

后掠翼翼尖过早失速使后掠翼的最大升力系数和临界迎角都较直机翼小。此外，后掠翼升力线斜率下降也是造成最大升力系数下降的原因。图 4-15 是后掠角为 35° 的后掠翼与直机翼的升力系数比较。从图中可以看出，后掠翼最大升力系数比直机翼小 20%，临界迎角约减小了 3°。

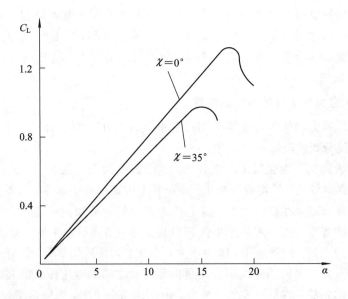

图 4-15　相同 λ 不同后掠角升力系数比较

　　另外，后掠翼在临界迎角附近，升力系数的变化比平直翼缓和。因为后掠翼翼尖分离后，机翼的中间部分气流尚未分离，机翼升力系数仍随迎角的增大而增大，但升力系数曲线斜率是下降的。迎角再增大，分离范围扩大，升力线斜率进一步降低。增至临界迎角时，升力系数达到最大。超过临界迎角时，机翼大部分气流已分离，于是升力系数开始降低。但是由于翼根仍有小部分地区气流未分离，因而升力系数的降低并不剧烈。因此，在临界迎角附近，升力系数变化得比较缓和。

　　通常，将对应翼尖开始失速的迎角称为抖振迎角，对应的升力系数称为 C_{Lq}，因为此时翼尖区域失速后所产生的分离旋涡会使飞机产生抖振现象，所以为了保证安全，后掠翼飞机正常飞行时所用升力系数应小于 C_{Lq}，且

$$C_{Lq} \approx 0.85 C_{L\max}$$

　　综上，后掠翼的气动特性取决于来流法向分速和法向迎角，其压力系数、升力线斜率等均比直机翼小。同时，由于翼根效应和翼尖效应改变了剖面的压力和升力分布，从而影响后掠翼的气动特性。因此，后掠翼的三元效应体现在后掠效应、翼根效应和翼尖效应上，这些效应的影响与平面几何参数 χ、λ 和 η 密切相关。

4.3.2　三角翼低速气动特性

三角翼真实飞行视频

　　三角翼通常具有较小的展弦比（$\lambda < 3$），且一般为锐缘无弯扭对称薄型，常用于高速飞机。与后掠翼相比，三角翼的后掠角更大，展弦比和厚弦比都小，因而其空气动力特性又有不同于后掠翼的特点。特别是在低速大迎角飞行中，三角翼上表面会形成脱涡体，产生涡升力。这种不同于前面所介绍的产生升力的方式，是三角翼低速气动特性的主要原因，并且可以部分弥补三角翼低速气动特性的不足，同时飞机抖振迎角和临界迎角也较大。

1. 脱体涡的形成与发展

空气流过三角翼同流过后掠翼一样，翼面的横向压力差促使流线左右偏斜。同时，一部分空气从下表面绕过前缘（也是侧缘）而迅速分离，脱离翼面向上卷起。随即顺气流方向卷成两个旋转方向相反的稳定的螺旋形涡面，并向后面流去，这就是脱体涡，如图 4 - 16(a)所示。脱体涡从前缘出发，所以也称为前缘涡。脱体涡位于机翼的上表面，距离翼根很近。如图 4 - 16(b)所示，O 点为涡面从前缘开始分离的点，OA 为脱体涡重新附着于上表面的轨迹线，OB 为脱体涡从上表面重新分离的轨迹线。这样，在上表面有两种气流，在脱体涡附着线 OA 内侧是附着流，气流基本上平行于远前方来流的方向；在附着线 OA 外侧、OB 线内侧这一区域，则包含着脱体涡，气流向外偏斜，急剧加速。脱体涡在接近后缘的地方脱离机翼，形成尾涡，沿下洗流方向流去。

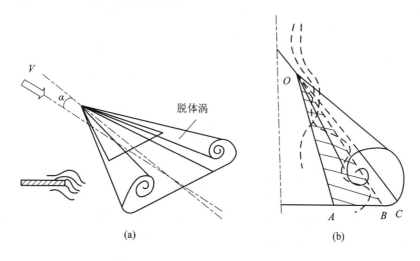

(a)　　　　　　　　　　(b)

图 4 - 16　细长三角翼上表面的脱体涡

脱体涡的产生必须具备以下三个条件：

（1）机翼具有较大的前缘后掠角。实验表明，只有当前缘后掠角大于 45°时，从前缘分离的气流才能卷成稳定的脱体涡。

（2）机翼前缘比较尖锐，前缘曲率半径较小。

（3）机翼迎角通常在 3°以上。在小迎角情况下，气流仅在翼尖附近部分的前缘产生分离，涡卷较细，强度较弱，范围较小。

随着迎角增加，涡卷变粗，强度增强，分离点逐渐沿前缘向前移动，涡心也逐渐向翼根移动。待迎角增大到一定程度，整个翼面基本处于脱体涡控制之下。图 4 - 17 画出了后掠角为 55°的三角翼（厚弦比为 6%）上表面在不同迎角下的脱体涡范围。

迎角再增大，左右两个旋转方向相反的涡面互相靠拢干扰，使旋转涡的轴向速度减小，以至不能维持涡心的稳定，从而脱体涡在机翼上表面后缘发生破碎，变得不规则、不稳定迎角进一步增大，破碎点向前移动，飞机将会出现较严重的抖振。

实验表明，对于前缘尖锐的薄翼面，脱体涡从一开始就从整个前缘拖出。若前缘比较圆钝，则脱体涡先从翼尖附近开始，然后随迎角的增大而逐渐内移，如图 4 - 18 所示。

后掠角较大的后掠翼也会产生脱体涡。在小迎角时，脱体涡先从翼尖拖出，随着迎角

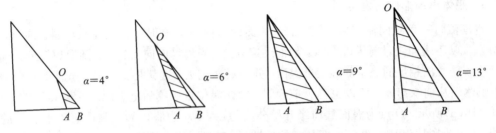

图 4 - 17　不同迎角下上翼面脱体涡的范围

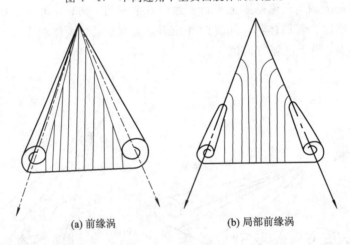

(a) 前缘涡　　　　　　　　(b) 局部前缘涡

图 4 - 18　脱体涡内移

增大，分离点逐渐从翼尖向翼根移动，脱体涡区域扩大，强度增强。

2. 脱体涡的法洗效应和切洗效应

1) 法洗效应

气流流过具有正迎角的三角翼，前缘脱体涡在其内侧诱起气流下洗，在外侧诱起气流上洗(见图 4 - 19(a))。下洗区的局部迎角减小，升力减小；上洗区的局部迎角增大，升力增大，这种现象称为法洗效应。通常，由于上洗区的翼面面积较小，因此下洗区所造成的升力损失往往大于上洗区的升力增量，即法洗效应使三角翼升力减小。

2) 切洗效应

脱体涡在翼面上所诱起的切向速度分布如图 4 - 19(b)所示，其方向是由翼根指向翼尖，其大小与距涡心的距离有关，离涡心越近，切洗速度越大；反之，则越小。切洗速度使流经机翼表面的主流速度偏斜并增大，从而致使翼面升力增大，这种现象称为切洗效应。法洗效应和切洗效应的对比如图 4 - 19(c)所示。

3. 涡升力的产生及对升力系数的影响

由机翼前缘气流分离产生的脱体涡会使飞机在大迎角下增加一部分升力，这是因为在脱体涡流型中，空气流动是稳定的。因此，在机翼表面脱体涡所覆盖的区域内，就会形成稳定而强烈的低压区，产生很大的吸力，从而提高了大迎角下机翼的升力。这部分增加的升力叫作涡升力。图 4 - 20(a)是一个展弦比为 1、迎角为 20° 的三角翼各个横截面上的压力分布图。从图中可以看出，机翼上表面在脱体涡覆盖的区域内的吸力很大。

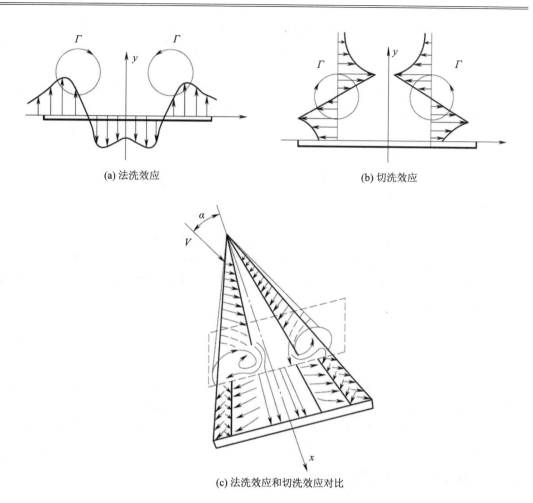

(a) 法洗效应

(b) 切洗效应

(c) 法洗效应和切洗效应对比

图 4 - 19　脱体涡的法洗效应和切洗效应

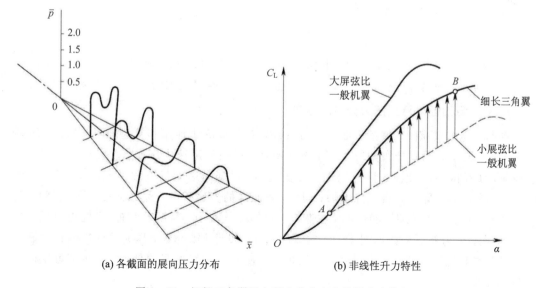

(a) 各截面的展向压力分布

(b) 非线性升力特性

图 4 - 20　细长三角翼展向压力分布和非线性升力特性

由于涡升力的存在，大后掠角机翼和细长三角翼具有不同寻常的升力特性。在气流尚未分离的迎角范围内，后掠翼或一般三角翼的升力系数随迎角的增大呈线性增长，且升力系数曲线斜率比大展弦机翼小得多（如歼-7飞机）。

而细长三角翼在大迎角范围内，升力系数随迎角的变化呈线性关系，升力系数的增长比迎角的增长快得多，如图 4-20(b)所示。之所以如此，正是因为细长三角翼的升力是由两部分组成的：一部分是翼面附着流所产生的升力，亦即假设在前缘处气流不发生分离时的升力，其升力系数与迎角呈线性关系；另一部分是脱体涡所产生的涡升力，涡升力系数与迎角呈非线性关系，且随迎角增加得较快（破碎之前）。

在迎角较小时，细长三角翼的升力系数与迎角之间的关系可简化为

$$C_L = k_p \alpha + k_v \alpha^2 \qquad\qquad (4-20)$$

式中：等号右边第一项是附着流升力系数，第二项是涡升力系数，k_p 与 k_v 均为常数，其大小取决于翼型和展弦比。可见，细长三角翼的升力系数随迎角的变化呈非线性关系。

脱体涡流型能使机翼在大迎角下的升力进一步提高，并且可大大推迟飞机抖振和失速现象的发生，提高了临界迎角，临界迎角可高达 $35° \sim 40°$。

4.4 机翼高速气动特性

由于空气压缩性的影响，飞机的高速气动特性不同于低速（$Ma < 0.3$）。本节在高速气流特性的基础上，分别从机翼的剖面形状和平面形状入手，按照亚声速（$Ma \geqslant 0.3$）、跨声速（$Ma \approx 1.0$，通常指 $0.8 < Ma < 1.2$）和超声速（$1.2 \leqslant Ma < 5.0$）三个不同阶段分析飞机的高速空气动力特性。

4.4.1 翼型的亚声速气动特性

在亚声速飞行中，空气压缩性的影响已不容忽视，否则会导致较大的误差。根据空气密度的变化程度与 Ma 的关系式：

$$\frac{\mathrm{d}\rho}{\rho} = -Ma^2 \frac{\mathrm{d}V}{V}$$

若 $\mathrm{d}V/V = 1\%$，当 $Ma = 0.3$ 时，则 $\mathrm{d}\rho/\rho = -0.09\%$；当 $Ma = 0.8$ 时，则 $\mathrm{d}\rho/\rho = -0.64\%$。空气密度随 Ma 的显著变化，势必对翼型的压力分布和空气动力特性带来明显的影响。

1. 空气压缩性对翼型压力分布的影响

在不可压缩气流中，翼型表面的压力系数分布仅取决于迎角和翼型，而与来流 Ma 的大小无关，其压力系数分布如图 4-21 虚线所示。但在亚声速可压缩气流中，空气流过翼型表面，负压区（吸力区）的流速增加，密度减小，根据高速能量方程 $V^2/2 + 3.5P/\rho = 0$，压力有额外降低，即吸力有额外增加；同理，正压区的流速减慢，密度增大，压力有额外升高。因此，由于空气压缩性的影响，在亚声速可压缩气流中，翼型表面有"吸处更吸压处更压"的特点，压力系数分布如图 4-21 实线所示，且飞行 Ma 越大，压缩性的影响越明显。

对于三元机翼，以上结论同样适用，即亚声速时压缩性的影响使 C_L 比在不可压同样迎角下数值大。

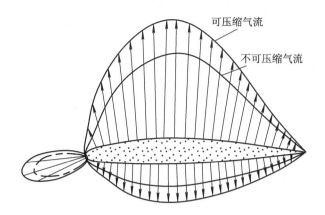

图 4 - 21　可压缩气流与不可压缩气流中的机翼压力分布

2. 翼型的亚声速空气动力特性

1）Ma 增大，升力系数和升力线斜率增大

理论计算表明，亚声速阶段，薄翼型机翼在中小迎角下的压力系数可按下列普兰特-葛劳尔特公式近似计算，即

$$\overline{p}_M = \frac{\overline{p}_0}{\sqrt{1 - Ma^2}} \qquad (4 - 21)$$

式中：p_M——可压缩气流中机翼表面的压力系数；

　　　p_0——不可压缩气流中机翼表面的压力系数。

因为 $1/\sqrt{1 - Ma^2} > 1$，所以 $|\overline{p}_M| > |\overline{p}_0|$。

根据升力系数计算式整理可得

$$C_{LM} = \frac{C_{L0}}{\sqrt{1 - Ma^2}} \qquad (4 - 22)$$

再对迎角求导，得

$$C_{LM}^\alpha = \frac{C_{L0}^\alpha}{\sqrt{1 - Ma^2}} \qquad (4 - 23)$$

可见，在亚声速阶段，机翼的升力系数和升力线斜率都随 Ma 的增大而增大，如图 4 - 22 所示。

2）Ma 增大，临界迎角和最大升力系数减小

飞行 Ma 增大，机翼上表面的额外吸力增大。但各点额外吸力增大的数值却不同。在最低压力点附近，因流速增大得多，密度减小得多，额外吸力增大得就多；而在上表面后缘部分，额外吸力增大得少（见图 4 - 23），于是，随 Ma 增大，后缘部分的压力比最低压力点处的压力大得更多，逆压梯度增大，导致边界层空气更容易倒流。这就有可能在比较小的迎角下出现严重的气流分离，使飞机的临界迎角和最大升力系数随之降低。同理，飞机的抖振迎角、抖振升力系数也随飞行 Ma 的增大而减小。

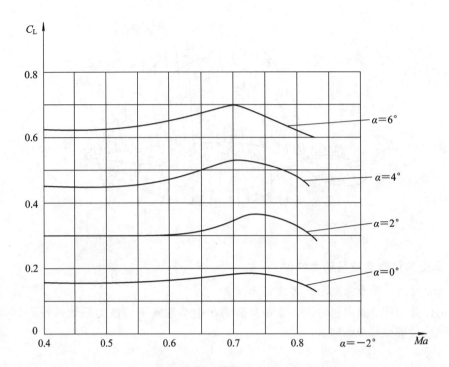

图 4-22　某机的升力系数随飞行 Ma 的变化曲线

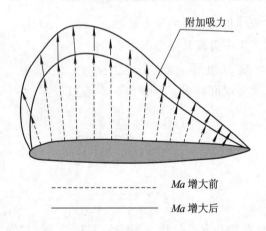

图 4-23　Ma 增大后翼型的压力分布

3) Ma 增大，阻力系数基本不变

飞行 Ma 增大，一方面，前缘压力额外增加，压差阻力系数增大，但增大有限。另一方面，气流速度大(或者声速小)，而声速小说明温度低，空气的黏度小，空气微团的黏性力小，从而使摩擦阻力系数减小，但减小也有限。于是压差阻力系数的增大与摩擦阻力系数的减小大体相抵，使机翼型阻系数(压差阻力系数与摩擦阻力系数之和)基本不随 Ma 变化。

4) Ma 增大，压力中心前移

飞机在低亚声速下飞行时，在空气压缩性的影响下，整个翼型表面的压力系数都增大 $1/\sqrt{1-Ma^2}$ 倍，翼型表面的压力分布形状没有改变，所以翼型压力中心的位置基本不变。

高亚声速的理论计算可采用卡门(Van Karman，1881—1963)-钱学森(1911—2009)公式：

$$\bar{p}_{\mathrm{M}} = \cfrac{\bar{p}_0}{\sqrt{1-Ma^2} + \cfrac{1-\sqrt{1-Ma^2}}{2}\bar{p}_0} \tag{4-24}$$

　　由该公式计算出的翼型压力分布不仅在低亚声速下是准确的，而且在高亚声速下也是准确的。

4.4.2　翼型的跨声速气动特性

　　飞机高速飞行时，在飞行速度还没有达到声速之前的情况下，翼型表面的局部地区有可能出现超声速气流并产生激波，这时，飞机进入跨声速飞行。这种超声速气流和激波是在翼型表面的局部地区出现的，故称为局部超声速区和局部激波。局部超声速区和局部激波的出现会显著改变翼型表面的压力分布，导致翼型空气动力特性发生急剧变化。

　　1. 临界马赫数(Ma_{cr})

　　飞机以一定的速度飞行时，空气流过翼型表面凸起的地方，由于流管收缩，局部流速必然加快，局部流速加快又引起局部温度降低，从而使局部声速减小。这样，随着飞行速度的增大，上表面最低压力点(流速最快的那一点)的气流速度也不断增大，而该点的局部声速则不断减小。于是，局部流速和局部声速逐渐接近。

　　当飞行速度增大到某一程度时，翼型表面最低压力点的气流速度等于该点的声速，该点叫作等声速点。这时的飞行速度叫作临界速度，用 V_{cr} 表示，如图 4-24 所示。此时的飞行马赫数叫作临界马赫数，用 Ma_{cr} 表示。Ma_{cr} 即临界速度与飞机所在高度声速(a)的比值，即

$$Ma_{\mathrm{cr}} = \frac{V_{\mathrm{cr}}}{a}$$

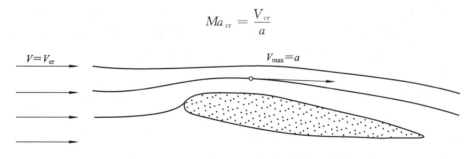

图 4-24　临界速度

　　若飞行 Ma 小于 Ma_{cr}，则翼型表面各点气流速度都低于声速，气流特性没有发生质变。若 Ma 大于 Ma_{cr}，则翼型表面会出现局部超声速区，并产生激波。在超声速区内，气流特性发生质变。因此，Ma_{cr} 的大小可用来说明翼型上表面出现局部超声速气流时机的早晚，可以作为翼型空气动力特性即将发生显著变化的标志。

　　Ma_{cr} 会因迎角的大小而不同。迎角增大，Ma_{cr} 降低。因为迎角增大，翼型上表面最低压力处的气流速度迅速加快，局部声速迅速减弱，于是在较小的飞行速度下，翼型上表面就可能出现等声速点，即临界速度和 Ma_{cr} 有所降低。反之，迎角减小，Ma_{cr} 提高。

　　2. 翼型的跨声速升力特性

　　1)升力系数随飞行 Ma 的变化

　　图 4-25 为翼型升力系数随飞行 Ma 变化的典型曲线。从图中可以看出，在跨声速阶

— 72 —　　　　　　　模块二　固定翼无人机的空气动力特性

段，随 Ma 的增大，升力系数先增大，随后减小，接着又增大。升力系数之所以有如此起伏变化，是因为翼型上下表面出现了局部超声速区和局部激波。

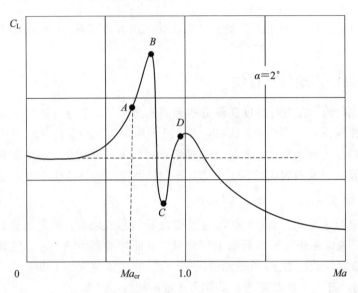

图 4-25　翼型升力系数随 Ma 的变化

当 Ma 小于 Ma_{cr} 时，翼型上下表面全是亚声速气流，升力系数按亚声速规律变化。即 Ma 增大，升力系数增大，如图 4-25 中 A 点以前的一段曲线所示，图中 A 点所对应的 Ma 为 Ma_{cr}。

由图可见，飞行 Ma 超过 Ma_{cr} 后，升力系数随 Ma 的增大而迅速增大。这是因为，此时翼型上表面已出现了局部超声速区和局部激波，并随 Ma 的增大而扩大。在超声速区，流速不断增大，压力不断减小，即吸力不断增大。这种迅速增大的额外吸力导致升力系数迅速增大，如图 4-25 中曲线 AB 段所示。

Ma 进一步增大，翼型下表面也出现了局部超声速区，并且随 Ma 增大，下表面的局部超声速区比上表面的扩展得快。于是翼型下表面产生了较大的附加吸力，使升力系数随 Ma 的增大而减小，如图 4-25 中 BC 段所示。

在翼型下表面的局部激波移到后缘，而上表面的局部激波尚未移到后缘的情况下，随着 Ma 的增大，上表面的局部激波继续后移，超声速区向后继续扩大，向上的附加吸力不断增大。于是，升力系数又重新增大，如图 4-25 中曲线 CD 段所示。

在 Ma 大于 1 以后的超声速阶段，翼型出现了后缘激波和前缘激波，升力系数随飞行 Ma 的增大而不断减小，如图 4-25 中 D 点以后的曲线段所示（其原因将在翼型超声速空气动力特性中讲述）。

2）压力中心随飞行 Ma 的变化

在跨声速飞行阶段，随着飞行 Ma 增大，翼型压力中心先后移，接着前移，而后又后移。

飞行 Ma 超过 Ma_{cr} 后，翼型上表面首先出现了局部超声速区和局部激波。随着 Ma 增大，激波后移，超声速区扩大。局部超声速区位于翼型中后段，且流速最快点位于激波前。这就引起了翼型上表面中、后段的吸力增大，产生正的附加升力 $\Delta L'$，致使翼型压力中心向后移动，如图 4－26(a)所示。

　　飞行 Ma 再增大，翼型下表面也出现了局部超声速区和局部激波。由于下表面的局部激波靠后，并随着 Ma 的增大迅速移至后缘，这就引起了翼型下表面后半段吸力增大，产生负的附加升力 $\Delta L''$，致使翼型压力中心前移，如图 4－26(b)所示。

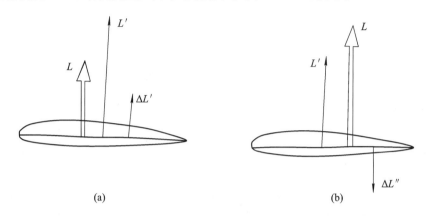

(a)　　　　　　　　　　　　　(b)

图 4－26　跨声速阶段压力中心位置的变化

　　当下表面局部激波移至后缘时，由于上表面局部激波继续后移，超声速区扩大，则后半部吸力增大，压力中心又后移。

3. 翼型的跨声速阻力特性

　　飞行 Ma 超过 Ma_{cr} 以后，阻力急剧增大。这是因为翼型上下表面出现了局部激波。这种由于出现局部激波而产生的额外阻力叫作跨声速飞行的激波阻力，简称波阻。

　　1) 跨声速飞行时，波阻产生的原因

　　飞行 Ma 超过 Ma_{cr} 以后，翼型表面出现了局部超声速区和局部激波，局部超声速区内吸力增大，且吸力增大较多的地方位于翼型中后段，故总的增加的吸力方向向后倾斜，如图 4－27 所示。由于增大的吸力向后倾斜，翼型前后压力差额外增大。这种由于增大的吸力向后倾斜所产生的阻力，是跨声速阶段激波阻力产生的主要原因。

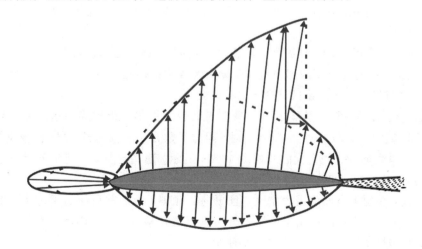

图 4－27　激波阻力的产生

2) 阻力系数随飞行 Ma 的变化

在迎角和翼型一定的条件下,在跨声速范围,阻力系数随飞行 Ma 的增大一直在增大,如图 4-28 所示。

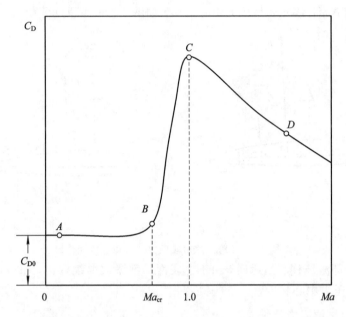

图 4-28　阻力系数随 Ma 的变化曲线

低速时,阻力系数基本不随飞行 Ma 变化;接近 Ma_{cr} 时,阻力系数才稍有增大。

Ma 超过 Ma_{cr} 不多时,翼型上表面的局部超声速区范围很小,附加吸力还不是很大,向后倾斜也不厉害,所以翼型前后压力差额外增加得不大,阻力系数增加得比较缓慢。将 Ma 增加 1%,阻力系数增加 0.1% 时的飞行 Ma 定义为阻力发散 Ma。

随后 Ma 进一步增大,翼型上表面的局部激波逐渐后移,超声速区不断扩大,附加吸力越到后面越大,并且越向后倾斜;另外,下表面也产生局部超声速区和局部激波,附加吸力也向后倾斜。这就使翼型前后压力差显著增加,导致阻力系数急剧增大,如图 4-28 中曲线 BC 所示。

Ma 增大到 1 附近时,阻力系数达到最大。当翼型出现前后缘激波后,阻力系数随 Ma 增大而减小(其原因将在翼型的超声速空气动力特性中讲述)。

3) 在不同迎角下,阻力系数随飞行 Ma 的变化

前面已讲过,迎角增大,Ma_{cr} 降低,翼型表面也就更早地出现局部超声速区和局部激波。随着迎角增大,当超过一定的临界值时,阻力系数开始急剧增长,Ma 也相应减小。不同迎角下阻力系数随 Ma 的变化曲线如图 4-29 所示,由图可知,2°迎角下阻力系数开始急剧增大的 Ma 比 0°迎角下小。

迎角增大,翼型上表面的吸力增大,且更向后倾斜,致使前后压力差增大,阻力系数增大。这从图 4-30 中不同迎角下的压力分布可以清楚地看出来。因此,图 4-30 中大迎角下的阻力系数随 Ma 的变化曲线位于小迎角上方。

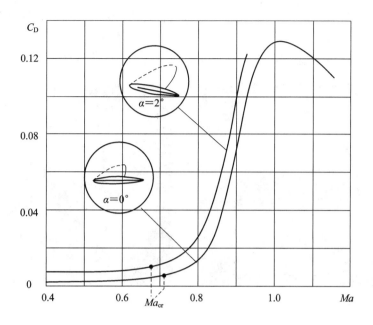

图 4-29　不同迎角下阻力系数随 Ma 的变化曲线

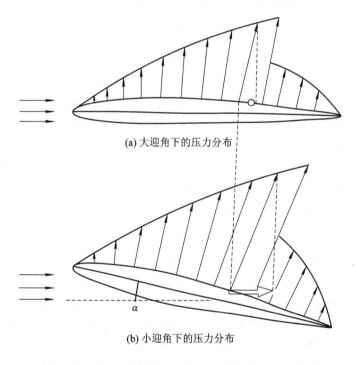

(a) 大迎角下的压力分布

(b) 小迎角下的压力分布

图 4-30　不同迎角下的压力分布

4.4.3　翼型的超声速气动特性

如图 4-31 所示，当超声速气流流过物体时，如果物体钝粗，在物体前面将产生脱体激波。由于脱体激波中有一段强度较大的正激波，物体则要承受较大的激波阻力。从减小激波阻力的角度看，超声速翼型前缘最好做成尖的，如菱形、四边形和双弧形等尖前缘。

但是超声速飞机必然要经历起飞、着陆等低速飞行阶段，尖头翼型在低速绕流时，在较小迎角下气流就有可能在前缘产生分离，使翼型的气动特性变坏。因此，为兼顾超声速飞机的低速特性，目前低超声速飞机的翼型形状大都为圆头对称薄翼型。

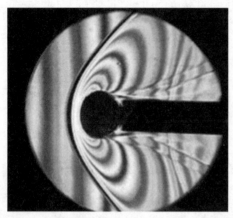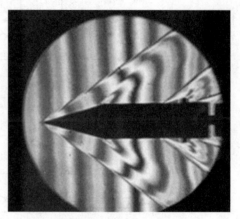

(a) 流过圆球形物体产生的脱体激波　　　　(b) 流过尖锥物体产生的斜激波

图 4-31　超声速气流流过物体产生的激波

翼型的超声速升力特性只取决于迎角 α 和 Ma，与弯度、厚度无关。但是在计算波阻时，即使是初步计算，弯度和厚度的影响也不能忽略。

可见，在低速时对升力系数有重要贡献的翼型弯度，在超声速时已经不产生升力，只产生激波阻力，所以超声速飞机的翼型通常为无弯度的对称翼型。

对称翼型的波阻包括零升波阻（或厚度波阻，与翼型形状和厚度有关）和诱导波阻（与升力系数或迎角有关）两部分。而零升波阻占主要地位，所以超声速翼型设计的一项重要任务就是减小零升波阻。

理论分析和实验都表明，最大厚度在翼弦的 50% 处的尖前缘、小厚度的对称翼型的零升波阻较小，在超声速飞机中多采用此类翼型。

由于超声速飞机的机翼一般都采用对称薄翼型，而且迎角很小，因此在计算时可以先把它看作一个平板，然后对它进行厚度修正。

1. 平板翼型超声速升力、阻力的产生

当超声速气流以正迎角流过平板时（见图 4-32），在上表面前缘，气流绕外凸角流动，产生膨胀波（见图中虚线表示）。气流经过膨胀波后，以较大的速度沿平板上表面等速向后流去。在下表面前缘，气流相当于流过内凹角的壁面，方向内折，产生斜激波（见图中实线表示）。气流经过斜激波后，以较小的速度沿平板下表面向后流去。流至后缘，情况恰好相反，上表面产生后缘斜激波，而下表面产生后缘膨胀波。气流流过斜激波和膨胀波后，以同一方向、同一速度流离平板。

当气流经过平板上表面前缘的膨胀波时，膨胀加速，压力降低，产生吸力。当气流经过下表面前缘的斜激波时，压缩减速，压力增大，产生正压力。由于气流等速流过平板上下表面，因此，吸力和正压力沿平板保持等值，如图 4-33 所示。可见，平板的总空气动力 (R) 作用在平板弦线的中点，并与平板垂直。R 沿垂直来流方向的分力为升力 (L)，沿平行

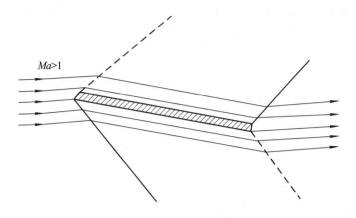

图 4 - 32　超声速气流流过平板时的流谱

来流方向的分力为阻力。因为这种阻力是由于超声速气流流过平板时出现膨胀波和激波而产生的，故称为超声速飞行时的激波阻力（D_w）。

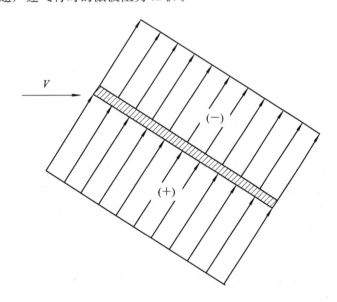

图 4 - 33　平板上的压力分布

2. 平板翼型超声速升力、阻力特性

理论和实验都证明，平板翼型在超声速小迎角条件下的升力系数、波阻系数（不计摩擦阻力系数）、升力线斜率随 Ma 的变化关系可采用下式做近似计算，即

$$C_L = \frac{4\alpha}{\sqrt{Ma^2 - 1}} \qquad (4-25)$$

$$C_{Dw} = \frac{4\alpha^2}{\sqrt{Ma^2 - 1}} \qquad (4-26)$$

$$C_L^\alpha = \frac{4}{\sqrt{Ma^2 - 1}} \qquad (4-27)$$

可见，当 Ma 大于 1 时，升力系数、阻力系数和升力线斜率均随 Ma 的增大而减小。其

原因是,当 Ma 增大时,膨胀波和斜激波都要向后倾斜,致使上表面膨胀波后的气流压力降低的幅度减小,下表面斜激波后的气流压力升高的幅度减小。

3. 对称薄翼型超声速升力、阻力的产生

如图 4-34 所示,在小迎角(迎角小于前缘内折角)下,超声速气流经过翼型前缘,相当于绕内凹角流动,产生两道附体斜激波。超声速气流通过斜激波,方向偏转到翼型前缘的切线方向,随后沿翼型表面流动,这相当于绕外凸曲面流动,产生一系列膨胀波而连续膨胀加速。从翼型前缘发出的膨胀波将与前缘激波相交,削弱激波并使激波角减小,最后退化为弱扰动波。当上下翼面的超声速气流到达后缘时,由于上下气流指向不一致(二者之差为后缘角),压力也不相等,因而产生两道斜激波,使汇合后的气流具有相同的指向和压力。后缘激波延伸中,被翼面延伸出来的膨胀波削弱,最后变成弱扰动波。

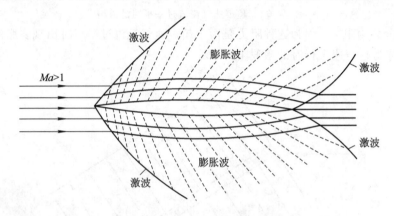

图 4-34 小迎角时超声速气流流过对称薄翼型的流谱

在正迎角下,下翼面比上翼面的气流转折角大,激波强度强,波后 Ma 小,压力大,因而上下翼面产生压力差。压力差的总和垂直于远方来流方向的分力就是升力,而平行于远前方来流方向的分力就是波阻。

4. 对称薄翼型超声速升力、阻力特性

对称薄翼型在小迎角条件下的升力系数和阻力系数可按下式做理论计算:

$$C_L = \frac{4\alpha}{\sqrt{Ma^2 - 1}} \tag{4-28}$$

$$C_{Dw} = \frac{4\alpha^2}{\sqrt{Ma^2 - 1}} + \frac{K\bar{C}^2}{\sqrt{Ma^2 - 1}} \tag{4-29}$$

从式(4-28)与式(4-29)可以看出,对称薄翼型超声速空气动力特性与平板型超声速空气动力特性仅差别在波阻系数上。即在翼型很薄、忽略厚度影响时,升力系数只取决于迎角和 Ma,与翼型的相对厚度无关。而相对厚度对波阻的影响却不能忽略。

由式(4-28)与式(4-29)可以推导出下式:

$$C_{Dw} = C_{D0w} + C_{D1w} = \frac{K\bar{C}^2}{\sqrt{Ma^2 - 1}} + \frac{\sqrt{Ma^2 - 1}\,C_L^2}{4} \tag{4-30}$$

其中:K 是形状修正系数。翼型形状不同,K 值也不同。双弧形翼型中,$K=16/3$;亚声速对称薄翼型中,$K=10\sim16$。式(4-30)等号右边第一项 $C_{D0w} = K\bar{C}^2/\sqrt{Ma^2-1}$ 为零升波阻系数，与翼型的形状和相对厚度有关，而与升力无关，所以又叫作厚度波阻系数。零升波阻也是"废"阻力(摩擦阻力、压差阻力和干扰阻力三者之和，废阻力是相对于因为产生升力而产生的诱导阻力而言的)的一部分。第二项 $C_{D1w}=\sqrt{Ma^2-1}\,C_L^2/4$ 为升致波阻系数，其大小与升力系数有关。由升力而产生的阻力叫作升致阻力，它包括诱导阻力和升致波阻。

对称薄翼型的压力中心位于翼弦中间，并不随飞行 Ma 变化。其他翼型压力中心的位置在超声速阶段也基本不随 Ma 变化。这是因为在超声速阶段，翼型上下表面的局部激波均已移至后缘，局部超声速区无法扩大，在 Ma 增大的过程中，翼型上下表面各点的压力均大致按同一比例变化，所以压力中心的位置也基本不随 Ma 变化。

4.4.4　后掠翼和三角翼的高速气动特性

1. 后掠翼的亚声速空气动力特性

根据理论计算，在亚声速阶段，后掠翼的升力线斜率 C_L^α 与展弦比 λ 的比值为

$$\frac{C_L^\alpha}{\lambda}=\frac{2\pi}{2+\sqrt{\lambda^2(\beta^2+\tan^2\chi_{0.5})/K^2+4}} \tag{4-31}$$

式中：$\chi_{0.5}$——机翼 1/2 弦线的后掠角；

$\beta=\sqrt{1-Ma^2}$；

$K=C_L^\alpha/2\pi$。

由式(4-31)可以看出，在亚声速阶段，后掠翼的升力线斜率 C_L^α 同翼型一样，随 Ma 增大而增大。因为在此阶段，由于空气压缩性的影响，随 Ma 增加，每一剖面(翼型)的升力线斜率都增大，因此机翼升力线斜率增大。另外，在亚声速阶段，升力线斜率还随后掠角(χ)的增大而减小，随展弦比(λ)的增大而增大。因为当展弦比一定时，后掠角增大，它的垂直分速(V_n)减小，导致升力线斜率减小；而当后掠角一定时，展弦比增大，翼尖涡对机翼上下表面的均压作用减弱，致使升力线斜率增大。

2. 后掠翼的跨声速空气动力特性

1) 后掠翼的临界马赫数 Ma_{cr}

空气流过后掠翼时，其空气动力特性主要取决于垂直分速，而垂直分速总是小于飞行速度，所以在翼型和迎角相同时，当飞行速度增大到平直机翼的临界速度时，后掠翼上还不至于出现局部垂直分速等于局部声速的等声速点，即后掠翼的 Ma_{cr} 比相同翼型平直翼的 Ma_{cr} 大。后掠角越大，其垂直分速越小，Ma_{cr} 也相应越大。后掠翼的 Ma_{cr} 可按下列公式估算：

$$Ma_{cr\chi}=Ma_{cr}\frac{2}{1+\cos\chi} \tag{4-32}$$

式中：χ 为前缘后掠角。例如，当 $\chi=50°$ 时，若平直翼的 Ma_{cr} 为 0.75，则后掠翼的 Ma_{cr} 为

$$Ma_{cr\chi}=Ma_{cr}\frac{2}{1+\cos\chi}=0.75\frac{2}{1+0.6427}=0.91$$

计算结果表明，后掠翼的 Ma_{cr} 比平直翼的 Ma_{cr} 大得多。

2) 后掠翼的跨声速阻力特性

飞行 Ma 超过 Ma_{cr} 而进入跨声速后，即产生波阻，使阻力系数开始急剧增加。但不同

后掠角的后掠翼同平直翼相比,阻力系数随 Ma 的变化趋势是不同的(见图 4-35)。

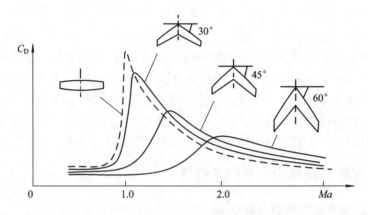

图 4-35　后掠翼的阻力系数随 Ma 的变化

跨声速阶段,后掠角越大,同一 Ma 下的阻力系数越小,阻力系数随 Ma 的变化越缓和。这是因为后掠翼的空气动力取决于有效分速 V_n。有效分速引起的阻力 D_n 与有效分速 V_n 的方向一致,即垂直于机翼前缘,而飞机阻力则与飞行速度方向平行。因此,有效分速产生的阻力 D_n 分解到平行于飞行速度方向的分力 D_x 才是后掠翼的阻力。可见,即使后掠翼的有效分速 V_n 与平直翼的飞行速度相同,后掠翼的阻力也小于平直翼的阻力。

此外,随着飞行速度的增大,有效分速与飞行速度之间的差别越来越大,两者相对应的 Ma 的差别也越大。这样,同平直翼相比较,当 Ma_n 与平直翼的飞行 Ma 相同时,后掠翼不仅产生的阻力小,而且对应的 Ma 大,所以阻力系数随 Ma 变化的趋势比较缓和。

后掠角越大,上述特点越突出。

3)后掠翼的跨声速升力特性

与平直翼相比,后掠翼的升力系数随 Ma 的变化也比较缓和;后掠角越大,升力系数变化得越缓和,如图 4-36 所示。

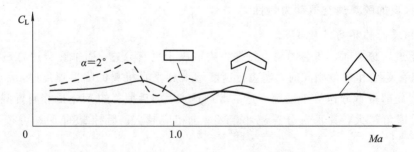

图 4-36　后掠翼升力系数随 Ma 的变化

这是因为:一方面后掠翼的 Ma_{cr} 比较大,使 C_L 显著增大,对应的 Ma 增大;另一方面,C_L 在跨声速阶段的增减幅度比较小。只有当有效分速对应的 $Ma(Ma_n)$ 同平直翼取得最大或最小升力系数的 Ma 相等时,后掠翼的 C_L 才达到最大或最小。这时后掠翼的升力与平直翼处于最大或最小升力系数情况下的升力相等,但 Ma 却比平直翼大得多。因此,折算出的后掠翼的最大或最小升力系数值要比平直翼小。即在一定迎角下,后掠翼的 C_L 随 Ma 增减的幅度小。

此外，由于翼根效应和翼尖效应的存在，后掠翼沿翼展各处的局部超声速区和局部激波的产生时间不一致，各剖面 C_L 的增减时机也各不相同，这也是造成后掠翼 C_L 随 Ma 变化缓和的原因。

3. 后掠翼的超声速空气动力特性

机翼边界可分为前缘、后缘和侧缘（见图 4 - 37），超声速飞行时后掠翼的空气动力特性与其前后缘的性质有关。

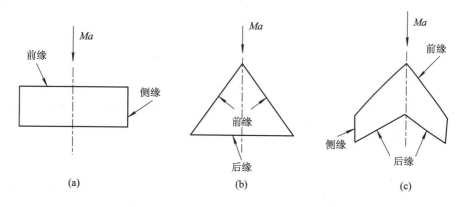

图 4 - 37　前缘、后缘和侧缘

空气流过后掠翼或三角翼，若来流相对于前缘的垂直分速（V_n）小于声速（$Ma_n < 1$），则该前缘称为亚声速前缘；反之，$Ma_n > 1$，则该前缘为超声速前缘。若 $Ma_n = 1$，则称为声速前缘。同理，后缘也可按此划分。

对于后掠翼飞机和三角翼飞机来说，其机翼是超声速前缘还是亚声速前缘，取决于来流 Ma 和后掠角 χ 的大小，因为 $Ma_n = Ma\cos\chi$。例如，歼 - 8 飞机的后掠角为 60°，当飞行 $Ma = 2$ 时，$Ma_n = Ma\cos\chi = 1$，机翼为声速前缘；当 $Ma < 2$ 时，$Ma_n < 1$，机翼为亚声速前缘；只有当 $Ma > 2$ 时，$Ma_n > 1$，机翼才为超声速前缘。

理论和实践都表明，即使飞机做超声速飞行，只要是亚声速前缘，机翼就不会产生前缘激波，只有在超声速前缘的情况下，机翼才会产生前缘激波。

在亚声速前后缘情况下，后掠翼和三角翼的翼型流谱和压力分布与亚、跨声速的情况类似，所以其升力、阻力特性就是后掠翼和三角翼的亚、跨声速升力、阻力特性。

后掠翼在超声速前后缘情况下，其翼型流谱和压力分布具有超声速的特点。升力特性与迎角为 $\alpha_n = \alpha/\cos\chi$ 的无限翼展平直翼（二维翼）的升力特性一样。但就实际机翼（三维翼）来说，由于翼尖和翼根的存在，同一迎角下机翼上下表面压力差减小，即升力和升力系数减小。后掠翼与翼型在超声速流中升力系数和波阻系数随 Ma 的变化趋势是一样的，也是随 Ma 的增大而减小。不同的是由于后掠翼的升力、阻力主要取决于 $Ma(Ma_n)$，所以同一 Ma 下的升力系数、波阻系数小，从而使升力系数、波阻系数随 Ma 增大而减小的趋势也比较缓和。

4. 三角翼的跨声速和超声速空气动力特性

空气以超声速流过三角翼，对于前缘圆钝的翼面，在亚声速前缘情况下，气流仍是从前缘下表面的驻点开始分为上下两股。一股绕过前缘流向上表面，流速增大，吸力增大，前缘附近的吸力很大；另一股在下表面驻点附近，流速减慢，压力增大。因此，在机翼前缘附近上下表面的压力差较大（见图 4-38）。

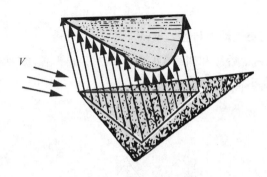

图 4-38 三角翼在亚声速前缘情况下的压力分布

在超声速前缘情况下，空气流至前缘，突然减速，产生前缘激波，因而机翼前缘附近上下表面的压力差是均匀分布的，如图 4-39 所示。

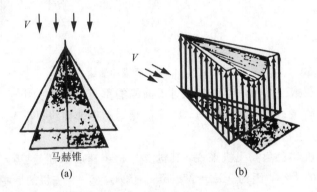

(a) (b)

图 4-39 三角翼在超声速前缘情况下的压力分布

由于三角翼一般都具有大后掠角小展弦比的特点，因此，无论是在超声速前缘情况下还是在亚声速前缘情况下，其升力系数和升力线斜率都是比较小的。

对于大后掠角小展弦比的三角翼而言，因为 Ma_{cr} 较大，所以阻力系数在更大的 Ma 下才开始增大。阻力系数增大的趋势也比较缓和，最大阻力系数也比较小，如图 4-40 所示。

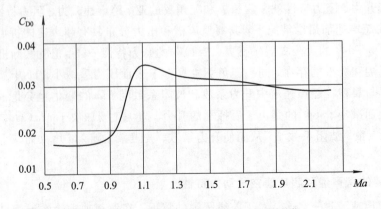

图 4-40 三角翼的阻力系数随 Ma 的变化

具有大后掠角、小展弦比的三角翼,其最大阻力系数在 Ma 大于 1 而又属于亚声速前缘的情况下才会出现。某机的零升阻力系数随 Ma 的变化如图 4-41 所示。

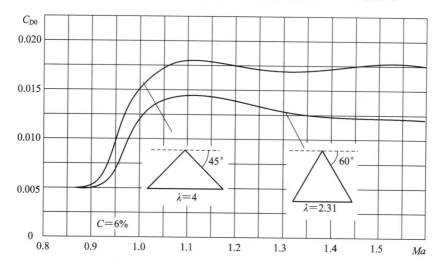

图 4-41 某机的零升阻力系数随 Ma 的变化(带导弹、不带副油箱且 $H = 5000$ m)

4.5 飞机的增升与减阻装置

对于飞机设计来说,增升和减阻是两大永恒主题。它们的每一次重大突破,都会对飞机性能带来显著提升。

4.5.1 襟翼及其增升原理

随着飞机飞行性能的提高,特别是飞行速度的加快,产生的一个副作用是起飞和着陆速度也提高了,滑跑距离加长。这是机翼面积减小的结果。由于面积较小,在起飞和着陆阶段,即使最大限度地增大迎角,升力仍然不够。如果增大机翼面积,最大飞行速度又会因此而降低。因此,机翼面积一定的飞机不能很快协调高速和低速的矛盾,即不能同时满足高、低速度的不同要求。另外,普朗特边界层理论指出,飞机机翼的迎角大于临界值,会造成气流分离,升力急剧减小,从而导致失速。对军用飞机来说,这意味着机动性能差,对民用飞机来说,带来了不安全因素。

这些问题的出现,要求从理论和设计上给出解决办法。理论上有 4 个增大升力的途径:

(1)改变机翼剖面形状,增大翼型的弯度。

(2)增大机翼面积。

(3)控制机翼上的边界层,推迟或避免气流分离。

(4)在环绕机翼的气流中,增加一股喷气气流。

增升的第一种有效技术途径是采用襟翼(flap)。襟翼的增升效果十分明显,在同样的迎角下,升力系数增大明显(见图 4-42)。因此,襟翼在固定翼飞机上得到了广泛应用,且逐渐发展出一个庞大的襟翼家族,统称增升装置。

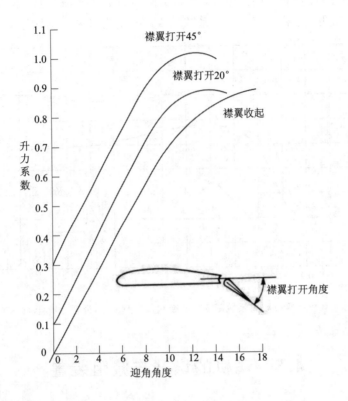

图 4-42 采用襟翼后对升力系数 C_L 的影响

1. 襟翼增升原理与类型

襟翼是装在机翼前缘或后缘的可动翼片。在正常状态下,它与机翼连为一体,可看作机翼的一部分。在起飞或着陆等状态下,可通过机械操纵襟翼偏转或滑动伸出,使机翼的形状和大小发生变化。各种襟翼增大升力的原理不同:有的是改变机翼的弯度,有的是增大机翼面积,有的是改变机翼迎角,有的是推迟边界层分离,有的则是多种因素兼有。

襟翼的种类、长度和安装位置各异。襟翼装在机翼前缘时,其总长度可占展长的 $50\% \sim 70\%$,有的可占 $90\% \sim 100\%$。装在后缘的襟翼往往位于机翼根部,总长度也可达到翼展的 70%。而副翼出现得较早,副翼开始出现时其长度较大,襟翼出现后,位于翼梢后缘的副翼长度有所缩短。由于襟翼的长度较长,往往根据增升的不同要求分成几段,它的宽度约占翼弦的 $20\% \sim 30\%$。

襟翼是飞机设计中一项有重大意义的技术发明和突破。襟翼按照安装位置可分为前缘襟翼和后缘襟翼两类(见图 4-43)。还可以再细分为简单襟翼、开裂襟翼、开缝襟翼、克鲁格襟翼和富勒襟翼(又称后退式襟翼)等(见图 4-44)。

简单襟翼的构造比较简单,其形状与副翼相似,平时闭合,形成机翼后缘的一部分,用时可打开放下。这时,襟翼的偏转使翼剖面的弯度发生了变化,从而增大了升力。简单襟翼在飞机发展早期曾获得了一定的应用。

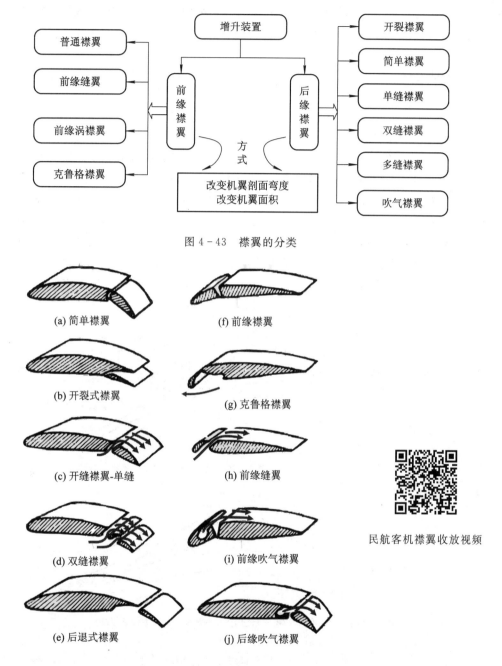

图 4-43 襟翼的分类

图 4-44 襟翼的各种形式及在机翼上的安装位置

民航客机襟翼收放视频

简单襟翼有两个缺点：一是襟翼偏转的同时也使阻力增大，其增大的比例通常比升力增大的还大，因而在起飞时用简单襟翼有些得不偿失；二是在飞行速度较大时，由于空气载荷的作用会使操纵管线变形，引起襟翼微向上抬，从而破坏了翼型。这一缺陷可用增大操纵管线强度，或安装专用支点来解决。改进的简单襟翼在 20 世纪 30 年代前使用较普遍。

针对简单襟翼存在的缺点，很快便出现了开裂襟翼。它安装于机翼下面，像一块薄板紧贴在后缘上，与机翼成为一体。当襟翼放开时，一方面可使翼型变弯，另一方面开裂的襟翼和机翼后缘之间会形成低压区，两方面的效果都增大了升力。开裂式襟翼能在一定程度上延迟气流分离。通常，开裂襟翼可使升力系数提高 75%～85%。这种襟翼的支点位于翼下，强度可以保证。开裂襟翼也会引起阻力的增大，由于这时襟翼的主要作用是增大升力、保证着陆安全，阻力增大反而对安全、缓慢地着陆有利。它的最大缺点是使失速迎角降低，即容易使飞机失速。

20 世纪 20 年代，英国著名设计师汉德莱·佩奇(H. Page)和德国空气动力学家拉赫曼(G. V. Lachmann)发明了具有重大革新意义的开缝襟翼。

开缝襟翼又称前缘缝翼。在实际使用时，并不是在机翼前缘开缝，而是单独用一条狭长的翼片附在机翼前缘处，并使翼片与机翼前缘之间形成一条缝隙(见图 4 - 45)。前缘缝翼的工作原理是：当襟翼伸出时，机翼下面压强较大的气流通过这条缝隙得到加速而流向上翼面，增大了上表面边界层内气流的速度和动能，达到降低边界层厚度、延迟分离、消除旋涡的目的。它本身不会引起很大的升力增量。但由于改善了上表面的层流特性，增加了总环量，从而大大提高了总升力。同时，由于狭缝吹气作用可以推迟气流分离，提高了失速迎角，但开缝襟翼引起的阻力增加却不大，因而前缘缝翼获得了广泛应用。

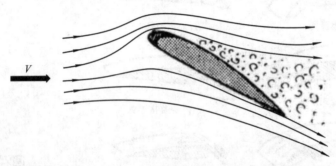

(a) 襟翼闭合时，在大迎角下气流发生分离，生成旋涡而降低升力

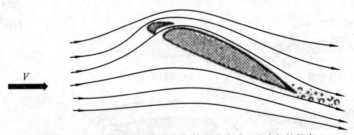

(b) 襟翼打开时，在大迎角下气流仍保持顺滑流动，升力仍然很高

图 4 - 45　前缘缝翼推迟分离、增大升力原理

前缘缝翼的作用主要是增大临界迎角，提高飞机的稳定性和安全性，增大升力则是次要的。它也很难用来减小起飞和着陆时的速度，因为前缘缝翼在很小的迎角下效果不明显。为了增大升力，降低着陆速度，装前缘缝翼的飞机必须在很大的抬头角的情况下着陆。这在结构上很不方便，而且机头抬得太高，使飞行员的视界变坏。因此前缘缝翼后来开始让位给后缘缝翼。

后缘缝翼是在简单襟翼的基础上改进的。其特点是：当它放下时，一方面能增大机翼剖面的弯度；另一方面它的前缘与机翼后缘之间形成一条缝隙。下翼面的气流一部分通过这条缝吹向襟翼上表面,可保证上面光滑流动,从而起到推迟边界层分离,增大失速角的效能。它的增升效果也比较明显,通常可达 85%~95%。后缘缝翼明显的双重作用使之不仅可用于战斗机等机动性能要求高的飞机,而且也可用于大型客机,改善起降特性。在低速下,加开缝翼可以大大提高升力系数,且阻力增加不大。后缘缝翼通常用到双缝或三缝。

前面的几种襟翼都利用了改变机翼截面弯度或利用缝隙吹风延迟边界层分离的原理,并没有增大机翼的有效面积。利用襟翼增大机翼有效面积的设想,导致两种可伸缩襟翼的出现。一种是英国的富勒(J. E. Fowler)于 1931 年提出的富勒襟翼,一种是德国的克鲁格(W. Krueger)于 1943 年提出的克鲁格襟翼。

富勒襟翼又称后退式襟翼,是在机翼后缘下半部分安装的活动翼面,平时紧贴在机翼下表面上。使用时,襟翼沿下翼面安装的滑轨后退,同时下偏。使用富勒襟翼可以增大翼剖面的弯度,同时能大大增加机翼的有效面积,所以增升效果非常明显,升力系数的提高最大可达 85%~95%;个别大面积富勒襟翼的升力系数可提高到 110%~140%。这种襟翼的缺点之一是结构比较复杂,而且滑轨机构会增大阻力。另外,襟翼后退时改变了气动力中心,产生较大的低头力矩,要求飞机平尾有足够大的平衡能力,但在襟翼后退时,也能产生缝隙,同时起到后缘缝翼的作用。富勒襟翼在大、中型飞机上采用较多,可大大改善起降性能。大型客机降落时,常常可见到机翼后缘向后下方伸出一组翼面,这就是富勒襟翼或类似的后退式后缘缝翼。在某些高性能飞机上,由于机翼较薄,不便采用复杂的双缝或多缝襟翼时,可以采用这种襟翼。

克鲁格襟翼位于机翼前缘,它的外形相当于机翼前缘的一部分,上表面有重叠部分。使用时利用液压作动力将克鲁格襟翼向前下方伸出,既改变了翼型,也增大了翼面积。因此它的增升效果也比较好。它的优点是构造简单,缺点是不能像缝翼那样具有推迟气流分离的功效。英国的"三叉戟"客机就装有克鲁格襟翼。克鲁格襟翼可分成多段,占据机翼全长。

各种襟翼是现代飞机普遍采用的增升装置。不同的飞机往往根据自身的要求,选择不同的襟翼或几种襟翼的组合。小型军用机采用后缘襟翼较多,而大型飞机特别是客机则同时采用前缘和后缘襟翼的组合,且往往是多缝翼,这就使大型客机的襟翼系统十分复杂。

"三叉戟"客机除装有克鲁格襟翼外,后缘还装有双缝富勒襟翼(见图 4-46(a))。美国

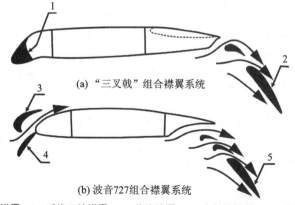

(a) "三叉戟"组合襟翼系统

(b) 波音727组合襟翼系统

1—前缘襟翼;2—后缘双缝襟翼;3—前缘缝翼;4—克鲁格襟翼;5—后缘三维襟翼

图 4-46　组合襟翼系统

的波音-727 客机在前缘装有前缘缝翼和克鲁格襟翼，还采用了后缘三缝襟翼（见图 4-46(b)）。采用类似的襟翼组合能改变翼面弯度，增大机翼面积，改变层流特性，从而极大地改善飞机的升阻比特性和起飞着陆性能。大型干线客机普遍采用复杂的组合襟翼增升装置，包括前缘缝翼和克鲁格襟翼、后缘缝翼和富勒襟翼。

2. 襟翼对飞机空气动力特性的影响

襟翼除了能提高机翼的升力系数外，还会对其他气动参数产生影响。

1) 阻力系数增大

阻力系数增大的原因有两方面：一是放下襟翼后，升力系数增大，有效展弦比减小，而诱导阻力系数与升力系数的平方成正比，与展弦比成反比，所以诱导阻力系数增大；二是在大迎角下放下襟翼，机翼后缘涡流区扩大，导致黏性压差阻力系数也增大。

2) 升阻比减小

在常用的迎角范围内，放下襟翼后，阻力系数增大的比例大于升力系数增大的比例。图 4-47 为某飞机放 48°襟翼和未放襟翼的极曲线，从图中可以看出，放下襟翼后，曲线右移较多，说明增大相同的升力系数时，阻力系数增大较多。因此，一般情况下，放襟翼后升阻比是减小的（见图 4-48）。

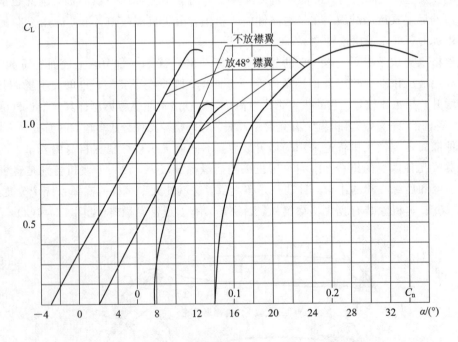

图 4-47　某飞机放襟翼前后的升力系数和极曲线

3) 压力中心后移

如图 4-49 所示，放下襟翼后，机翼下表面的正压力和上表面的吸力都增大，但襟翼所在的机翼后部上下表面压力差增加得更为明显，因而机翼后部的升力增加得更多一些，导致压力中心后移。

4) 零升迎角减小

如图 4-47 所示，放下襟翼后，同一迎角下的升力系数增大，致使零升迎角减小，但升

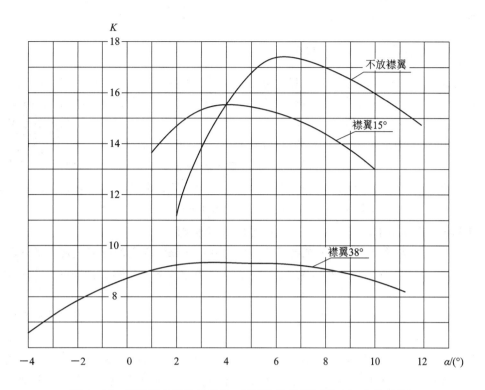

图 4-48　某飞机升阻比和迎角、襟翼的关系(远离地面,收起落架)

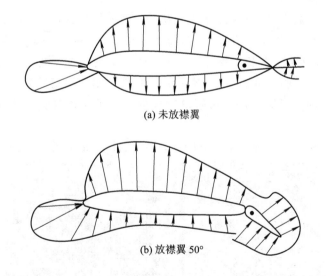

(a) 未放襟翼

(b) 放襟翼 50°

图 4-49　未放襟翼与放襟翼的压力分布

力线斜率基本不变。

5) 临界迎角减小

在大迎角下放下襟翼,机翼上表面最低压力点的压力更小,逆压梯度增大,边界层气流倒流增强,导致机翼在较小迎角下形成强烈的气流分离,引起升力系数减小。即放襟翼后的临界迎角比不放下襟翼的小,但是最大升力系数却是增大的(见图 4-47)。

飞机的其他增升装置还包括机动襟翼(在飞行中能根据飞行速度和迎角变化而自动调

整偏转角)以及边界层控制装置等。

4.5.2 翼梢小翼及其减阻原理

诱导阻力是一种由升力必然引起的阻力。按照普朗特升力理论,诱导阻力系数与升力系数的平方成正比,与机翼的展弦比成反比。若机翼翼展无限长,则不存在诱导阻力。在实际的有限翼展情况下,展弦比越大,诱导阻力越小。但是大翼展会带来重量大、结构强度低、其他阻力大的缺点,其他各种机翼设计方法都不能解决小展弦比带来的诱导阻力较大的问题。试验表明,飞机诱导阻力约占巡航阻力的40%,降低诱导阻力对提高巡航经济性具有重要意义,而增大展弦比又有一定的限度。为了克服这些难以协调的矛盾,必须另寻新途径减小诱导阻力。

翼梢小翼视频讲解

美国空气动力学家里查德·惠特科姆(R. T. Whitcomb)受鸟的翅膀尖部带有小翅的启发,于1976年首次提出了翼梢小翼的概念。翼梢小翼是安装在机翼尖梢部的直立或斜置小翼面,有单上小翼、上下小翼等多种形式。

翼梢小翼装置可起到多种作用:一是端板效应,有了翼梢小翼,相当于使机翼的有效展弦比增大,从而可降低机翼的诱导阻力;二是起分散翼尖涡的作用,翼尖涡的分散既消除了对飞机起降产生不利影响的强翼尖涡,又能减小翼尖涡对翼尖的下洗,减小诱导阻力;第三,具有外倾角的翼梢小翼还能提供朝外的升力和前推力(反向阻力);第四,翼梢小翼能推迟机翼气流分离。

翼梢小翼能够提高飞机升阻比,改善飞机稳定性。据估计,翼梢小翼能减小诱导阻力20%~35%,相当于升阻比提高了7%,效果十分明显。英国空气动力学家斯皮尔曼(John Spillmann)通过实验发现,翼梢小翼可减阻达29%,为此英国对他的研究给予支持。他利用一架轻型飞机进行试验,加装翼梢小翼后使全机总升阻比提高了21%。升阻比提高意味着克服阻力需要的动力可以减小,因而也就降低了发动机能耗,使耗油率下降,经济性提高。

翼梢小翼在民航飞机中的应用十分广泛,设计的样式也非常多(见图4-50)。

图4-50 各种类型的翼梢小翼

除了翼梢小翼，可以起到减阻作用的还有翼梢羽片（如运- 5 飞机）、剪切翼梢（如运- 12 飞机）以及下弯和截平翼梢等。

习　　题

1. 什么是翼型？有哪些主要类型，几何参数有哪些？

2. 画图说明机翼的几种平面类型，说明机翼主要参数的意义。

3. 什么是迎角，如何判断其正负？

4. 什么是低速薄翼型理论，其主要作用与结论是什么？

5. 升力是如何产生的，如何计算？

6. 画出升力系数随迎角的变化曲线，标出零升迎角、临界迎角，并说明升力系数随迎角变化的规律与原因。

7. 压力中心与焦点有什么联系与区别？

8. 绘图并简述任意翼型低速力矩特性。

9. 简述摩擦阻力、压差阻力和干扰阻力的不同与产生原因。

10. 画出阻力系数随迎角变化的曲线并加以说明，标出最小阻力系数。

11. 什么是诱导阻力？是如何产生的？影响因素有哪些？

12. 画飞机极曲线示意图，说明其用途。

13. 简述后掠翼与平直翼升阻特性的区别，解释原因。

14. 为什么后掠翼在大迎角下翼尖气流首先分离？缓解翼尖失速的措施有哪些？

15. 什么是三角翼脱体涡的法洗效应和切洗效应？起到什么效果？

16. 画出从低速到超声速翼型升力系数随 Ma 的变化曲线并加以说明。

17. 阐述激波阻力的产生原因。

18. 为什么超声速翼型通常选用具有较尖前缘的圆头对称薄翼型？

19. 简述襟翼的类型、作用及其增升原理。

20. 简述翼梢小翼的作用及其原理。

学习任务单

第5章 全机空气动力特性

5.1 机身的空气动力特性

飞机机身的基本作用是承受飞机的有效载荷和连接机翼、尾翼等组成部分,是飞机的重要部件。

5.1.1 机身几何参数

对机身空气动力特性的要求是阻力要尽可能小。这样就决定了机身的外形一般都是细长的旋成体或接近旋成体。所谓旋成体就是由一条母线(光滑曲线或折线)围绕某轴回转而成的物体。该轴称为旋成体的体轴。包含体轴在内的任一平面称为旋成体的子午面(见图5-1)。旋成体边界与任一子午面的交线即为母线。在任一子午面内,旋成体边界形状都是相同的。

图5-1 子午面

机身旋成体一般由圆锥(或弹头)头部加圆柱中间部分再加船尾形尾段组成,如图5-2所示,其主要参数如下:

$R(x)$——旋成体半径沿体轴的分布;

D——旋成体最大直径;

D_b——旋成体底圆直径;

L——旋成体全长;

L_h、L_c、L_t——旋成体头部、圆柱段、尾部的长度;

η_t——旋成体尾部收缩比;

$\eta_t = D_b/D$;

S_f——旋成体最大横截面积;

λ——旋成体长细比,$\lambda = L/D$;

λ_h、λ_c、λ_t——旋成体头部、圆柱段、尾部的长细比。

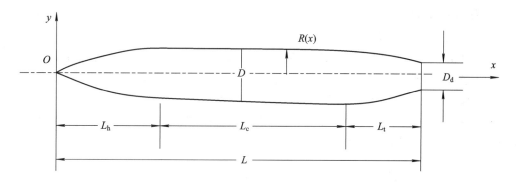

图 5 - 2　旋成体外形与参数

5.1.2　机身空气动力特性

旋成体的轴对称流动,即匀直流以零迎角(匀直流与旋成体轴之间的夹角定义为迎角)流过旋成体。这种轴对称流动具有以下特点:

(1) 流体流动是在通过体轴 x 的平面内运动的。

(2) 所有通过子午面内的流动,其性质是相同的。

气流以正迎角流过机身,会在机身头部产生正升力,在尾部产生负升力,其结果为形成一个很小的正升力和绕形心的抬头力矩。由于机身产生的升力很小,一般可以忽略不计,可以只讨论阻力特性。

由于忽略了机身的升力,因此相应的机身诱导阻力也可以忽略,这样,整个机身的阻力系数可以表示为

$$C_{DF} \approx C_{D0F} = C_{DfF} + C_{Dh} + C_{Dt} + C_{Db} \tag{5-1}$$

式中:C_{DfF}——机身摩擦阻力系数;

　　　C_{Dh}——头部压差阻力系数;

　　　C_{Dt}——尾部压差阻力系数;

　　　C_{Db}——底部阻力系数。

同时,有

$$C_{DF} = \frac{D_F}{\frac{1}{2}\rho V^2 S_f} \tag{5-2}$$

5.2　飞机各部件的空气动力干扰

5.2.1　机翼与机身的相互干扰

1. 对升力的影响

机身使机翼外露部分的升力增大,而使被机身遮蔽部分的升力减小。

机身使机翼外露部分升力增大的原因是:在正迎角下,机身周围会出现自下而上的侧面绕流,机翼外露部分形成上洗速度 v_y,使其有效迎角增大,升力增大。

2. 对阻力的影响

1) 对压差阻力的影响

在翼身结合处，一方面因边界层增厚，另一方面，因结合处流管后半部分呈扩散形，逆压梯度增大，导致翼身结合处的边界层提前分离，使压差阻力增大。

这一部分增大的阻力通常称为干扰阻力。为减小干扰阻力，在翼身结合处，通常装有整流罩。图 5-3 给出了单独机翼（曲线 1）、翼身组合体（曲线 2）及带整流罩的翼身组合体（曲线 3）的型阻系数曲线。从图中可以看出，整流罩对减小阻力的作用是很大的。

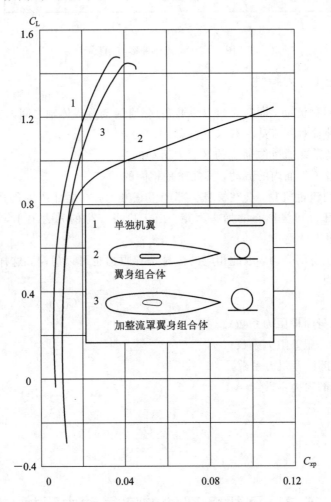

图 5-3　单独机翼及有、无整流罩翼身组合体的型阻系数

2) 对波阻的影响

由于机翼机身的相互干扰，翼身结合处局部流速增大，临界 Ma 降低，波阻增大。

采用蜂腰状翼身组合体可以明显降低组合体的跨声速波阻。这是因为这种组合形状会使翼身之间形成有利的干扰。在零迎角下，当跨声速气流流过单独机翼时，局部超声速区主要在机翼最大厚度线之后。因此，在机翼最大厚度线以后的翼面压力较低，以"－"号表示；最大厚度线以前的翼面相对压力较高，以"＋"表示（见图 5-4）。当跨声速气流流过单独蜂腰机身时，流管切面积最小处 A 的速度将首先达到声速。往后因 AB 段流管扩张，气流膨胀加强，压力降低，以"—"号表示；超声速气流在 BC 段内因流管切面积缩小，速度减小，压力增大，以"＋"号表示(见图 5 - 4)。将此机翼和机身组合在一起，机翼和机身上高、低压区的压力互相抵消一部分，从而减小了波阻。

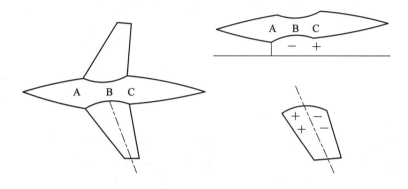

图 5 - 4　跨声速时翼身有利干扰

　　理论研究和实验表明，只要组合体的横截面积沿机身轴线分布是光滑变化的，且接近于单独机身横截面积的分布(见图 5 - 5)，组合体在跨声速时就得到较小的波阻，这一规律称为跨声速面积律。跨声速面积律的理论认为：小展弦比机翼和细长旋成体机身的组合体，在跨声速阶段的零升波阻系数增量大小一定的条件下，主要取决于组合体横截面积(迎风面积)沿机身纵轴方向的分布，而与组合体的外观无关。

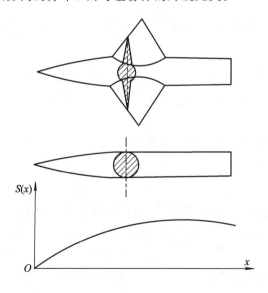

图 5 - 5　跨声速面积律

　　跨声速面积律被广泛地应用于跨声速飞机设计中。美国的 YF - 102 战斗机在 1954 年试飞时由于跨声速波阻力过大而未超过声速，后来采用了跨声速面积律和其他措施(见图5 - 6)，使其改型机 YF - 102A 于同年试飞时顺利地超过声速，成为世界上第一架采用跨声速面积律设计的飞机。

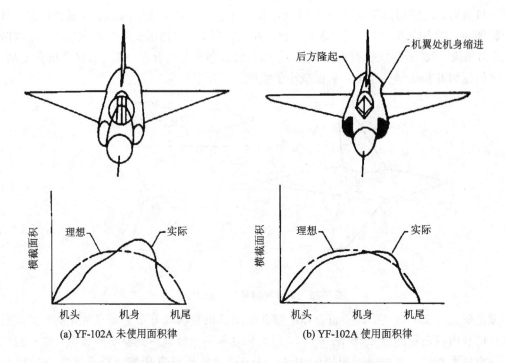

(a) YF-102A 未使用面积律 (b) YF-102A 使用面积律

图 5-6 使用和未使用面积律的 YF-102A 对比

5.2.2 机翼、机身对尾翼的干扰

机翼和机身对尾翼的干扰主要表现在两个方面,一是阻滞作用,二是下洗作用。

1. 阻滞作用

当气流流过机翼、机身后,因黏性作用气流要损失一部分能量,使气流受到阻滞。这样流到飞机尾翼的气流速度 v_t 就要小于流到飞机机翼的速度 v_∞,其关系为

$$v_t^2 = K_q v_\infty^2 \qquad (5-3)$$

式中:K_q——速度阻滞系数,其大小与尾翼位置有关,一般由实验确定,近似计算中可取 $K_q = 0.85 \sim 1$。

2. 下洗作用

亚声速时的翼尖旋涡的诱导作用,以及超声速时存在三元流区,都会使尾翼处的气流下洗,并使尾翼的有效迎角减小。迎角减小量为

$$\Delta\alpha_t = \varepsilon^\alpha \cdot \alpha \qquad (5-4)$$

式中:ε^α——下洗角对迎角的导数(计算方法见相应文献)。

5.3 全机的空气动力特性

图 5-7 是常规布局飞机翼—身—尾组合体示意图。机翼根弦与机身轴线的夹角 φ_w 称为机翼安装角。水平尾翼与机身轴线的夹角 φ_{tw} 称为水平尾翼安装角。

图 5-8 是机翼—机身组合体的俯视图。暴露在气流中的机翼叫作外露机翼,其面积

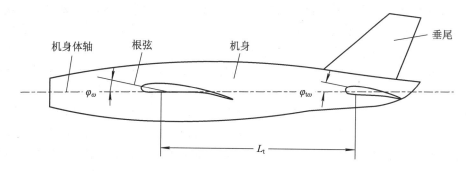

图 5-7　常规布局飞机翼—身—尾组合体

$S_0 = 2S_1$。若将外露的两个半翼对接起来，则其空气动力记作 L_{wa}（升力）和 D_{wa}（阻力）。延长外露机翼前、后缘在主对称面上相交，这样构成的机翼称为全机翼或原始机翼，其面积 $S = S_2 + 2S_1$，其空气动力记为 L_w 和 D_w。机身在全机翼的部分称为翼段，在全机翼前面的部分称为前体，在全机翼后面的部分称为后体。翼身组合体的空气动力记为 L_{wf} 和 D_{wf}。在翼身组合体中，全机翼的空气动力（包括机翼在机身上诱起的空气动力）记为 L_{ws} 和 D_{ws}；机翼外露部分的空气动力记为 L_{w0} 和 D_{w0}。

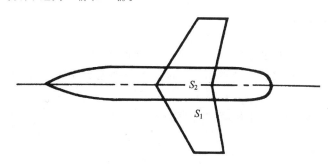

图 5-8　翼身组合体

　　在翼身组合体中，机翼根弦水平面与通过机身轴线水平面之间的垂直距离称为机翼高度。按照机翼高度的不同，机翼可以分为中单翼、上单翼和下单翼，见图 5-9。

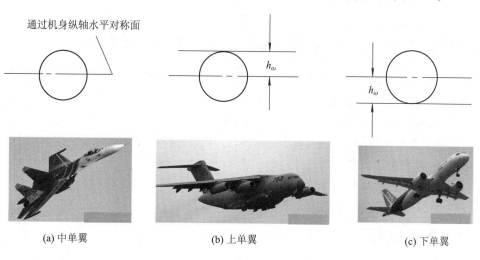

图 5-9　机翼分类

上单翼布局干扰阻力小,有很好的向下视野,机身离地面近,便于货物装运,发动机离地面较高,可以免受地面飞起的沙石损伤,大部分军用运输机、轰炸机以及螺旋桨运输机等通常采用这种布局。上单翼的问题主要是关于起落架的安置:若装在机翼上,则起落架很长,增大了重量;若装在机身上,则两个起落架的间距宽度不够,影响飞机在地面上运动的稳定性,要增加距离就要增大机身截面,使阻力增大。

下单翼飞机机翼离地面近,起落架可以做短一些,两个起落架之间的间距较宽,提高了降落的稳定性,起落架容易在翼下的起落架舱收放,从而减轻了重量。此外发动机和机翼离地面较近,便于进行维修工作。下单翼翼梁在机身下部,机舱空间不受影响。其缺点是下单翼飞机的干扰阻力大,机身离地面高,装运货物不方便,向下视野不好。目前大部分民航运输机是下单翼飞机,如波音 737、777、787 和空客 A320、A330、A380,以及我国的 C919 等。

中单翼飞机的气动外形好,但是大型飞机的翼梁必须从机身内穿过,使机身容积受到了严重影响,所以大型飞机一般不采用中单翼。采用中单翼的飞机有 F - 16 和 Su - 27 等。

水平尾翼的根弦水平面相对于机身轴线水平面的位置,除了包括与机翼一样的三种位置外,还可以安装在垂直尾翼上,它与机身轴线之间的高度称为水平尾翼高度 h_{ht}。

5.3.1 全机升力特性

对于中等以上展弦比机翼,由机身和水平尾翼产生的升力相对较小,可以忽略不计。因而全机的升力就等于翼身组合体的升力,也等于单独全机翼的升力,即

$$L = L_{wf} = L_{ws} = L_w \tag{5-5}$$

从而,全机的升力系数也就等于机翼的升力系数:

$$C_L = C_{Lw} = \frac{L}{\frac{1}{2}\rho V^2 S} \tag{5-6}$$

对于小展弦比的机翼,则应计算机身和水平尾翼的升力:

$$L = L_{wf} + L_{ht} = L_{ws} + L_f + L_{ht} \tag{5-7}$$

式中:L_f——机身升力;

L_{ht}——水平尾翼升力。

根据机身、全机翼和水平尾翼的升力系数,可以得到全机升力系数为

$$C_L = C_{Lws} + C_{Lf}\frac{S_m}{S} + C_{Lht} \cdot K_q \frac{S_{ht}}{S} \tag{5-8}$$

式中:C_{Lws}——全机翼升力系数;

C_{Lf}——机身升力系数;

C_{Lht}——水平尾翼升力系数;

S_m——机身投影面积;

S_{ht}——水平尾翼面积。

各分项升力系数的计算方法见相应文献。

5.3.2 全机阻力特性

对中等以上展弦比机翼的飞机,可以认为全机的零升阻力在考虑相互干扰影响时,应

等于各部件零升阻力放大 1.1 倍，即

$$D_0 = 1.1(D_{0wa} + D_{0f} + D_{0ht} + D_{0vt} + D_{ad}) \tag{5-9}$$

式中：D_{0wa}——外露机翼零升阻力；

　　　D_{0f}——机身零升阻力；

　　　D_{0ht}——水平尾翼零升阻力；

　　　D_{0vt}——垂直尾翼零升阻力；

　　　D_{ad}——附加物阻力。

写成系数形式为

$$C_{D0} = 1.1\left(C_{D0wa}\frac{2S_1}{S} + C_{D0f}\frac{S_m}{S} + C_{D0tw}\frac{S_{tw}}{S} + C_{D0vt}\frac{S_{vt}}{S} + \sum\frac{S_{ad}}{S} \cdot C_{Dad}\right) \tag{5-10}$$

式中：S_{tw}、S_{vt}、S_{ad}——水平尾翼、垂直尾翼外露部分面积及附加物最大迎风面积。

一般飞机的 C_{D0} 是 Ma 和 Re 的函数，常画成用高度 H 为参数的 C_{D0}-Ma 曲线，如图 5-10 所示。

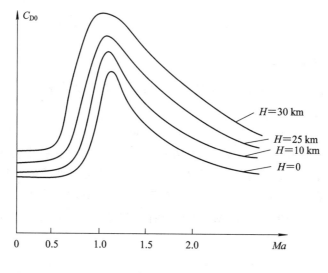

图 5-10　C_{D0}-Ma 曲线

低速飞行时，为了得到足够的升力，飞机要以较大的迎角飞行。这样机翼上下表面的压力差较大，形成了较强的翼梢旋涡，诱导阻力较大。飞行速度较高时，飞机以较小的迎角飞行，机翼上下表面的压力差减小，形成了较弱的翼梢旋涡，诱导阻力也随之减小。因此，诱导阻力是随着飞行速度的提高而逐渐减小的。废阻力是由于空气的黏性而产生的阻力，飞机的飞行速度越高，机体表面对气流产生的阻滞力越大，废阻力也就越大。因此，废阻力是随着速度的增大而增大的。这样，飞行速度较低时，诱导阻力大于废阻力，在总阻力中占主导地位；随着飞行速度的提高，诱导阻力逐渐减小，而废阻力逐渐增大，诱导阻力的作用逐渐减弱，废阻力逐渐占据主导地位。在诱导阻力曲线和废阻力曲线相交点，总阻力最小，此时的飞行速度称为有利飞行速度。飞机低速飞行时，废阻力、诱导阻力和总阻力随速度的变化曲线如图5-11 所示。

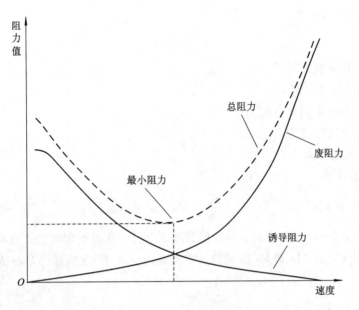

5-11　飞机低速飞行时废阻力、诱导阻力和总阻力随速度的变化曲线

5.3.3　飞机极曲线

计算飞机飞行性能时，经常使用极曲线。极曲线是在得到各种 Ma 下飞机的 C_D 和 C_L 后，建立起的函数关系：

$$C_D = C_{D0} + AC_L^2 \qquad (5-11)$$

式中：A——诱导阻力因子，它与 Ma 和升力系数有关，可在飞机技术说明书中查得。

飞机极曲线是根据平衡状态下 C_D 和 C_L 的关系画出的。极曲线的形状和 Ma 及高度 H 相关，一般均是以某高度下的 Ma 为参数给出（见图 5-12 和图 5-13），极曲线与横轴的交点就是 $C_{D0}(Ma, H)$。一般 C_{Di} 只是 Ma 的函数而与 H 无关。通过飞机极曲线，可求出飞机升阻比：

$$K = \frac{L}{D} = \frac{C_L}{C_D} \qquad (5-12)$$

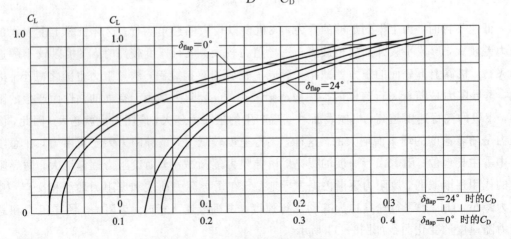

图 5-12　歼-7 飞机极曲线

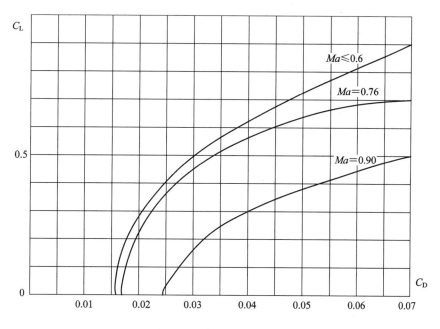

图 5 - 13　轰 - 6 飞机极曲线

5.4　地　面　效　应

5.4.1　地面效应对空气动力特性的影响

　　飞机在起飞、着陆阶段，由于贴近地面飞行时，流经飞机的气流会受到地面的影响，气流的方向发生改变，致使飞机的空气动力发生变化，这种现象称为地面效应。

　　与空中飞行相比，飞机贴近地面飞行时，一方面是由于机翼下表面的空气绕过翼尖向上表面流动时会受到地面的阻挡，翼尖涡强度减弱，平均下洗速度减小，下洗角减小。另一方面，由于通过机翼下表面的气流受到地面的阻滞作用，流速减慢，压力增大，且有一部分空气改由上表面流动，使上表面的流速进一步加快，压力减小，从而影响了飞机的空气动力。受地面效应影响的某飞机升力系数曲线如图 5 - 14 所示。

　　从图 5 - 14 可以看出，在一定迎角范围内，地面效应的影响使各迎角下的升力系数普遍增大，使临界迎角减小，最大升力系数降低。

　　这是因为飞机贴近地面飞行时，一方面，机翼平均下洗速度减小，平均下洗角减小，有效迎角增大，从而使机翼的实际升力增大，且向后倾斜的角度减小，所以有效升力增大，诱导阻力减小；另一方面，机翼下表面气流受到阻滞，流速减慢，压力增大，上表面流速进一步加快，压力更小，从而使上下表面的压力差增大，也使机翼的实际上升力增大。因此，在动压和机翼面积相同的条件下，同一迎角下的升力系数必然增大，同一升力系数下的阻力系数必然减小，从而使升阻比增大。但是有效迎角的增大，还会引起气流提前分离，致使临界迎角减小，最大升力系数降低。

　　由于地面效应的影响，机翼升力沿展向分布也发生变化。对于直机翼来说，地面效应

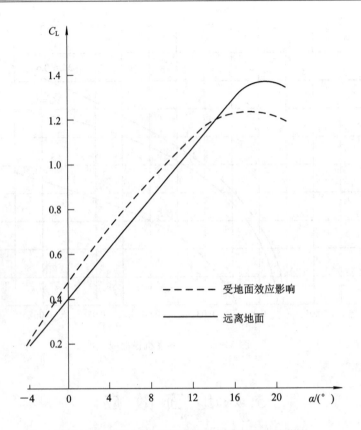

图 5-14　受地面效应影响的某飞机升力系数曲线

使翼根部分的下洗速度减小较多，有效迎角增大较多，升力系数增大较多。地面效应对直机翼的升力系数展向分布的影响如图 5-15(a)所示。对于后掠翼(见图 5-15(b))来说，由于翼尖更靠近地面，因此翼尖部分的有效迎角增大较多，升力系数增大较多。

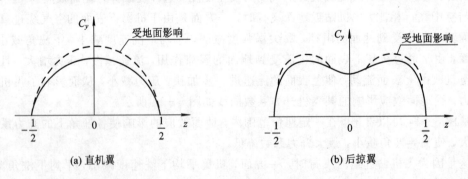

图 5-15　地面效应对升力系数展向分布的影响

　　地面效应引起的升力系数增量(ΔC_{Lg})取决于机翼后缘到地面的相对高度 $\bar{h}$，且$\bar{h} = h/l$。地面效应一般在飞行高度低于一个翼展($\bar{h} < 1$)时开始显现，当 $\bar{h}$ 为 0.5~1.0 时，地面效应的影响不大，ΔC_{Lg} 为 0.1~0.15。当相对高度较小时，ΔC_{Lg} 可能达到 0.2~0.3，甚至更大，如图 5-16 所示。

　　地面效应还会使水平尾翼的下洗角和下洗速度减小，在平尾上额外产生一部分正升

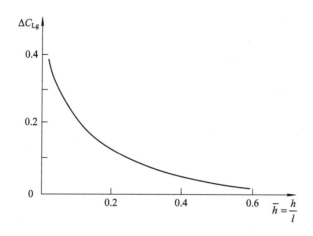

图 5 - 16　升力系数增量和相对高度的关系

力,对飞机重心形成下俯力矩,对飞机的力矩平衡造成影响。平尾面积越大,安装位置越低,影响越明显。

5.4.2　地效飞机

　　利用地面效应使各迎角下的升力系数普遍增大的规律可以设计出全新的飞行器——地效飞机。地效飞机贴近地面飞行,能够获取更大的升力,消耗更小的功率,安全性高,利于隐身,设计与制造费用均比常规飞机低。20 世纪 60—70 年代,美、苏、法、德、英、日等国都研制过地效飞机。地效飞机的应用范围广阔,既可用于反潜反舰、扫雷布雷、军用运输等军事领域,也可用于货物运输、污染监测、资源调查等民用领域。

　　由于地效飞机在飞行中不仅受地面效应的影响,还会受到海情、浪高等诸多随机因素的影响,在整个航行过程中大都处于非定常飞行状态,空气动力原理十分复杂,特别对飞行器操稳特性的控制和操纵面的设计带来很大难度,因此这种飞行器的设计大量依靠风洞试验和水面实际试航。此外,还有发动机设计、飞行器材料等许多对安全性和舒适性有很大影响的因素,给地效飞行器的设计带来了很大的挑战。

5.5　气动布局简介

　　在飞机气动布局设计中,首先要确定的就是气动布局的形式,即不同气动部件的安排形式。全机气动特性取决于各气动部件的相互位置及其大小和形状。机翼是最主要的气动部件,它是产生升力的主要部件,水平前翼、水平尾翼、垂直尾翼等是辅助气动部件,主要用于保证飞机的稳定性和操纵性。

　　根据各辅助翼面和机翼的相对位置以及辅助面的多少,气动布局的形式主要有以下几种:常规布局,水平尾翼在机翼之后;变后掠翼布局,机翼后掠角可以在飞行过程中不断调整变化;鸭式布局,水平前翼在机翼之前,称之为鸭翼;三翼面布局,机翼前面有水平前翼(鸭翼),机翼后面有水平尾翼;无尾布局,飞机无尾翼和鸭翼;以及飞翼布局和前掠翼布局等。

　　下面介绍几种非常规布局的特点。

5.5.1　变后掠翼布局

变后掠翼（或可变后掠翼）是指在飞行过程中机翼后掠角可以随飞机飞行高度、速度变化而改变的机翼。变后掠翼飞机最大的优点在于飞行中可以通过改变机翼后掠角来改进飞机的升力、阻力特性，使飞机的飞行性能在高速、低速飞行时都能得到优化。在一定程度上可以提高飞机的升阻比，在相同的航程情况下，可以节省燃油量，提高经济效益。

20 世纪 50—70 年代，兼顾亚声速和超声速飞行成为飞机设计的主题，变后掠翼技术得到实用化，这是传统飞机变形设计的一次革命飞跃。20 世纪六七十年代是变后掠翼技术发展的黄金时期，先后出现了包括 F-111 系列、B-1b、F-14、苏-24、苏-17/20、米格-23、米格-27、图-22M、图-160、狂风等十几个型号的变后掠翼飞机。

在众多服役的变后掠翼飞机型号中，美国的 F-14 无疑是技术最先进和最成熟的，F-14 在不同后掠角下最大升阻比与 Ma 的关系如图 5-17 所示。变后掠翼技术带来的气动效益表现在：起降和低速飞行时采用小后掠角，达到提高机翼前缘升力、增大机翼效率的目的，而高亚声速和超声速飞行时采用大后掠角，提高飞机的加速性能和高速飞行能力。所以变后掠翼飞机在大高度、大速度，以及低空大速度情况下都具备较好的巡航飞行能力。

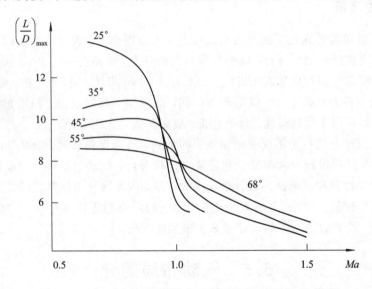

图 5-17　F-14 在不同后掠角下最大升阻比与 Ma 的关系

5.5.2　鸭式布局

1903 年莱特兄弟发明的第一架飞机"飞行者一号"将操纵面放在了机翼之前，也就是现在所说的鸭式布局。但那时人们对空气动力学还缺乏基本的研究，也不了解飞机稳定性的要求，因此飞行遇到了重重困难。

随后出现了超声速飞机，其机翼采用大后掠角引起飞机气动中心后移，同时发动机功率增大引起发动机重量增加（而大多数军用飞机的发动机都安装在机身后部），这些因素都使飞机的重心越来越靠后，平尾力臂不断减小，这就需要增大平尾面积，因而导致需使重心后移和增大平尾面积的恶性循环。而鸭式布局飞机的鸭翼在后掠机翼的前面，可以得到较长的力臂，因而有较好的操纵性。所以此时鸭式布局又引起人们的重视（特别是对于军用飞机)。例如,美国在 20 世纪 60 年代研制的可以在高度为 21 500 m、马赫数为 3 的情况下飞行的试验轰炸机 XB - 70 就采用了鸭式布局。

根据鸭翼距机翼的相对位置,鸭式布局可以分为远距鸭式布局和近距鸭式布局两种形式,如图 5 - 18 所示。而图 5 - 19 则是采用近距鸭式布局的瑞典战斗机 JAS - 39"鹰狮"的三视图。

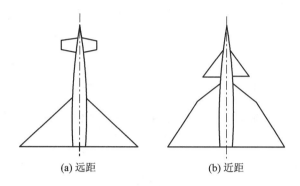

(a) 远距　　　　　　　　　　(b) 近距

图 5 - 18　远距和近距鸭式布局

图 5 - 19　近距鸭式布局的 JAS - 39 三视图

不管是远距还是近距鸭式布局的飞机,与常规布局的飞机相比,其受力形式大不相同。对于静稳定的飞机,重心在气动中心之前,平尾的平衡力方向向下,对全机来说起着降低升力的作用;而鸭式布局的飞机则相反,鸭翼的平衡力向上,提高了全机的升力,如图 5 - 20 所示。

而近距鸭式布局则进一步利用鸭翼和机翼前缘分离漩涡的有利相互干扰作用(见图 5 - 21),使漩涡系更加稳定,推迟漩涡的分裂,这样就提高了大迎角时的升力。为了充分利用漩涡的作用,近距鸭式布局一般采用大后掠角小展弦比的鸭翼和机翼。因为这种升力面的特点是在较小的迎角下就产生前缘涡系(脱体涡流型),而且它的漩涡强度大,比较稳定。而中等或小后掠角、中等展弦比机翼在迎角增大时气流分离并不形成漩涡,或者产生弱的或不稳定的漩涡。

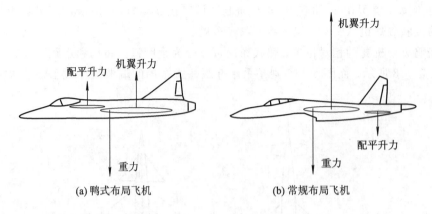

(a) 鸭式布局飞机   (b) 常规布局飞机

图 5 - 20   鸭式布局和常规布局的飞机对比

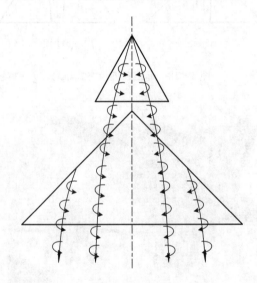

图 5 - 21   鸭翼和机翼的前缘分离漩涡

近距鸭式布局在气动上的最大特点就是它能与机翼产生有利干扰，推迟机翼的气流分离，大幅度提高飞机在大迎角下的升力并减小阻力，对提高飞机的机动性有很大好处。除此以外，近距鸭式布局还有下列优点。

（1）现代战斗机一般都采用主动控制技术，亚声速采用放宽静稳定性技术，可以减小鸭翼载荷，减小配平阻力，提高配平能力。

（2）对重心安排有利。现代战斗机的推重比高，发动机重量大，重心靠后；另外，由于超声速性能的需要，一般都采用大后掠角小展弦比的机翼。由于这两个因素的影响，常规布局飞机的平尾尾臂减小，为保证稳定性和操纵的要求，需要增大平尾面积，对重量和重心都不利。而鸭式布局飞机的鸭翼在机翼之前，不存在此问题。

（3）鸭式布局飞机一般都采用大后掠角三角形机翼，其纵向面积分布较好；另外，由于没有平尾及支撑机构，且机身后部外形光滑、流线型好，鸭式布局飞机的超声速阻力较小。

（4）鸭式布局飞机比常规布局飞机和无尾布局飞机更容易实现直接力控制，这对提高战斗机的对空和对地作战能力有很大好处。比如，鸭翼差动配以方向舵操纵可以实现直接侧力控制；鸭翼加后缘襟翼控制可实现直接升力控制和阻力调节。

（5）鸭式布局飞机的低空乘坐品质较好，因为鸭式布局飞机一般采用大后掠角小展弦比机翼，它的升力线斜率较低，鸭翼位置靠近飞行员，有利于阵风减缓系统的应用。

（6）现代战斗机一般采用推力矢量控制，这对于弥补大迎角下操纵能力的不足，提高机动性和实现短距起降都很有好处。由于鸭翼离发动机喷口很远，鸭式布局飞机的重心离喷口距离也较远，不但推力矢量的操纵效率较高，比较容易实现配平，而且鸭翼配平力的方向与推力矢量的方向一致，因此鸭式布局飞机更适合于推力矢量控制的应用。

（7）鸭式布局飞机的俯仰操纵除了依靠鸭翼外，还可用后缘襟翼作辅助操纵，因此鸭翼的面积可以较小，再加上鸭式布局飞机一般采用大后掠角小展弦比机翼，这些对减小重量都有好处。在相同重量的情况下，与常规布局飞机相比，鸭式布局飞机的翼载较小（常规布局飞机的机翼要承担全机重量的 102%，而鸭式布局飞机的机翼只承担飞机重量的 80%，其余由鸭翼承担），不但可以改善鸭式布局飞机因不能充分使用后缘襟翼而使着陆性能变差的缺点，而且对提高飞机的机动性也很有好处。

鸭式布局飞机的缺点和主要问题如下：

（1）鸭翼处在机翼的上洗气流中，在大迎角或鸭翼大偏度时有失速问题，影响操纵和配平的能力。为此鸭翼一般采用大后掠角小展弦比的平面形状，虽然这样可以缓和失速，但同时带来鸭翼操纵效率降低的问题。

（2）鸭式布局飞机的起飞着陆性能受鸭翼配平能力的限制，不能使用后缘襟翼，或者只能使用很小的偏度。为解决这一问题，有时要在鸭翼上采用前、后缘襟翼，甚至采用吹气襟翼，使结构复杂化，重量增加。

常规布局飞机使用差动平尾加副翼操纵可以得到很高的操纵效率。而鸭式布局飞机一般采用大后掠角小展弦比的鸭翼，差动时的横向操纵效率不高，而且机翼后缘的后缘襟副翼往往还要当作俯仰操纵面使用，着陆时还可能要作增升襟翼。这些都限制了后缘襟副翼的横向操纵能力，因此鸭式布局飞机的横向操纵能力比常规布局飞机的要差。

5.5.3　三翼面布局

近距鸭式布局应用在现代作战飞机上有许多优点，将鸭翼加到常规布局飞机上，能否还保持鸭式布局飞机的优点？鸭式布局飞机在稳定性、操纵性和配平能力上还存在一些问题，将鸭翼和平尾结合，是否能综合这两种布局的优点，而克服各自的缺点？

基于以上思路出现了三翼面布局。三翼面布局由前翼（鸭翼）、机翼和水平尾翼构成，可以综合常规布局和鸭式布局的优点，经过仔细设计，有可能得到更好的气动特性，特别是操纵性和配平特性。美国"先进战斗机技术综合"（AFTI）项目的 AFTI-15 在 F-15 飞机上加装鸭翼而构成三翼面布局后，机动性能明显改善；俄罗斯在苏-27 上加小鸭翼改为舰载型苏-33（见图 5-22），机动性得到了很大提高。这些都说明三翼面布局具有较大优势。

三翼面布局除了保持鸭式布局利用漩涡空气动力带来的优点外，还有一个重要的潜在优势，那就是它比较容易实现主动控制技术中的直接力控制，从而达到对飞机飞行轨迹的精确控制。例如，当鸭翼、机翼后缘和平尾同时进行操纵时，就能实现纵向直接力控制，进

图 5 - 22　苏-33 舰载战斗机

行纵向直接升力、俯仰指向和垂直平移控制。这就将现代作战飞机的机动能力提高到了一个新的水平和领域。无论在空中格斗还是对地攻击中，都能创造出前所未有的机会，显著提高飞机的作战效能和生存率。

　　三翼面布局飞机在气动载荷分配上也更加合理，如图 5 - 23 所示。当法向过载为 7 时，从三翼面和两翼面(常规和鸭式)布局飞机的升力载荷的比较可以得出，在进行同样过载的机动时，三翼面布局飞机的机翼载荷较小，全机载荷分配更为均匀合理，因而可以降低飞机对结构强度的要求，减小飞机结构重量，提高飞机的飞行性能。

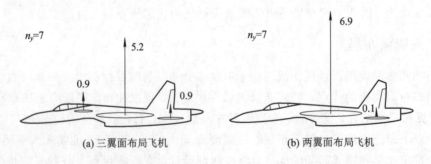

　　　　(a) 三翼面布局飞机　　　　　　　　　　　(b) 两翼面布局飞机

图 5 - 23　三翼面和两翼面布局飞机载荷分配的比较

　　三翼面布局飞机由于增加了一个前翼操纵自由度，它与机翼的前、后缘襟翼以及水平尾翼结合在一起进行直接控制，可以减小配平阻力，还可以提高大迎角时操纵面的操纵效率，保证飞机在大迎角下有足够的下俯恢复力矩，改善飞机的大迎角气动特性，提高最大升力，提高大迎角时的机动性和操纵性。

　　三翼面布局虽然可以综合利用常规布局和鸭式布局的优点，但也有一些问题值得注意和需要进一步研究解决：

（1）三翼面布局的优点主要来自漩涡的有利干扰，但在迎角增大到一定程度时，漩涡会发生破裂，导致飞机稳定性和操纵性的突然变化，以及非线性气动力的产生。

（2）由于增加了一个升力面，三翼面布局飞机在小迎角下的阻力比两翼面的要大，在超声速状态下阻力增大得更多。因此，对于强调超声速性能的飞机，三翼面布局是否为一种很好的选择需要综合衡量。

（3）虽然三翼面布局飞机的气动载荷在几个翼面上的分配更为合理，对减小结构重量有好处，但由于增加了一个升力面（同时也是操纵面）和相应的操纵系统，三翼面布局最终能否减小全机重量，需要通过具体的飞机设计才能澄清。

三翼面布局有优点也有缺点。但无论如何，三翼面布局为高机动作战飞机和现有飞机的设计改进提供了一种可选择的途径。

5.5.4　无尾布局

一般来说，无尾布局飞机可以分为无平尾、无平尾和垂尾两种情况。无尾布局是战斗机、运输机和无人驾驶飞机气动设计中广泛采用的布局形式。例如，美国的 F - 102、F - 106，法国的"幻影"Ⅲ 和"幻影"2000 均为无平尾布局飞机；美国的 SR - 71、X - 45 等为无平尾和垂尾布局的飞机。此外，英国的"火神"轰炸机、英法联合研制的"协和"超声速客机，也都是无平尾布局的飞机。图 5 - 24 是无平尾布局战斗机"幻影"2000D，图 5 - 25 是无平尾和垂尾布局的无人驾驶战斗机 X - 45。

图 5 - 24　无平尾布局战斗机"幻影"2000D 三视图　图 5 - 25　无平尾和垂尾布局的无人驾驶战斗机 X - 45

常规布局的飞机都有水平尾翼和垂直尾翼，它们是保证飞机稳定飞行和方向操纵的部件，但也是飞机沉重的累赘。由于尾段离飞机的重心远，因此它们对全机结构重量的影响举足轻重，尾部质量减小 1 kg，相当于其他部件质量减小 2 kg，所以如果能够去掉平尾和垂尾，那么飞机的重量可以减小很多。同时尾段又是难以隐蔽的雷达反射源，所以没有了"尾巴"，飞机的固有隐身特性可以上一个新台阶。

那么，用什么来代替飞机的"尾巴"呢？一是在飞机上设计新的操纵面；二是通过机载计算机和电（光）传操纵系统对所有操纵面进行瞬态联动来模拟平尾和垂尾的作用；三是利用发动机可转动喷口的转向推力对飞机进行辅助操纵。

人们通过对多种常规布局、鸭式布局和无尾布局飞机方案的研究发现，相对于常规布局飞机和鸭式布局飞机而言，在同样的设计要求下，无尾布局飞机的重量最轻，结构和制造也相对简单，从而成本和价格较低；机动飞行性能中的稳态盘旋性能和加减速性能也最好。但这种气动布局也有不少缺点。由于无尾布局飞机没有鸭翼和尾翼，若飞机的纵向操纵和配平仅仅靠机翼后缘的升降舵来实现，则由于力臂较短，操纵效率不高，且在起飞着陆时，增大升力需升降舵下偏较大角度，由此带来下俯力矩，为配平此力矩又需使升降舵上偏，因而限制了飞机的起飞着陆性能（特别是着陆性能），而且改进余地不大。

5.5.5　飞翼布局

飞翼布局的飞机只有机翼。与常规布局相比，飞翼布局的气动优势主要表现在两个方面：一是飞翼，二是无尾（尾即垂尾、平尾及安装在后机身的组合件，亦称尾部）。

1. 一体化飞行器的优势

飞翼布局具有一体化设计的最大优势。由于飞机无尾，只剩下机翼和机身，最适宜采用一体化设计技术。一体化设计技术包括两个方面：一是机体内部空间的一体化设计和利用；二是机翼和机身的相互融合设计。

一体化设计的结果是飞机不但无尾，而且无机身。这样，从机体内部看，内部空间得到了最大的利用，如翼、身融合部位空间被充分利用，各种机载设备埋装在机体内，有利于飞机隐身。

各种机载设备均可顺着机翼刚性轴沿翼展方向布置，与机翼的气动载荷分布基本一致。如美国的 B-2 隐身轰炸机（见图 5-26），两侧机翼的外段是整体油箱，起落架舱、发动机舱和武器舱从外到内依次排开，沿着展向布置得紧凑合理，这不仅有利于飞机结构强度的增大和结构重量的减小，而且有利于承受高机动产生的过载。

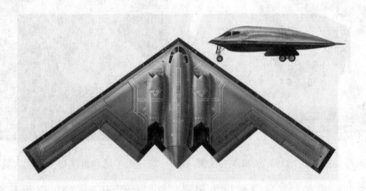

图 5-26　美国 B-2 隐身轰炸机

从气动外形看，翼身融为一体，整架飞机是一个升力面，可以大大增大升力；翼、身光滑连接，没有明显的分界面，可大幅度降低干扰阻力和诱导阻力。另外，机体结构主要由先进的复合材料制造，外形光滑，又无外挂等突出物，加上气动外形隐身设计，大大减小了雷达截面积(RCS)。

总之，无尾布局一体化设计可大大增升减阻，减小重量和翼载，对延长续航时间和提高机动性等飞行性能极为有利，也提高了经济性，同时大大减小了雷达截面积。其中气动外形隐身设计可使全机的雷达截面积减小 80% 以上，增强其隐身性。

2. 无尾优势

飞翼布局无尾部，可以减小飞机的重量。

由于无尾，飞机结构可以大大简化，重量自然比有尾飞机小。一般来说，尾翼部位离飞机重心最远。据统计，尾部质量减小 1 kg 相当于机体部位质量减小 2 kg，而尾部重量一般占全机最大起飞重量的 6%～7%。

由于取消了尾部，全机重量更合理地转移到机翼翼展分布，从而减小了机翼的弯曲和扭转载荷，使得结构重量进一步减小。

除此以外，飞翼布局可以显著减小阻力，有效提高隐身性，明显降低飞机的寿命成本，经济性好。

但是飞翼布局也有缺点，其存在的主要问题有：由于无尾，飞机的纵向和航向都不易稳定，这就需要飞翼布局的飞机采用各种操纵面和推力矢量等装置来共同产生所需的各种力和力矩，相应地就大大增加了飞机操纵和控制的难度。例如，B-2 飞机的机翼后缘呈 W 形，有 4 对操纵面，综合了副翼、方向舵、升降舵和襟翼的功能。

为了更好地利用飞翼布局的优点，需要对世界前沿技术——"创新控制方式""自适应重构系统"和"主动柔性机翼"等进行深入研究。

5.5.6　前掠翼布局

当飞机的飞行速度达到高亚声速时，出现压缩性影响，气流经过机翼上表面加速，局部达到超声速，产生激波和激波诱导的边界层分离，导致阻力急剧增大，这就是所谓的阻力发散现象。它阻碍飞机速度的进一步增大。解决这个问题的办法就是采用斜掠机翼，推迟激波的发生。因为这时的有效马赫数(垂直于机翼前缘的马赫数)减小，无论是前掠翼还是后掠翼都能起到同样的作用。

世界上最早采用的斜掠机翼是前掠翼，而不是现在广泛采用的后掠翼。机翼采用前掠翼的气动布局形式称为前掠翼布局。世界上最早采用前掠翼布局的飞机是德国的轰炸机 JU-287。近年来，美国的 X-29(见图 5-27)、俄罗斯的 S-37"金雕"等飞机相继问世，并以其独特的气动布局形式，在全世界飞机领域占据一席之地。

前掠翼的翼尖位于机翼根部之前，在气动载荷的作用下，翼尖相对于翼根产生的扭转变形使得翼尖的局部迎角增大，迎角增大又引起气动载荷的进一步增大，这种恶性循环的发展将使机翼结构发生气动弹性发散而被破坏。为解决前掠翼的气动弹性发散问题，需要大大增加结构重量，降低飞机的飞行性能。这就是后来的高速飞机从采用前掠翼转向采用后掠翼的原因。

自从复合材料出现以后，前掠翼的发展才有了转机。复合材料结构的面板铺层厚度和纤维的方向可以任意变化，因此能够控制复合材料机翼的刚度和扭转变形。由于复合材料的密度小，只要付出很小的重量代价，甚至不付出重量代价就可以解决前掠翼的气动弹性发散问题。另外，复合材料前掠翼的展向载荷分布也更加合理。

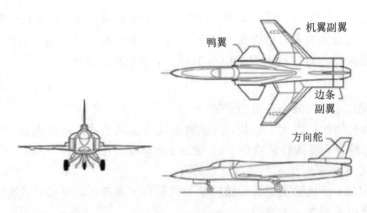

(a) 三视图

机翼副翼　鸭翼　边条副翼　方向舵

(b) 真机照片

图 5-27　美国 X-29 验证机

前掠翼的气动特性应用到飞机上将具有下列优点：

(1) 失速从翼根开始；

(2) 前掠翼的阻力小；

(3) 有利于近距鸭式布局。

此外，由于前掠翼的失速特性较好，因而具有良好的抗尾旋性能。从飞机的总体布置来看，由于前掠翼翼根靠后，飞机的主要受力结构后移，这将增大机身内可利用的容积，使得内部布置具有更大的灵活性。

前掠翼的参数选择(如前掠角、展弦比、根梢比、翼型等)在原则上跟后掠翼是一致的。从实际的设计角度来看，前掠翼的前掠角不能太大，否则其后缘前掠角就太大，这样不但使翼根失速严重，而且降低了后缘襟翼和副翼的操纵效率，并增大了结构上的设计难度。

另外，前掠角太大会使前掠翼的翼根太靠近机身的后端，很难保证机身受力框的足够强度。反过来，前掠翼的前掠角也不能太小，因为前掠角太小将带来超声速阻力大的问题。因此，前掠翼前掠角的选择应和后掠翼布局的现代飞机采用中等后掠角机翼类似，采用中等前掠角的前掠翼。

习　　题

1. 机身绕流有什么特点？简述其空气动力特性。

2. 简述机翼与机身相互干扰对升力和阻力特性的影响。

3. 简述上单翼、中单翼和下单翼的特点。

4. 简述全机的升力特性和阻力特性。

5. 什么是地面效应，对飞机空气动力特性有什么影响，为什么？

6. 什么是气动布局？简述变后掠翼布局、鸭式布局、三翼面布局和无尾布局的特点和优缺点。

学习任务单

第6章　螺　旋　桨

6.1　航空螺旋桨结构

通过桨叶在空气中旋转将发动机的转动功率转化为推进力或升力的装置称为螺旋桨（propeller）。螺旋桨通常由两个、三个或者多个桨叶连接到中心桨毂上。最接近桨毂的桨叶称为叶柄，而离桨毂最远的部分称为叶尖（如图6-1所示）。通过桨毂组件的毂孔将螺旋桨安装在发动机曲轴或者减速器组件上。

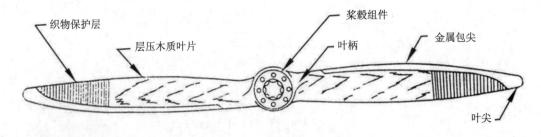

图6-1　螺旋桨结构

螺旋桨叶的剖面形状与翼剖面相似（见图6-2），具有前缘、后缘和弦线。桨叶上凸起的一面称为叶背，平坦的一面称为叶面（见图6-3）。桨叶角（blade angle）为螺旋桨旋转平面和桨叶弦线构成的夹角。

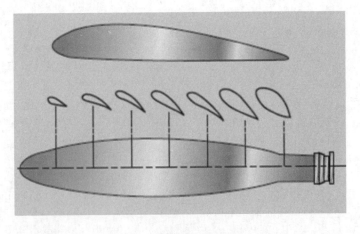

图6-2　典型螺旋桨叶的剖面

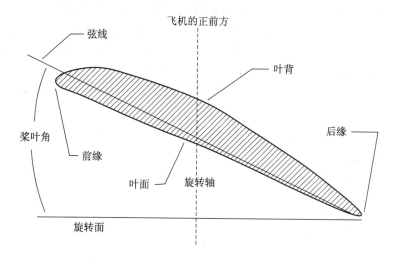

图 6-3 螺旋桨桨叶剖面

6.2 螺旋桨的运动特性

当飞机停在原地不动，或者把发动机固定在试车台上工作时，安装在上面的螺旋桨就只能在原地旋转。这时，桨叶每个剖面的运动轨迹都是圆弧，圆心都在旋转轴上，圆的半径就是桨叶剖面到旋转轴的距离，如图 6-4 所示。在桨叶每旋转一圈的时间内，与旋转轴距离不同的桨叶剖面所走的路程是不相等的，其切线速度也不同。越接近桨叶两端，圆周的切线速度就越大。

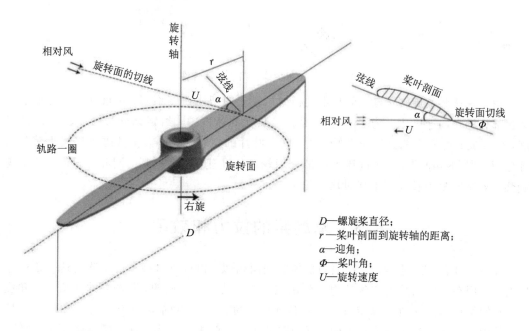

图 6-4 螺旋桨在原地旋转时的运动特性

在飞行中，桨叶随着飞机以同样的飞行速度 V 前进，此时桨叶是一面旋转一面前进的，如图 6-5 所示。它的运动轨迹在圆柱面上就是一条螺纹线，这个圆柱的半径就是桨叶剖面到旋转轴的距离。桨叶旋转一整圈在圆柱轴向上所前进的距离称为螺旋桨的螺距(pitch)。螺距和桨叶角密切相关。对于有固定螺距的螺旋桨，其桨叶角也是固定的，两者之间有以下关系：

$$Ha = 2\pi r \tan\Phi$$

式中：Ha——螺距；

　　　r——螺旋桨特征截面半径；

　　　Φ——桨叶角。

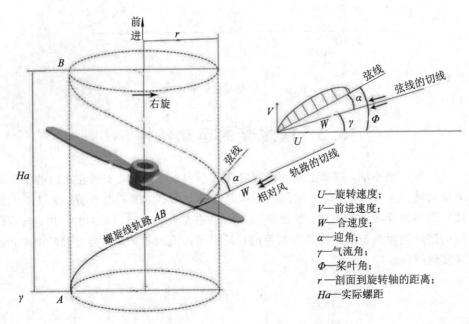

图 6-5　飞行中螺旋桨的运动特性

由于螺旋桨的旋转运动，桨叶不同径向位置上的切线速度不同，接近叶尖部分比靠近桨毂部分的切向速度大。为了补偿沿螺旋桨桨叶的速度差，给定桨叶每一小段不同的角度，使叶尖到叶根都能获得较大的拉力。除了叶片的扭转之外，大多数螺旋桨接近桨毂的部分用较厚的低速翼型，接近翼尖的部分用较薄的高速翼型。这样，同叶片扭转组合，螺旋桨沿着桨叶整个长度产生相对均衡的拉力。

6.3　螺旋桨的拉力和效率

截取一小段桨叶来看，其剖面与机翼的剖面相似。相对风以某一迎角吹向这一小段桨叶时，作用在它上面总的空气动力与作用在机翼上的力是一样的，是与相对风成一定角度的。我们将总的空气动力 R 分解为与旋转轴平行的 P 和垂直的 Q 两个方向，如图 6-6 所示。其中，力 P 的方向与前进方向一致，即带动飞机前进的拉力。整个螺旋桨所产生的拉力就是每一段桨叶上拉力 P 的总和。螺旋桨产生的拉力的大小取决于几个因素：桨叶迎角、螺旋桨转速和翼型的形状。

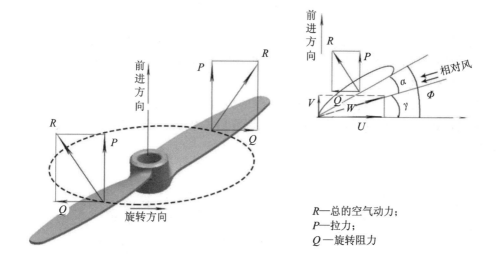

R—总的空气动力;
P—拉力;
Q—旋转阻力

图 6-6 作用在桨叶上的空气动力

作用在每一小段桨叶上的另一个力 Q 的方向与旋转速度相反,它起着阻止旋转运动的作用,称为旋转阻力。发动机输出的功率能够克服旋转阻力,使桨叶不停止地旋转。

螺旋桨的拉力对飞机做功,拉力与飞行速度的乘积就是每秒钟内拉力所做的功,称为螺旋桨的可用功率。发动机提供给螺旋桨的功率为螺旋桨的需用功率。可用功率与需用功率的比值叫作螺旋桨的效率。和所有机器一样,螺旋桨在工作中会产生各种损失,所以它的可用功率总是小于需用功率。因此,螺旋桨的效率总小于1。为了提高螺旋桨的效率,必须使桨叶上的拉力很大,而旋转阻力很小,这就要求各个剖面都在最有利的迎角下工作。

螺旋桨的转速有一定的限制,主要是因为桨叶的桨尖在高转速下,其切线速度超过声速后会带来非常大的阻力,消耗许多能量,推进效率会变得很低。因此,螺旋桨的转速不能过高,必须小于发动机的转速。

螺旋桨滑距是螺旋桨的几何桨距和有效桨距之间的差值。如图 6-7 所示,几何桨距是螺旋桨旋转一周应该前进的理论距离;有效桨距是螺旋桨旋转一周的实际前进距离。因此,几何的或者理论的桨距基于没有滑动的螺旋桨,但是实际的或者有效的桨距包含了螺旋桨在空气中的滑动。

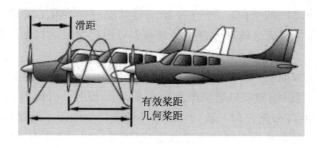

图 6-7 螺旋桨滑距

6.4 变距螺旋桨

螺旋桨尺寸较大，通过改变螺旋桨转速匹配飞行速度、发动机功率较为困难，因此除小尺寸的螺旋桨外，涡桨发动机的螺旋桨均保持转速不变，通过"调节桨距"匹配发动机功率和飞行需要的功率。

桨距与螺旋桨叶片叶型和发动机轴向线的夹角直接相关。桨距可以直观地表示为图6-8中螺旋桨的安装角度 Φ，螺旋桨采用该调节形式保持螺旋桨转动不变，称为恒速变距螺旋桨。

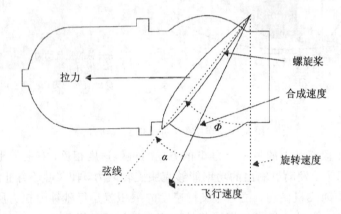

图 6-8 螺旋桨安装角和运动示意图

桨叶角固定不变的螺旋桨称为定距螺旋桨（定距桨）。其特点是结构简单，重量轻，一般用于小功率、轻型飞机。定距螺旋桨的油门杆直接控制发动机转速而不是进气压力，它只能在一种飞行状态下保持较好的性能，一旦飞行状态改变，性能立即变坏，同时还会严重影响发动机的功率输出。

后来出现了可在地面调整桨叶角的活叶桨，根据具体的飞行任务，把桨叶角调整到某一合适角度。但是对于每次飞行来说，活叶桨仍然是定距桨。后来控制装置得到了发展，出现了在飞行中可调节桨叶角的变距螺旋桨，以便在不同的飞行状态下均保持高的效率。

20 世纪 20 年代中期，人们在液压操纵的基础上发展出了恒速变距螺旋桨。在每次飞行的各个阶段（如起飞、爬升、巡航等），驾驶员可根据不同需要分别制定合适的发动机转速。一旦发动机转速制定后，就由一套自控系统来随时调节桨叶角，以达到螺旋桨吸收功率和发动机输出功率之间的平衡。于是，不论飞行状态有何变化，发动机转速总是恒定在预定值下，这样不仅使螺旋桨的效率都能维持较高，还能使发动机始终保持在最有利的状态下工作。

在第二次世界大战期间，又发展出了反桨（逆桨）和顺桨装置。反桨是将桨叶角调到负值，以产生负拉力，可以缩短飞机着陆滑跑距离和改善军用飞机性能。顺桨是把桨叶角调整到 90°左右，使桨叶与来流方向一致，可以减小发动机空中停车时螺旋桨的迎风阻力。

变距螺旋桨的桨叶角可以自动或人工改变（见图 6-9），一般由油门杆和变距杆控制，油门杆控制发动机的功率输出，由进气压力表指示；变距杆调整螺旋桨的旋转速度，由转速表指示。飞行员可在发动机工作的范围和限制条件下操纵油门杆和变距杆，以此来设置发动机的工作状态。

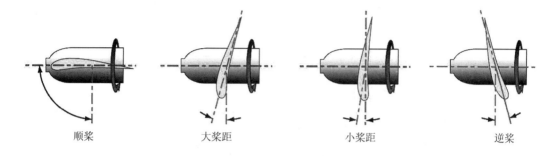

顺桨　　　　　　大桨距　　　　　　小桨距　　　　　　逆桨

图 6 - 9　变距螺旋桨

1. 螺旋桨变距的目的

发动机巡航功率可以用不同的进气压力和不同的转速配合，而它们的燃油消耗率是不同的，通常只有在某一转速下配合某一个进气压力才能得到最低的燃油消耗率。

变距的目的就是提高螺旋桨的效率及发动机工作的经济性。现代变距螺旋桨可保证发动机工作的经济性，同时兼顾发挥螺旋桨的效率。

2. 变距方式

螺旋桨变距方式有气动机械式变距、液压式变距和电动式变距。例如，液压式变距利用调节装置的液压变化来改变叶片角度的变化。两件式铝制轮毂将每个螺旋桨叶片固定在止推轴承上。气缸连接在轮毂上，并包含一个弹化弹簧和活塞。液压致动活塞通过变桨杆和前叉将线性运动传递到每个叶片，从而导致叶片角度变化。

6.5　螺旋桨的效率与陀螺力矩

6.5.1　螺旋桨的效率

螺旋桨的效率 η 可表达为螺旋桨有效功率 $P_\text{桨}$ 与发动机功率 $P_\text{发}$ 之比。设无人飞机的速度为 $V(\text{m/s})$，发动机产生的实际拉力为 $T(\text{kgf}，千克力)$，发动机发出的功率为 $P(马力，\text{hP})$，则有

$$\eta = \frac{P_\text{桨}}{P_\text{发}} = \frac{TV/75}{P_\text{发}} = \frac{TV}{75P_\text{发}}$$

螺旋桨效率的变化范围一般是 $50\%\sim87\%$，并且与螺旋桨的滑距有关。设计良好并与发动机匹配的螺旋桨的效率应在 0.75 以上。

螺旋桨装在机身前面或后面会对其效率产生一定的影响，效率降低的程度与螺旋桨直径相对机身的大小有关。图 6 - 10 为一些统计结果。

螺旋桨的效率越高，表明在相同发动机有效功率下，螺旋桨的有效功率越大，即发动机的有效功率损失得越少，螺旋桨的性能越好；反之，螺旋桨的性能就越差。一切使螺旋桨拉力减小而旋转阻力增大的因素，都会使螺旋桨的有效功率减小，从而降低螺旋桨的效率。因此，要提高螺旋桨的效率，就应尽量减小螺旋桨的各种阻力，以增大螺旋桨的有效功率。

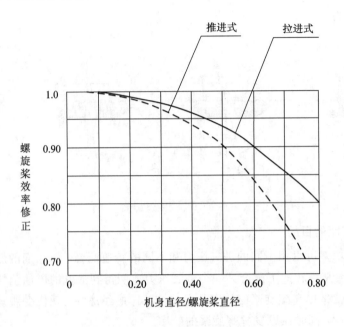

图 6 - 10　机身对螺旋桨效率的影响

有些小型无人飞机的发动机的转速很高，有的在 30 000 r/min 以上。所以知道螺旋桨的直径后还要检查桨尖转速是否接近声速，否则效率会大为下降。如果桨尖速度接近声速，要将螺旋桨截短或设法减小转速。

6.5.2　螺旋桨的陀螺力矩和反作用力矩

无人飞机做盘旋或俯仰机动等曲线飞行时，高速旋转的螺旋桨将产生陀螺力矩。螺旋桨的转速愈高，无人飞机机动飞行的角速度愈大，产生的陀螺力矩也愈大。

陀螺力矩会使无人飞机偏转或做俯仰运动。当操纵杆、舵改变机头方向时，高速旋转的螺旋桨将使机头不能按预定的方向转动，而向另一个方向转动，这种现象叫作螺旋桨的进动。其规律是：右转螺旋桨（顺时针方向），当无人飞机抬头时陀螺力矩使无人飞机向右偏转；当无人飞机向右偏转时，陀螺力矩使无人飞机低头；当无人飞机低头时，陀螺力矩使无人飞机向左偏转；无人飞机向左偏转时，陀螺力矩使无人飞机抬头。若是左转螺旋桨（逆时针方向），则结果相反。

调整或控制无人飞机飞行时要考虑陀螺力矩和反作用力矩。如果飞机比较大，螺旋桨相对较小，影响可能不明显。但对于微型无人飞机，螺旋桨都相对比较大，发动机的转速都很高，一定要考虑陀螺力矩的作用。双发动机无人飞机的螺旋桨一般都相互反向旋转，陀螺力矩可以互相抵消。

陀螺力矩的大小与螺旋桨的转动惯量（亦称惯性矩）、螺旋桨转速和飞机偏转或俯仰角速度成正比。

螺旋桨转动时，不断地"拍打"空气，迫使空气沿着螺旋桨转动的方向旋转，根据作用和反作用定律，空气也就会给螺旋桨一个大小相等、方向相反的反作用力矩，力图阻止螺旋桨转动。对于单发螺旋桨飞机来说，这个反作用力矩迫使飞机向螺旋桨转动的反方向倾斜。例如，右转螺旋桨飞机的螺旋桨反作用力矩会使飞机向左倾斜。

飞行中,螺旋桨反作用力矩的大小主要随油门位置而变化。油门位置越高,反作用力矩越大。对恒速螺旋桨飞机,油门加大,桨叶角和桨叶迎角都变大,螺旋桨所受空气的反作用力也增大,故反作用力矩增大。

为了制止反作用力矩对飞机的影响,在加大油门的同时,要向螺旋桨转动的方向压杆。在减小油门的同时,也应及时回杆。

习　　题

1. 什么是螺旋桨的螺距、桨叶角,螺旋桨的桨叶为什么要沿着径向的位置扭转?
2. 什么是变距螺旋桨?使用变距螺旋桨有什么好处?
3. 阐述螺旋桨陀螺力矩和反作用力矩的产生原因和消除方法?
4. 什么是螺旋桨的效率,与哪些参数有关?

模块三 固定翼无人机的飞行性能

飞机的飞行性能研究在已知外力作用下,飞机质心沿飞行轨迹(通常称为航迹)做定常(简称直线运动或定直飞行)或非定常运动的能力,包括基本飞行性能、机动飞行性能、续航性能以及起飞着陆性能。

第7章 飞机基本飞行性能

学习任务单

飞机的基本飞行性能主要是指飞机在铅垂平面内做定常运动的性能,包括平飞最大速度、平飞最小速度、最大上升率和升限等。

7.1 用简单推力法确定飞机的基本性能

简单推力法是以飞机水平等速直线飞行所需发动机推力曲线和可用发动机推力曲线为基础,根据定常直线飞行运动方程确定飞机基本性能的一种工程算法。

7.1.1 平飞所需推力

飞机在空中主要受三个外力的作用:空气动力 R,发动机推力/拉力 T,重力 G(见图 7-1)。也可以将空气动力分解成升力 L、阻力 D 和侧力 C。外力一般不通过质心,但会使飞机产生绕质心转动的力矩,从飞行性能的角度,由于操纵面偏转可使力矩平衡,实际会常忽略操纵面偏转对飞机平衡的影响。

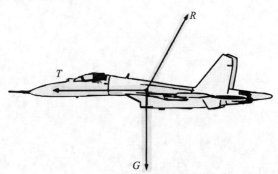

图 7-1 飞机空中所受外力

飞机做等速直线水平飞行叫作平飞。平飞时，飞机运动方程可写为

$$\begin{cases} T = D \\ L = G \end{cases} \qquad (7-1)$$

平飞中为使飞行速度保持不变，必须使发动机推力等于飞行阻力。平飞中为克服飞行阻力所需的发动机推力就叫作平飞所需推力，记为 T_R，即

$$\begin{cases} T_R = D = C_D \dfrac{1}{2}\rho V^2 S \\ G = L = C_L \dfrac{1}{2}\rho V^2 S \end{cases}$$

上面两式左右分别相除，即

$$\frac{T_R}{G} = \frac{D}{L} = \frac{C_D}{C_L} = \frac{1}{K}$$

得

$$T_R = \frac{G}{K}$$

阻力系数

$$C_D = C_{D0} + C_{Di} + \Delta C_{Dh}$$

式中：C_{D0}——零升阻力系数，一般是飞行 Ma 的函数（见图 7-2）；

　　　C_{Di}——诱导阻力系数。

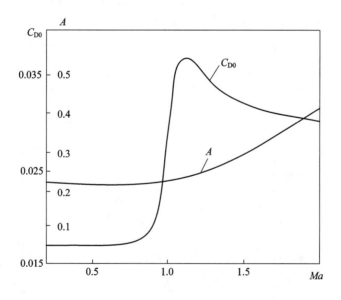

图 7-2　C_{D0} 和 A 随 Ma 的变化曲线

一般在迎角较小时（$C_L \leqslant 0.3$），$C_{Di} = AC_L^2$，诱导阻力系数因子 A 为 Ma 的函数；当迎角较大（$C_L > 0.3$）时，C_{Di} 除随 Ma 而变外，还是迎角（C_L）的复杂函数，在某些飞机说明书中以诱导阻力曲线的形式给出（见图 7-3）。ΔC_{Dh} 是考虑到不同高度的雷诺数影响系数。

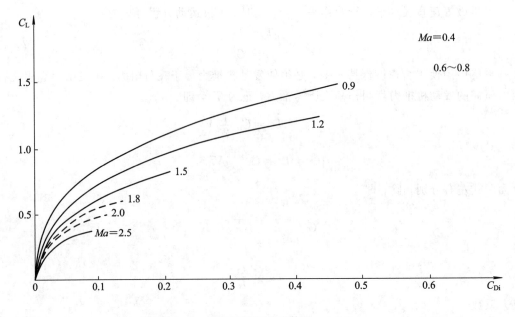

图 7-3　平飞诱导阻力系数 $C_{Di} = f(C_L)$

　　典型的平飞所需推力曲线如图 7-4 所示。从图中可以看出，在一定高度上，T_R 开始时（小速度）随平飞 Ma 增大而减小，并在 $Ma = Ma_{av}$ 时达到最小值；最后随着平飞 Ma 的增大而增大。原因是：在小 Ma（速度）时，平飞迎角很大，诱导阻力系数很大，因而诱导阻力很大，诱导阻力是构成平飞所需推力的主要成分。

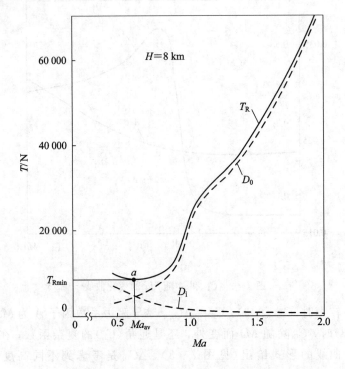

图 7-4　平飞所需推力曲线

随着平飞 Ma 增大，飞机飞行迎角减小，升力系数减小，诱导阻力系数减小，因而诱导阻力减小，从而使 T_R 随着 Ma 增大而减小。但是当平飞 Ma 达到一定值之后，零升阻力逐渐成为 T_R 的主要成分时，随着平飞 Ma 增大，零升阻力随之增大，从而引起 T_R 增大，T_R 最小值对应的 Ma_{av} 一般叫作平飞有利 Ma，对应的速度叫作平飞有利速度，记为 V_{av}。

图 7-5 为某超声速飞机平飞所需推力随高度变化的曲线。由图中可以看出，随着飞行高度升高，Ma_{av} 逐渐增大，T_R 曲线变得越来越平缓。这是高度升高、大气压力下降、零升阻力明显下降、诱导阻力增大共同作用的结果，从而 Ma_{av} 随高度升高而增大。

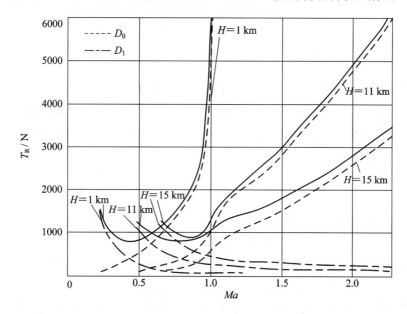

图 7-5　平飞所需推力随高度的变化曲线

7.1.2　可用推力

可用推力是指安装在飞机上的发动机实际提供给飞机用于飞行的推力，即考虑飞机进气道损失、尾喷管增益和功率提取、引气等修正后的发动机推力。

图 7-6(a) 为涡喷发动机的可用推力随 Ma 的变化规律，即所谓发动机的速度特性；图 7-6(b) 为涡喷发动机的可用推力随高度的变化规律，即所谓发动机的高度特性；图 7-7 为涡扇发动机可用推力随速度和高度的变化特性。

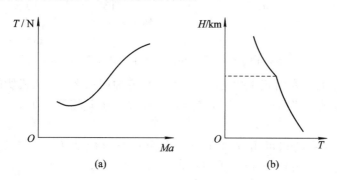

图 7-6　涡喷发动机的可用推力

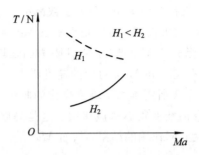

图 7-7　涡扇发动机的可用推力

7.1.3　平飞性能的确定

平飞性能主要是指平飞最大速度、最小速度和有利速度。

为了确定飞机的平飞性能，首先应将不同高度上的平飞所需推力曲线和相应飞行高度的满油门状态下的可用推力曲线绘制在同一张曲线图（称为推力曲线图）上。图 7-8 为某超声速飞机推力曲线图。

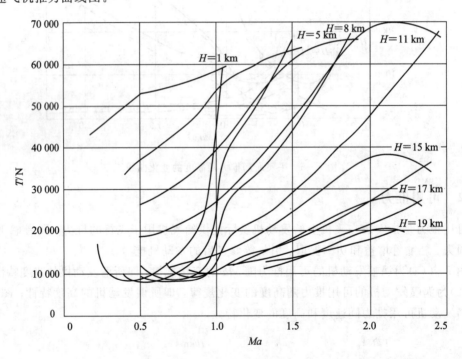

图 7-8　某超声速飞机推力曲线图

平飞最大速度是指在给定飞行高度上，发动机满油门状态下，飞机所能获得的平飞最大速度。飞机以此速度飞行时，平飞所需推力与可用推力 T_a 相等，即

$$T_R = T_a \tag{7-2}$$

平飞所需推力曲线和可用推力曲线的右交点所对应的飞行状态满足上述条件式（7-2）。当飞行速度（Ma）超过此交点对应的速度（Ma）时，T_R 大于 T_a，飞机不能保持平飞；相反，当飞行速度（Ma）低于交点处速度（Ma）时，虽然飞行可以通过收油门满足条件

$T_R = T_a$，但飞行速度(Ma)不是最大。因此，给定高度上的平飞最大速度(Ma)应是满油门状态下可用推力曲线与平飞所需推力曲线的右交点所对应的飞行速度(Ma)。

由图 7-8 可以看出，不同高度上的平飞最大速度是不同的。从推力曲线图上可以找出各飞行高度上的平飞最大速度，作出 V_{max}(Ma_{max})随飞行高度变化的曲线(见图 7-9 和图 7-10)。

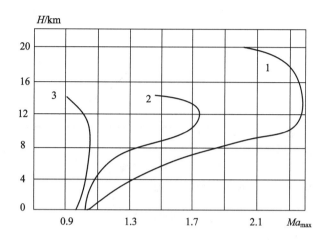

图 7-9　某超声速歼击机的平飞最大速度

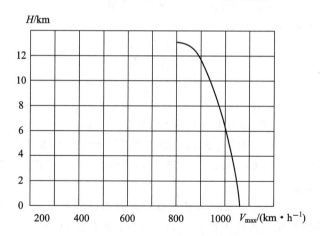

图 7-10　轰-6 飞机的平飞最大速度

平飞最小速度是指在一定高度上，飞机能做等速直线水平飞行的最小速度。现代超声速战斗机中低空飞行时的平飞最小速度，一般由最大允许升力系数 C_{Lmax} 决定。

由 $C_{Lmax} \dfrac{1}{2} \rho V_{min}^2 S = G$，可得

$$V_{min} = \sqrt{\frac{2G}{C_{Lmax} \rho S}}$$

注意：现代超声速战斗机的最大允许升力系数 C_{Lmax} 一般随 Ma 而变，不是一个常数(见图 7-11)。

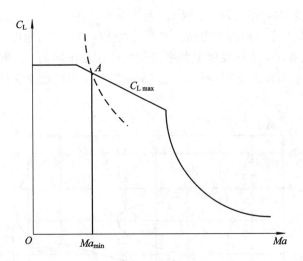

图 7 - 11 Ma_{min} 的确定

因此，为确定 Ma_{min} 必须求解下述联列方程：

$$\begin{cases} C_{Lmax} \dfrac{1}{2}\rho a Ma^2 S = G \\ C_{Lmax} = f(Ma) \end{cases}$$

为此，应该在平飞最小速度附近适当地选取一系列 $Ma_i(i=1,2,3,\cdots)$，根据升力等于重力的条件算得一系列升力系数：

$$C_{Li} = \frac{2G}{\rho a S Ma^2}$$

并在 C_{Lmax}-Ma_i 图上作 C_{Li}-Ma_i 曲线，求得它们的交点（见图 7 - 11 中的 A），则此交点对应的 Ma 即为所求的 Ma_{min}。

随着高度升高，发动机的推力下降，当飞机以上述方法求得的 Ma_{min} 平飞时，发动机的可用推力可能不足以克服平飞阻力。此时应根据满油门状态可用推力与平飞所需推力曲线的左交点求得另一平飞最小速度 Ma_{min}，并与上述求得的 Ma_{min} 比较，取其中较大的一个作为平飞最小速度（Ma_{min}）。

平飞有利速度可以根据其定义取为平飞所需推力曲线最低点对应的速度（Ma）。

例 7 - 1 某轻型喷气飞机的重量 $G=30\ 000$ N，翼载荷 $G/S=1000$ N/m²。在某高度（$\rho=0.75$ kg/m³）的可用推力 $T_a=4000$ N。若 $C_D=0.015+0.024C_L^2$，$C_{Lmax}=1.4$。试确定该高度上的最大和最小速度。

解 升阻比为

$$K = \frac{C_L}{C_D} = \frac{L}{D} = \frac{G}{T_a} = \frac{30\ 000}{4000} = 7.5$$

代入题目条件得

$$C_D = 0.015 + 0.024C_L^2$$

解得 $C_D=0.0153$（限制最大速度）或 $C_D=0.7254$（条件：以可用推力飞行，对应的升力系数 $C_L=KC_D=5.44>C_{Lmax}$。这种条件不可能出现，最小速度由 C_{Lmax} 限制）。

$$V_{max} = \sqrt{\frac{2T_a}{C_D \rho S}} = \sqrt{\frac{2\times4000}{0.0153\times0.75\times30}} = 152.4 \text{ m/s}$$

$$V_{\min} = \sqrt{\frac{2G}{C_{L\max}\rho S}} = \sqrt{\frac{2 \times 30\ 000}{1.4 \times 0.75 \times 30}} = 43.6 \text{ m/s}$$

7.1.4　最大上升率和升限的确定

上升率(rate of climb)V_v 是指飞机在等速直线飞行中每秒内上升的高度，即

$$V_v = \frac{dH}{dt} = V\sin\gamma$$

其中：γ 为航迹倾斜角，在上升的飞行中也叫上升角(见图 7 - 12)。

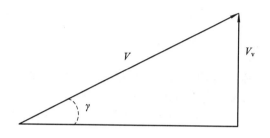

图 7 - 12　上升速度和上升率

以 T_R 代替阻力 D，得到

$$T - T_R = G\sin\gamma$$

可以看出，只有当 $T > T_R$ 时，飞机才能做等速直线上升飞行。可用推力和平飞所需推力之差叫作剩余推力。显然 $\sin\gamma = \dfrac{\Delta T}{G}$ 或 $\gamma = \arcsin\left(\dfrac{\Delta T}{G}\right)$。

在一定高度上，剩余推力 ΔT 随飞行速度(Ma)而变。当 ΔT 在某飞行速度(Ma)下取得最大值时，上升角也取得最大值，即

$$\gamma_{\max} = \arcsin\left(\frac{\Delta T_{\max}}{G}\right)$$

取得最大上升角的速度叫作陡升速度，记为 V_{deep}。

陡升速度 V_{deep} 并不是取得最大上升率的速度。根据上升率的定义有

$$V_v = \frac{dH}{dt} = V\sin\gamma = \frac{\Delta T \cdot V}{G} \tag{7-3}$$

可知在飞行质量 G 一定的条件下有

$$(V_v)_{\max} = \frac{(\Delta TV)_{\max}}{G}$$

即给定飞行高度的最大上升率 $(V_v)_{\max}$ 可以通过图解求得，步骤如下：

(1) 给定一系列 $Ma_i(i=1, 2, 3, \cdots)$，计算 $V_i = Ma_i$。

(2) 由推力曲线上求得各 $V_i(Ma_i)$ 对应的剩余推力 ΔT_i，并算出 $\Delta T_i \cdot V_i$。

(3) 以 $(\Delta T \cdot V)$ 为纵坐标，速度 V 为横坐标，作 $(\Delta T \cdot V)$-V 曲线，由曲线的最高点(见图 7 - 13 中)求得 $(\Delta T \cdot V)_{\max}$ 并计算：

$$(V_y)_{\max} = \frac{(\Delta TV)_{\max}}{G}$$

通常把最大上升率的速度叫作快升速度，并记为 V_{quick}。一般 $V_{\text{quick}} > V_{\text{deep}}$。值得指出的是，超声速战斗机一般有两个快升速度：一个是亚声速快升速度，一个是超声速快升速度。

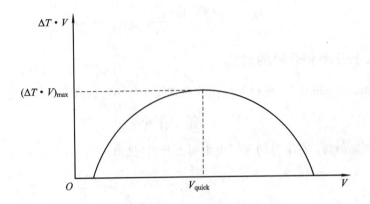

图 7-13 快升速度

原因是超声速飞机的剩余推力有两个极值：其中一个极值点在亚声速区有利速度右侧附近，另一个极值点在超声速区的最大可用推力 Ma 附近。这使超声速战斗机在高空具有两个上升率极值点（见图 7-14），而且超声速的最大上升率比亚声速的最大上升率要大。

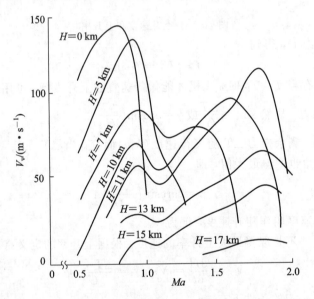

图 7-14 超声速飞机上升率随 Ma、H 的变化曲线

　　因此，对于超声速飞机，为了充分发挥其上升性能，争取以最短的时间上升到规定高度，一般在中、低空使用亚声速快升速度飞行，并在达到一定高度后加速到超声速快升速度，然后以超声速快升速度上升，爬高到所希望达到的高度。例如，某超声速歼击机规定，在 8000 m 以下用亚声速快升速度上升；在 13 000 m 以上，改用超声速快升速度上升；为了从亚声速快升速度上升转为超声速快升速度上升，飞机必须在 8000～13 000 m 范围内进行小角度加速上升。

　　升限（ceiling）通常是指静升限（absolute ceiling），也叫理论升限，是飞机能保持等速直线水平飞行的最大高度，也就是最大上升率为零的高度。

　　飞机在上升过程中，随着飞行高度增加，推力曲线图上的可用推力曲线逐渐下移，而平飞所用推力曲线逐渐右移并愈来愈平缓，使剩余推力逐渐减小，最大上升率逐渐降低

（见图 7 - 15）。当飞机上升到某一高度时，可用推力曲线与平飞所需推力曲线恰好切于某一点。此时飞机只能以该切点对应的唯一速度平飞。若飞机的飞行速度大于或小于该速度，则都会因为 $T_{av} < T_R$ 而不能保持等速直线水平飞行。

飞机静升限可以通过作最大上升率随高度变化的曲线的方法确定，如图 7 - 15 所示，最大上升率曲线与纵坐标的交点即为飞机的静升限。

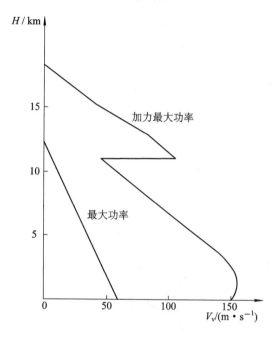

图 7 - 15　最大上升率曲线及静升限的确定

值得指出的是，静升限只有理论上的意义。实际上一般飞机都在稍低于静升限的高度飞行。实用升限（service ceiling）应是：在给定飞行重量和发动机工作状态（加力最大功率、最大功率或额定功率）下，在垂直平面内做等速爬升时，对于亚声速飞行，最大上升率为 0.5 m/s 时的飞行高度；对于超声速飞行，最大上升率为 5 m/s 时的飞行高度。

7.1.5　螺旋桨飞机的功率

与螺旋桨飞机配套的发动机包括活塞式发动机、涡轮螺桨发动机和电动机，其特性都用功率（单位：W）表示。计算此类飞机性能时，平飞所需动力用平飞所需功率表示，即

$$P_R = T_R V$$

发动机能够提供给飞机的动力用可用功率 P_a 表示。可用功率是发动机折算功率 P_c 乘以螺旋桨效率 η 和发动机台数 n，即

$$P_a = n\eta P_c$$

发动机折算功率 P_c 是将涡轮螺桨发动机产生的喷气推力 T 折合进去后的总功率：

$$P_c = P + T \frac{V}{\eta}$$

活塞式发动机没有喷气推力，其折合功率就是其功率。

7.1.6　基本飞行性能的影响因素

根据前面的推导，有

$$T_R = D = (C_{D0} + AC_L^2) \cdot \frac{1}{2}\rho V^2 S = C_{D0} \cdot \frac{1}{2}\rho V^2 S + A \cdot \frac{G^2}{\frac{1}{2}\rho V^2 S} = \frac{G}{K}$$

由上式可知，升致阻力与重力的平方成正比。重力增加，升致阻力大增，而零升阻力不变。可见，重力增加主要影响所需推力的低速部分，对 V_{max} 影响不大，却使 ΔT 减少，从而使飞机的上升率减小，静升限降低，爬升到预定高度的时间增加。

机翼面积 S 增大时，零升阻力增大，升致阻力减小，对平飞所需推力的影响如图 7-16 所示，曲线向左移动，S 增大使飞机的 V_{max} 降低。

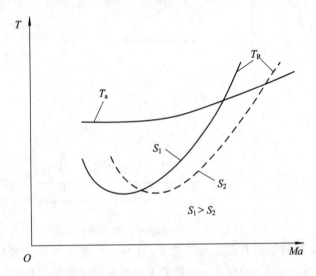

图 7-16　机翼面积变化对平飞所需推力的影响

超声速飞机由于高速飞行的需要，一方面要有较小的机翼面积，另一方面由于燃油消耗量大，增加了燃油携带量，飞机重量增大，使翼载荷 G/S 增大很多（低速飞机为 $50\sim 60$ kg/m²，超声速飞机为 300 kg/m² 以上）。翼载荷对飞行性能的影响可以从重量和机翼面积对飞行性能单独影响中综合分析得出。

若减小翼载荷，则会降低最小速度，增加下滑时间，降低离地速度和接地速度。翼载荷对阻力的影响取决于其减小是通过增大机翼面积还是减重来实现的。

若发动机推力增大，则可用推力曲线在推力曲线图上向上移动（见图 7-17），剩余推力 ΔT 增大，V_{max} 和上升率都会增大，这对改善飞行性能有利。特别是超声速飞机，由于高空平飞所需推力曲线比较平坦，故推力增大对 V_{max} 的增加效果明显，如图 7-17 所示。

但是增大推力可能增大发动机重量，所以应考虑推重比是否增大才有意义。若增大推重比，则会减小起飞距离，增大最大速度（亚跨声速飞机增大不多，超声速飞机可能增大较多），可能减小最小速度，增大爬升率，减少爬升时间。

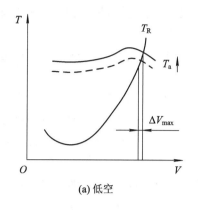
(a) 低空

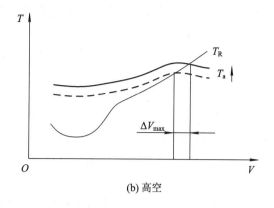
(b) 高空

图 7-17　可用推力增大对飞行性能的影响

7.2　平飞包线与飞行限制

在飞机基本性能计算中，常常在高度—速度平面上用平飞最大速度和平飞最小速度随高度的变化曲线给出飞机做等速直线水平飞行高度—速度范围（见图 7-18 中的虚线）。飞机的平飞高度—速度范围叫作平飞包线（flight envelope）。

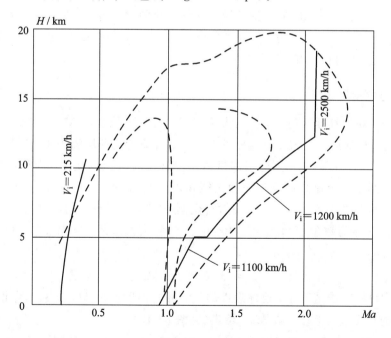

图 7-18　歼击机的平飞包线和限制

飞机的速度范围为平飞最小速度到平飞最大速度之间，其左边界线是平飞最小速度线，右边界线是平飞最大速度线。在此边界之内飞机可以做平飞、等速直线上升和下滑飞行或做加、减速飞行，在边界线上则只能做等速直线水平飞行、下滑或减速飞行。

由于平飞最大和最小速度随高度变化，因而飞机的平飞速度范围也随高度而变。接近升限时速度范围急剧缩小,其左、右边界线最终在理论升限上相接于一点。此时飞机只能以与该点对应的唯一速度做平飞、下滑或减速飞行。

从海平面到飞机能保持平飞的最大高度,即理论升限之间的飞行范围叫作飞机的平飞高度范围。

飞机的平飞包线直观地反映了飞机飞行性能的概貌。它所包围的高度—速度范围越大,一般飞机所具有的战斗能力也越强。然而,由于受到飞机结构强度和刚度条件、稳定性和操纵性等的影响,仅仅根据简单推力法确定的平飞包线还不是飞机的实际适用范围。这首先表现在对平飞最大速度线的限制上。

由于现代高性能战斗机改进了气动外形并采用了大推重比发动机,按简单推力法确定的平飞最大速度可能会超过飞机结构刚度、强度、飞机稳定性和操纵性能容忍的范围,因此,为了确保飞行安全,必须根据实际情况限制其平飞最大速度。下面主要介绍动压、温度和稳定性、操纵性对平飞最大速度的限制。

7.2.1 动压限制

动压限制(q_{max})属于飞机结构强度和刚度限制。过大的动压可能会使机体受到过大的空气动力作用,从而引起蒙皮铆钉松动,以及过大的变形甚至引起结构破坏。

由于飞机在中、低空飞行时,空气密度较大,表速较大,动压比较容易超出规定的数值,因此,动压限制对飞行员来说就是最大允许表速限制。例如,某超声速歼击机的最大允许表速在低空 5000 m 以下为 $V_i \leqslant 1100$ km/h,在 $H \geqslant 5000$ m 高度上,$V \leqslant 1200$ km/h(平飞包线图 7-18 的右下方)。

7.2.2 温度限制

现代高速飞机以高速飞行时,其最大速度不但受动压限制,还受温度限制。当飞机高速飞行时,边界层底层的气流温度急剧升高,产生所谓的气动增温现象,对机体表面进行加温。若机体表面温度过高,则会引起机体结构材料的机械性变坏、座舱有机玻璃发软而模糊不清。用铝合金制成的飞机一般只能在短时间内(不大于 5 min)承受 468 K 的温度,其最大可承受的温度为 493 K;用钛合金制成的飞机能承受的温度为 673 K 左右。

空气动力增温的数值直接与 Ma 有关,限制温度 T_{lim}、大气温度 T_{at} 和限制马赫数 Ma_{lim} 的关系为

$$T_{lim} = T_{at}(1 + 0.2Ma_{lim}^2)$$

在环境温度一定的情况下,机体表面的气流滞止温度仅由 Ma 决定。因此飞机的限制温度在飞机的平飞包线上往往以 Ma_{lim} 给出(见图 7-19)。

例如,苏-20 飞机的限制温度为 407 K,在高度 $H \geqslant 11$ km 飞行时,$T_{at} = 216.5$ K,由上式可得

$$Ma_{lim} = \sqrt{5\left(\frac{T_{lim}}{T_{at}} - 1\right)} = 2.236\sqrt{\frac{407}{216.5} - 1} = 2.1$$

即在 $H \geqslant 11$ km 飞行时,受温度限制,苏-20 飞机的最大 Ma 不应超过 2.1(由于机体表面传热的影响,表面结构的温度将低于由上式计算得到的滞止温度,因此这个结果偏于保守)。

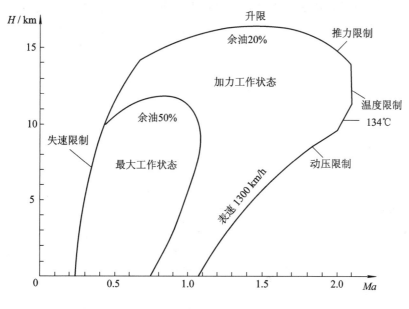

图 7 - 19　苏 - 20 飞机的飞行包线和限制

7.2.3　稳定性和操纵性限制

当飞机做超声速飞行时，其舵面效率将降低，方向静稳定性变差，严重的还可能出现副翼操纵失效或失去方向静稳定性。为了防止出现这种现象，保证飞机具有足够的方向静稳定性和操纵性，有必要限制最大飞行 Ma。例如，为了保证歼 - 7 飞机在飞行中具有足够的方向静稳定性，规定最大允许使用的 Ma 不得超过给定值 2.05。

应当指出，除上述几种限制因素外，其他许多因素也可能造成对飞机实际飞行的最大速度的限制。例如，幻影Ⅲ飞机就曾因为助力器功率不足而不得不限制它的最大速度。

7.3　飞机性能的影响因素

飞机技术说明书提供的飞机基本性能都是在一定的标准条件下计算得到的。外场实际使用条件及机务维护质量情况将会使飞机的基本性能降低。

7.3.1　维护质量对飞机性能的影响

维护质量的好坏对飞机的基本性能具有明显的影响。不良的维护可以引起发动机推力降低，导致蒙皮漆层脱落，飞机表面积垢、划伤、压坑或变形、舱口盖不严或密封装置损坏等。这将使飞机的零升阻力增大，平飞所需推力增大。从而导致飞机的平飞最大速度减小，平飞速度范围缩小；使平飞剩余推力减小，飞机最大上升率减小，升限降低。

因此，为了保持飞机良好的飞行性能，严格遵守各种条令和维护规程是十分必要的。

7.3.2　飞行重量对飞机性能的影响

平飞中飞机升力必须等于重力，否则飞机将不能做水平直线飞行。飞机重量增加，飞机升力必须随之增大。这就要求飞机必须以较大迎角，即较大的升力系数飞行，结果必然导致诱导阻力系数 C_{Di} 的增大，平飞所需推力增大，使飞行性能降低(见图 7-20)。

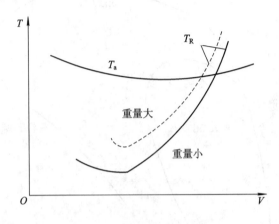

图 7-20　飞机重量对 T_R 的影响

　　考虑到高速飞行时，构成平飞所需推力的主要成分为零升阻力，因此飞行重量增加对平飞最大速度的影响是不大的。但是因为诱导阻力是构成低速飞行的平飞所需推力的主要成分，飞行重量增加将明显增大低速飞行时的平飞所需推力。当飞机平飞最小速度由推力曲线决定时，将使飞机的平飞最小速度增大。当然，当飞机的平飞最小速度由 C_{Lmax} 决定时，飞行重量的增加也将引起平飞最小速度增大。

　　此外，根据式(7-3)，上升率与剩余推力成正比、与飞行重量成反比，飞行重量增加将会使飞机的上升率明显减小，从而使飞机的升限降低。

7.3.3　气温的影响

　　气温对航空运营的影响是多方面的。飞机发动机推力的设定、机场跑道的设计与建设、飞机载量与油量的配置等都受气温的影响。首先，气温也会影响飞机发动机的推力和燃油的燃烧率，气温越高，空气密度越小，在发动机转速不变的情况下，单位时间内进入飞机发动机的空气量减少，增压比相应变小，发动机的可用推力就会减小，飞机的加速度和升力相应减小。绝对温度升高 10%，发动机推力减小 20%~25%。

　　在飞机载量不变的条件下，对大多数喷气式飞机而言，当发动机转速保持一定时，气温每升高 10℃，起飞滑跑距离要增加 13%。气温也会影响飞机载重量。对于某一机场而言，在跑道长度不变的情况下，对于起飞全重为 120 t 的飞机，在气温为 30℃ 时，必须减少 7 t 重量(相对标准大气时的载重量)。夏季气温对飞机载量的影响极为显著，当气温从 20℃ 上升到 30℃ 时，波音 737-300 型客机必须减载 24 t。

　　2002 年 8 月 24 日的 WH2816 航班由于客载和货载不能有效减少，只能等到气温降低到规定值后才起飞，致使该航班在兰州中川机场延误了 6 h，成为当年因天气原因延误时间最长的一次航班。气温还影响飞机的载油量。对于喷气式飞机而言，温度每升高 10℃，就需增加约 2 t 的燃油，所载燃油增加，就必须减少客载和货载。

　　气温的变化对发动机推力的影响较大，但对平飞所需推力基本上没有影响(气压高度和 Ma 不变的条件下)。气温降低使发动机可用推力增大，因此，平飞最大 Ma 和最大上升率以及静升限都随气温的降低而增大；反之，气温升高，则发动机可用推力减小，平飞最大 Ma、最大上升率及升限也随之下降。

应当指出，气温降低、平飞最大 Ma 增大并不一定意味着平飞最大速度会有明显增大。当平飞最大速度处于跨声速范围内时，平飞最大速度附近的阻力系数由于激波的变化发展而发生急剧变化。气温降低使发动机可用推力增大产生的平飞最大 Ma 增大不多，而气温降低却会导致声速减小，从而使平飞最大速度不能明显地增加，甚至会减小。当然，若平飞最大速度处于阻力系数变化比较平缓而且随 Ma 增大而减小的超声速范围，气温降低引起的平飞最大 Ma 增大较多，则平飞最大速度的增加就比较明显。

习　　题

1. 简述用"简单推力法"确定飞机基本飞行性能的原理和步骤。

2. 上升角和上升率有什么区别和联系？快升速度与陡升速度有什么区别？

3. 如何用简单推力法计算螺旋桨飞机的基本性能？

4. 什么是平飞包线，其边界是如何确定的？

5. 简述使用维护和气温对飞行性能的影响。

6. 某飞机的质量为 5100 kg，在某一飞行状态下的可用推力为 2500 kg，升阻比为 6。请分析该飞行状态下飞机能否做定直平飞？如能，能以多大上升角做定直爬升？如果做平飞加速运动，加速度有多大？

7. 已知某飞机以 500 km/h 的速度平飞，升阻比为 1.2，飞行质量为 6960 kg，可用推力为 68 600 N，试问：

(1) 平飞所需推力是多少？

(2) 当发动机推力为可用推力时，若飞机以 500 km/h 的速度等速上升，上升角是多少？上升率又是多少？

(3) 发动机推力为可用推力时，飞机平飞加速度是多少？

第8章 机动飞行性能

8.1 飞机的机动性和过载

飞机的机动性能(maneuverability)是指飞机在飞行过程中改变飞行速度、高度以及飞行方向的能力。飞机能在越短的时间间隔内根据飞行员的意愿和操纵,迅速改变飞行速度、高度和方向,飞机的机动性越好。

根据要改变的运动参数,飞机的机动性可分为速度机动性、高度机动性和方向机动性。它们分别表征飞机迅速改变飞行速度、高度和方向的能力。飞机的机动飞行按其航迹的特点可分为水平面内的机动飞行,铅垂面内的机动飞行和空间的机动飞行。

在完成飞行任务,夺取空中作战优势的飞行中,飞机的机动性起着十分重要的作用,是军用飞机战术技术性能指标的重要组成部分。

飞机的机动性可以利用飞机在飞行中能产生的加速度来评定。

如前所述,若飞机的质量为 m,加速度为 a,外力为 $\sum F$,则有

$$a = \frac{1}{m} \sum F$$

其中: $\sum F = T + R + G$。

若考虑到机动飞行时间不长,发动机消耗的燃油质量与飞机质量相比可以忽略不计,则重力矢量 G 可以看成是一个常矢量,因此飞机加速度大小和方向的变化完全取决于发动机推力 T 和空气动力 R 的合力的大小和方向。

因此

$$N = T + R$$

可把上式写成

$$a = \frac{1}{m}(N + G)$$

若以重力加速度作为飞机质心加速度的度量单位,则有

$$\frac{a}{g} = \frac{N}{mg} + \frac{g}{g} = n + \frac{g}{g} \tag{8-1}$$

矢量 n 的大小是除重力以外,作用于飞机上的一切外力的合力与飞机重量之比,称为飞机的过载。n 的方向沿着发动机推力和空气动力的合力的方向。飞行中飞行员就是通过改变发动机推力 T 或空气动力 R 的大小和方向,来改变过载矢量的大小和方向的。因此可以利用过载矢量 n 来研究飞机的机动性,且有

$$n_n = \frac{L}{G} \tag{8-2}$$

通常把 n_n 叫作法向过载，而把 $n_{x.k}$ 叫作切向过载。切向过载又叫纵向过载。

8.2　飞机在水平面内的机动飞行性能

飞机在水平面内的机动飞行是一种在高度保持不变的情况下连续改变飞行方向的曲线运动。最常见的水平面内的机动飞行是转弯。航向变化等于 360° 的连续转弯叫作盘旋。通常把坡度(滚转角)小于 45° 的盘旋称为小坡度盘旋，坡度大于 45° 的盘旋称为大坡度盘旋。

速度、迎角、倾斜角和侧滑角保持不变的盘旋叫作定常盘旋，否则叫作非定常盘旋。不带侧滑的盘旋叫作正常盘旋。下面着重介绍正常盘旋。

如果 α 和 φ_T 不大，近似地认为 $\cos(\alpha+\varphi_T)\approx1$，$\sin(\alpha+\varphi_T)\approx0$，并且注意到在正常盘旋中 $\left|\dfrac{\mathrm{d}\chi}{\mathrm{d}t}\right|=\omega=\dfrac{V}{R}$，则正常盘旋的运动方程可写为

$$\begin{cases} T = D \\ L\cos\mu = G \\ m\dfrac{V^2}{R} = L\sin\mu \end{cases} \tag{8-3}$$

可以看出，飞机做正常盘旋时，发动机推力 T 必须等于阻力，这样才能保持盘旋飞行速度的大小不变；升力的垂直分量 $L\cos\mu$ 必须等于飞机的重力，以保持飞行高度不变；而升力的水平分量 $L\sin\mu$ 则起着水平曲线飞行向心力的作用(见图 8-1)。

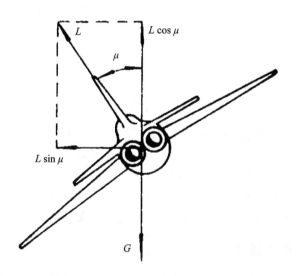

图 8-1　盘旋中力的关系

注意到

$$\sin|\mu| = \sqrt{1-\cos^2\mu} = \sqrt{1-\left(\dfrac{G}{L}\right)^2}$$

将上式代入式(8-3)的第三式，可以得到正常盘旋的半径：

$$R = \dfrac{G}{g}\dfrac{V^2}{L\sin|\mu|} = \dfrac{G}{g}\dfrac{L}{G}\dfrac{1}{\sqrt{(L/G)^2-1}}\dfrac{V^2}{L} = \dfrac{V^2}{g\sqrt{n_n^2-1}} \tag{8-4}$$

飞机正常盘旋一周的时间应为

$$T = \frac{2\pi R}{V} = \frac{2\pi V}{g\sqrt{n_n^2 - 1}} \tag{8-5}$$

给定飞行速度 V 和法向过载 n_n，根据式(8-4)和式(8-5)可以方便地算得盘旋一周所需的时间和盘旋半径。正常盘旋半径和盘旋一周所需的时间是衡量飞机方向机动能力的重要指标。正常盘旋的盘旋半径越小，盘旋一周所需的时间越短，飞机的方向机动性能越好。

8.3 飞机在铅垂平面内的机动飞行性能

飞机在铅垂平面内的机动飞行具有多种形式，典型的机动飞行动作包括平飞加速和减速、跃升、俯冲和筋斗飞行。

飞机在铅垂平面内飞行时，其航迹偏转角 ψ_s 和速度滚转角 γ_s 应始终保持为零。其运动方程有

$$\begin{cases} n_{xk} = \dfrac{1}{G}\left[T\cos(\alpha + \varphi_p) - D\right] \\ n_{zk} = \dfrac{1}{G}\left[T\sin(\alpha + \varphi_p) + L\right] \end{cases} \tag{8-6}$$

和

$$\begin{cases} \dfrac{dV}{dt} = g(n_{xk} - \sin\gamma) \\ V\dfrac{d\gamma}{dt} = g(n_{zk} - \cos\gamma) \end{cases} \tag{8-7}$$

加上运动学方程

$$\begin{cases} \dfrac{dx_g}{dt} = V\cos\gamma \\ \dfrac{dz_g}{dt} = -V\sin\gamma \end{cases} \tag{8-8}$$

以上就是铅垂面内质心运动方程组。方程(8-6)为代数方程，由控制者操纵确定。当驾驶杆和油门的操纵规律确定时，飞机的飞行迎角和发动机工作状态的变化规律也就确定了，因而发动机推力、飞机升力和阻力为已知量，切向过载 $n_{x,k}$ 和法向过载 n_n 也就给定了。这样，只要给定初始条件，对微分方程(8-7)和(8-8)进行数值积分，就可以计算出飞机在空间机动飞行时的运动参数 V 和 γ，算出飞机的水平飞行距离 x_g 和飞行高度 z_g。

8.3.1 平飞加速和减速性能

飞机的平飞加速和减速性能反映了飞机改变速度大小的能力。飞机在平飞中增大或减小一定速度所需的时间越短，飞机的速度机动性能越好。对于亚声速飞机，通常以由 $0.7V_{max}$ 至 $0.97V_{max}$ 的加速时间和由 V_{max} 至 $0.7V_{max}$ 的减速时间作为衡量飞机速度机动性能的主要指标；对于超声速飞机，则一般以其亚声速常用 Ma 至最大使用 Ma 的加(减)速时间作为衡量其速度机动性能的主要指标。

飞机做水平直线飞行时，航迹偏转角 ψ 始终保持为零，即

$$\psi = \frac{d\psi}{dt} = 0$$

通常 $\alpha+\varphi_{\mathrm{T}}$ 比较小，在工程计算中，可以近似地认为 $\cos(\alpha+\varphi_{\mathrm{T}})\approx1$，$\sin(\alpha+\varphi_{\mathrm{T}})\approx0$，方程可以写为

$$\begin{cases} \dfrac{\mathrm{d}V}{\mathrm{d}t} = g\,\dfrac{T-D}{G} \\ L = G \end{cases} \qquad (8-9)$$

可以看出，飞机平飞加速度完全取决于切向过载或剩余推力的大小和符号。当 $n_{x.\,\mathrm{k}}>0$，即剩余推力 $\Delta T>0$ 时，飞机做加速飞行；当 $n_{x.\,\mathrm{k}}<0$，即剩余推力 $\Delta T<0$ 时，飞机做减速飞行。显然，提高飞机的升阻比和推重比对提高飞机的加速性能起着决定性的作用。为使飞机平飞加速，飞行员应将发动机油门加至最大。

由方程(8-9)可得

$$\mathrm{d}t = \frac{G}{g(T-D)}\mathrm{d}V$$

将飞机由给定的初始速度 V_0 平飞加速到终止速度 V_{f} 所需的时间应为

$$t_{\mathrm{f}} = \int_{v_0}^{v_{\mathrm{f}}} \frac{G}{g(T-D)}\mathrm{d}V \qquad (8-10)$$

注意到 $\mathrm{d}t$ 时间内飞机飞过的水平距离为

$$\mathrm{d}L=V\mathrm{d}t$$

在 t_{f} 时间内飞机飞过的距离应为

$$L = \int_{v_0}^{v_{\mathrm{f}}} \frac{GV}{g(T-D)}\mathrm{d}V \qquad (8-11)$$

8.3.2　垂直平面内其他机动飞行简介

跃升是飞机以动能换取势能，迅速增加飞行高度的机动飞行，也称急跃升。在作战使用中，利用这种机动飞行可以迅速取得高度优势，占取有利的作战态势，利于追击高空目标或规避敌机火力。跃升性能的好坏由跃升所增加的高度 ΔH 和完成跃升所需要的时间来衡量。在给定初始高度和速度的情况下，飞机通过跃升所能获得的高度增加量 ΔH 越大，完成跃升所需的时间越短，则跃升性能越好(见图 8-2)。

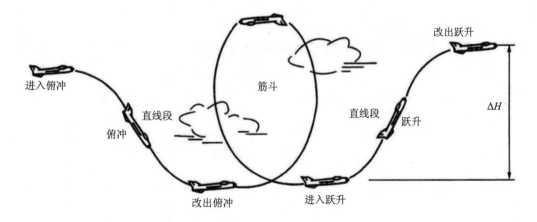

图 8-2　俯冲、筋斗与跃升机动

跃升飞行航迹一般可以分进入段、直线上升段和改出段。作为铅垂面内的机动飞行，跃升飞行时，为了使飞机能够在保持足够飞行速度的条件下，尽快地上升到较高的高度，在整个跃升飞行过程中，发动机通常应保持在加力状态或最大状态；跃升进入段的过载 n_{zk} 应根据跃升进入的高度、速度和跃升角 θ 适当选取，但不得超过对应高度、速度下所允许的最大过

飞机做筋斗视频

载。所谓跃升角就是跃升直线段的航迹偏转角。在直线段，$\mathrm{d}\psi/\mathrm{d}t=0$，由式(8-6)中第二式可知，直线段的法向过载持续增大，所以应在直线段飞行结束时，推驾驶杆减小飞行迎角，减小航迹偏转角直至 $\psi=0$ 时结束跃升飞行。

俯冲是飞机用位能换取动能，迅速降低高度而增大速度的机动飞行动作。利用俯冲可以追击敌机或攻击地面目标。

俯冲按航迹变化也可以分为三部分：俯冲进入段、俯冲直线段和俯冲改出段(见图8-2)。

为使飞机从给定的飞行高度和速度进入俯冲，飞行员必须推杆减小迎角，使升力 L 小于重力的升力方向分量 $G\cos\gamma$，从而使飞机航迹向下弯曲。当飞行航迹角减小到预定的俯冲角度时，飞机进入直线段飞行，此时 $n_{zh}=\cos\gamma$。飞机直线俯冲降低高度到预定值时，飞行员可以通过拉杆增大迎角，使升力 Y 大于 $G\cos\gamma$，从而使飞机航迹向上弯曲，以改出俯冲，并在航迹倾角接近零度时推杆，减小迎角，使飞机转入水平飞行。

筋斗(同斤斗)是飞机在铅垂平面内做轨迹近似椭圆、航迹方向改变 $360°$ 的机动飞行(见图8-2)。筋斗大致由跃升、倒飞、俯冲等基本动作组成，是驾驶员基本训练的科目之一，也是用来衡量飞机机动性能的一种指标。完成一个筋斗所需的时间越短，能做筋斗的起始高度越高，机动性能越好。飞机完成筋斗机动飞行，必须有向心力的作用，向心力靠飞机升力产生。做筋斗机动飞行时，驾驶员首先加大油门使飞机尽可能地加大速度，同时拉操纵杆增大飞机迎角，使飞机向上跃升，达到筋斗顶点，进入倒飞状态，之后向下转入俯冲，最后拉操纵杆转入平飞，完成整个筋斗机动飞行。

习　题

1. 飞机的机动飞行性能主要有哪些指标？

2. 从平面、空间和综合等角度，飞机有哪些机动动作？

学习任务单

第 9 章　飞机续航性能

前面所讲的飞机性能，如最大上升率、最大稳定盘旋角速度等，只是描述飞机在 $V-H$ 平面上某一点（飞行状态）所具有的特性或能力，通常称为点性能。起飞、着陆是飞机完成任一飞行任务都要经历的阶段，因而起飞、着陆性能属于任务阶段性能。飞机的跃升性能等也属于任务阶段性能。本章主要介绍飞机任务性能的概念及航程、航时的计算。

9.1　航程航时计算基本知识

为了完成一次飞行任务，飞机一般要经历起飞、上升、巡航、战斗、下降和着陆等飞行阶段。飞机的任务性能是指飞机根据任务要求完成上述各飞行阶段（任务段）的综合能力。飞行任务一般通过飞行任务剖面形象地表示出来。

飞行任务剖面也称飞行剖面，是指飞机执行任务飞行的飞行航迹在水平面内的投影和在某一垂直平面内的投影。前者称为水平任务剖面，后者称为垂直任务剖面。对于空间机动动作少的任务，一般用一个垂直飞行任务剖面即可表明飞机执行该任务飞行的航迹特点。图 9-1 为一架强击机执行对地攻击任务的任务剖面略图。

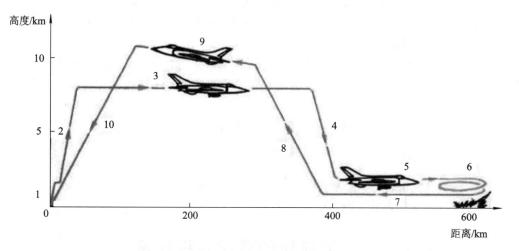

1—起飞加速到规定的爬升速度；　2—沿预定航向爬升到巡航高度；　3—巡航到突防开始；
4—下降到海平面；　5—在海平面指定距离进入目标区；　6—攻击目标；　7—在海平面规定距离退出目标区；
8—沿预定航向上升到巡航高度；　9—巡航返回基地上空；　10—下滑及着陆

图 9-1　强击机低空攻击任务剖面

飞机的航程是指飞机在上升、下滑和巡航飞行阶段所飞过的水平距离；而飞机的航时则是指飞机在上升、下滑和巡航阶段飞行所需的时间。飞机航程、航时计算也叫飞机续航性能计算。飞机航程、航时的长短取决于可供飞机使用的燃油量和燃油消耗的速率。

显然，飞机在地面装载的燃油不能全部用于续航飞行。其中一部分要用于地面试车、滑行、着陆航线飞行和着陆。此外，还有一部分燃油由于油箱和供油系统结构的限制而不能使用。通常把扣除上述各种燃油量后，可供飞机在上升、下滑和巡航飞行阶段使用的燃油量叫作可用燃油量。

飞机携带有效装载（包括货物、除空勤人员外的全体成员、炸弹、导弹、火箭、水雷、鱼雷、干扰物、侦察照相机、电子对抗设备吊仓和照相闪光照明弹等），沿预定航线（包括上升、下滑和巡航）飞行耗尽可用燃油的航程叫作飞机的技术航程，相应的续航时间叫作技术航时。

在实际飞行中，考虑到一些不可预料的意外情况，例如，着陆航向保持不准确、气象条件变化或着陆场地没有空间等要求进行复飞，在上述可用燃油量中还应扣除一定比例的燃油量，这部分燃油量称为着陆余油。

飞机携带有效装载，耗尽扣除着陆余油后的可用燃油量，沿预定航线飞过的水平距离，叫作飞机的实用航程。相应的续航时间叫作实用续航时间（或实用航时）。

作战半径是指作战飞机携带正常作战载荷，在不进行空中加油，自机场起飞，沿指定航线飞行，执行完任务后，返回原机场所能达到的最远单程距离。它小于二分之一航程，是衡量飞机战术技术性能的主要指标之一。计算作战半径时，应从载油量中扣除地面耗油、备份油量和战斗活动所需油量。作战半径的大小与飞机的飞行高度、速度、气象条件、编队大小、战斗任务和实施方法等因素有关。

飞机中燃油消耗的速率一般用小时燃油消耗量 C_h 和千米燃油消耗量 C_k 表示。所谓小时燃油消耗量是指飞机每飞行 1 h 所消耗的燃油量，而千米燃油消耗量则是指飞机每飞行 1 km 所消耗的燃油量。

由发动机的原理可知，发动机产生 1 N 推力、1 h 消耗的燃油量叫作发动机的燃油消耗率，记为 C，其单位为 kg/(N·h)。因此小时燃油消耗量和千米燃油消耗量可以分别表示为

$$\begin{cases} C_h = CT \\ C_k = \dfrac{CT}{V} \end{cases}$$

式中：T——发动机推力，单位为 N；

V——飞行速度，单位为 m/s。

9.2　巡航段的航时航程计算

大量的航程、航时计算经验和飞行实践表明，在绝大多数任务飞行中，巡航段的航程一般占总航程的主要部分，航时情况也是如此。表 9-1 为某歼击机一次典型算例的航程、航时分配情况。因此，下面主要介绍巡航段的航程、航时计算。显然，巡航段的可用燃油量应扣除上升飞行和下滑飞行消耗的燃油量。

表 9 - 1　某歼击机续航性能表

（带导弹，起飞质量为 7370 kg，总燃油量为 2080 kg）

飞行阶段	上升段	巡航段	下滑段	总量
航程 L/km	110	1190	100	1400
航时/min	0～8.6	2～17.0	0～8.0	2～33.6

除少数任务剖面（如最短时间截击）外，巡航飞行一般以最大航程的速度和高度（或指定的高度）完成。但是严格地说，巡航飞行一般不是定常飞行。随着燃油的消耗，飞机的飞行质量不断减小，即使是等高度、等速飞行，其迎角也会随时变化。然而，由于飞机的飞行质量变化得较缓慢，在很短的一段时间或距离内，飞机的运动仍可以看成等速直线飞行。

设巡航开始时，飞机的质量为 m_0，巡航结束时，飞机的质量为 m_f，K 为飞机的升阻比，则有

$$\begin{cases} T_1 = -\int_{m_0}^{m_f} 3600 \, \dfrac{K}{gC} \, \dfrac{\mathrm{d}m}{m} \\ L_1 = -\int_{m_0}^{m_f} 3600 \, \dfrac{KV}{gC} \, \dfrac{\mathrm{d}m}{m} \end{cases} \tag{9-1}$$

当飞机在给定的高度，以给定的速度飞行时，随着燃油的消耗，飞机所受重力减小，飞行迎角应随之减小，升力系数也减小。与此同时，阻力系数也会发生变化。因此，上述积分下的升阻比 K 也随之变化。此外，阻力变化要求发动机的推力跟着变化，因此发动机的工作状态和燃油消耗率 C 也随飞机质量而变。由式（9-1）可以看出，要确定巡航航程和航时，关键是找到升阻比 K 和发动机燃油消耗率 C 随飞行质量的变化关系。但是这些参数的变化规律比较复杂，因此不可能用简单的解析函数给出计算公式，而必须采用数值积分的方法进行求解。

9.3　飞机巡航性能分析

由式（9-1）可以看出，在飞机质量和巡航可用燃料量一定的情况下，若不考虑燃油消耗率的变化，则巡航时间主要取决于升阻比 K 或平飞阻力（平飞所需推力），巡航航程则主要取决于平飞速度 V 与升阻比的乘积或速度 V 与飞行阻力之比。

注意到

$$\frac{K}{mg} = \frac{L}{D} \bigg/ mg = \frac{1}{D}$$

和

$$\frac{KV}{mg} = \frac{L}{D} \frac{V}{mg} = \frac{V}{D}$$

升阻比 K 最大，即平飞阻力最小，航时积分公式中的被积函数最大。由高等数学知识可知，此时航时最长。这就是说，飞机以最小阻力速度平飞巡航对延长航时最有利。因此，最小阻力速度又叫有利速度或久航速度，记为 V_{me}。与此同时，升阻比和速度的乘积最大，即速度与阻力之比最大，航程积分的被积函数最大，航程最长。由平飞阻力随 Ma（速度）的变化规律可以看出，这个飞行状态即为由坐标原点出发的飞机阻力—速度曲线切线的切点所对应的状态。相应的速度叫作远航速度，记为 V_{mr}。对应于久航速度和远航速度的 Ma 分

别叫作久航 Ma 和远航 Ma，分别记为 Ma_{me} 和 Ma_{mr}。

平飞阻力曲线和远航速度如图 9-2 所示，由图 9-2 可以看出，飞机远航速度（或远航 Ma）大于久航速度（或久航 Ma），并且随着飞行高度增加，远航速度和久航速度逐渐增大。原因是高度升高时，大气密度和大气压力下降，零升阻力随之减小，最小阻力速度增大。但是随着高度升高，声速减小，当飞行速度超过临界速度，飞行 Ma 超过临界 Ma 时，由于波阻的产生，飞机的最大升阻比急剧下降。这使一般跨声速飞机最大航程速度所对应的远航速度一般在临界速度附近，其对应的 Ma 在临界 Ma 附近。

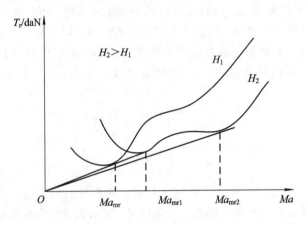

图 9-2 平飞阻力曲线和远航速度

超声速飞机通常有两个远航速度：跨声速远航速度和超声速远航速度。其原因是：由于飞机零升阻力系数随 Ma 变化，飞机平飞阻力曲线出现两个谷。随着飞行高度增高，平飞阻力随 Ma 变化的谷值逐渐增大，平飞阻力随 Ma 增大，而增大的速率越来越缓慢，并出现第二个谷值。由图 9-2 可以看出，此时存在两个切点速度，而第一个切点速度在超声速区。尽管超声速区飞行时单位时间消耗的燃油较多，但因飞行速度的增大，飞机飞行单位距离消耗的燃油明显减少，使其远航 Ma 大于 1，即远航速度为超声速。

飞机续航性能除与飞行速度有关外，还与飞行高度有关。

高度升高，发动机的推力下降。为使发动机能产生足够的推力使飞机保持以久航速度或远航速度平飞，必须增大发动机的转速。由发动机的转速特性可知，当转速小于额定转速时，转速大，发动机的燃油消耗率减小，使小时燃油消耗量和千米消耗量减小，从而有利于航时和航程的增长。与此同时，由发动机的高度特性可知，当高度 $H \leqslant 11$ km 时，高度增加，发动机的燃油消耗率 C 减小，对降低燃油小时消耗量和千米消耗量、增长航程和航时也是有利的。但是随着飞行高度增加，飞机的久航速度和远航速度随之增大，根据发动机的速度特性，这将使发动机的燃油消耗率增大，对飞机的续航性能有着不利的影响。

综上所述，飞机巡航航时和航程与飞机速度及高度密切相关。通常，久航速度为飞机的最小阻力速度，久航高度大约在亚声速实用升限附近。飞机的远航速度可能有两个，一个小于临界 Ma，另一个为超声速远航速度，大于临界 Ma。在飞机的飞行高度较低时，飞机以亚声速远航速度飞行对增长航程较为有利，当飞机的飞行高度较高而超过某个高度时，应以超声速远航速度飞行，才有利于增长航程。图 9-3 给出了某机以亚声速和超声速远航速度飞行时的千米燃油消耗量随高度变化的情况。

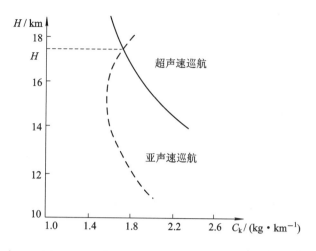

图 9 - 3　远航速度对应的千米燃油消耗量 C_k

9.4　上升和下滑段航程航时计算

现代飞机的久航高度和远航高度都较高。飞机上升到该高度或从该高度下滑时，如果选用的飞行速度或发动机转速不合适，不仅会影响上升、下滑段本身的航时和航程，还会影响上升、下滑段的燃油消耗量，使巡航段的可用燃油量减小，导致巡航段航时和航程缩短。

研究上升段应有怎样的续航特性，应兼顾巡航段的巡航特性。一般不一定要求上升的航时或航程最长，而是着眼于适当选取上升段的飞行状态和发动机的工作状态，尽可能使总航时和总航程增大。因而通常把注意力集中在尽量减少燃油消耗量，并兼顾上升段航时和航程使之尽可能大一些。下滑段的情况也是如此。实践表明，按照这种方式完成上升和下滑，可使飞机具有较大的航时和航程。

9.4.1　上升段航程航时计算

当飞机在给定发动机转速 n 以不同的速度上升时，上升角 γ 和上升率 V_y 都会随之而变。若飞机以快升速度上升，则上升率最大，上升时间最短，上升消耗的燃油量较小，因而巡航段可用燃油量增加，巡航段航程和航时增长，总航时和航程增大。实践表明，如果飞机以稍大于快升速度的某一速度上升，这样一方面对应的上升率虽然要稍小于最大上升率 V_{ymax}，使消耗的燃油量稍有增加；但另一方面使上升轨迹角减小，使上升航程增大，总航程增大。可见，以快升速度或稍大于快升速度的某一速度上升，对增大飞机的总航程和总航时是有利的。在上升航程和航时计算中一般以快升速度飞行进行计算。

与此同时，若飞机在不同的发动机转速下飞行，仍保持以快升速度上升，则发动机的转速愈高，推力愈大，剩余推力也愈大，使上升率 V_y 和上升角 γ 都增大。虽然上升角 γ 增大会使上升航程略有减小，但由于上升率 V_y 增大，减少了上升时间，减小了上升段的燃油消耗量，增加了巡航段的可用燃油量，也相应地增大了巡航段的航程和航时。为了省油，上升段一般使用发动机额定转速或非加力最大状态。

综上所述，有

$$\begin{cases} \dfrac{\mathrm{d}H}{\mathrm{d}t} = V_{z\,\max} \\[2mm] \dfrac{\mathrm{d}L}{\mathrm{d}t} = V_{\mathrm{quick}}\cos\gamma \end{cases}$$

由此积分可得上升段的航时和航程：

$$\begin{cases} T_2 = \displaystyle\int_0^{T_2}\mathrm{d}t = \int_{H_0}^{H_f}\dfrac{1}{V_{z\,\max}}\mathrm{d}H \\[3mm] L_2 = \displaystyle\int_0^{L_2}\mathrm{d}L = \int_0^{T_2}V_{\mathrm{quick}}\cos\gamma\,\mathrm{d}t \end{cases} \tag{9-2}$$

由于被积函数 $1/V_{z\,\max}$ 和 $V_{\mathrm{quick}}\cos\gamma$ 都是随高度或时间变化的，故上述积分可以通过数值积分的方法求解。

9.4.2 下滑段航程航时计算

下滑时选用的发动机转速不同，下滑段航程、航时和耗油量也不一样，飞机的总航程和总航时也将随之改变。下滑飞行时发动机可用推力小于平飞所需推力，即剩余推力 $\Delta T < 0$。若保持相同的下滑速度，减小发动机转速，则可用推力减小，剩余推力绝对值增大，下滑角变大，下滑段航程缩短，下滑段航时减少，下滑段的耗油量减少，因而可以增大巡航段飞行的可用燃油量，增大总的航程和航时。因此，下滑段应尽量使发动机处于转速较小而省油的工作状态——慢车状态(见图 9-4)。

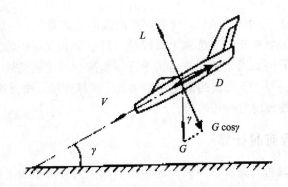

图 9-4 下滑段飞行

当飞机以一定的发动机转速下滑时，飞机的续航性能还与飞行速度有关。

假定下滑中发动机的推力 $T \approx 0$，由第 7 章可知：

$$\gamma = \arcsin\dfrac{\Delta T}{G} = -\arcsin\dfrac{T_R}{G}$$

$$V_z = \dfrac{\Delta T V}{G} = -\dfrac{T_R V}{G}$$

上述二式表明，最小下滑角 $\gamma_{\min}$ 是与最小平飞需用推力，即最小平飞阻力相对应的。当飞机以最小阻力速度，即有利速度下滑时，其下滑段航程最长；最小下降率 $V_{z\min}$ 是与最小 $(T_R V)$ 相对应的。当飞机以与最小 $(T_R V)$ 对应的速度下滑时，其下滑段航时最长。在航程、航时计算中可把下滑速度取为有利速度。

　　根据上述讨论，可以认为下滑中发动机处于慢车状态，$T \approx 0$，重力和空气动力处于平衡状态，飞机以直线航迹下滑，下滑角不变，且有

$$\gamma = \arctan \frac{D}{L} = \arctan \frac{1}{K}$$

其中：K 为飞机的最大升阻比。

　　下滑段的航程为

$$L_3 \approx H \cot \gamma \approx HK$$

其中：H 为飞机下滑高度。

　　下滑段航时为

$$T_3 \approx \frac{L_3}{\bar{V}_x}$$

其中：$\bar{V}_x = \frac{1}{2}(V_0 \cos \gamma_0 + V_f \cos \gamma_f)$ 为下滑速度水平分量的平均值。

　　下滑段的耗油量为

$$\Delta m_2 \approx \bar{C}_h \cdot \frac{T_3}{3600}$$

习　　题

1. 什么是任务剖面、航程和航时？
2. 飞机巡航段航程航时和巡航性能如何计算？

第 10 章　飞机起飞着陆性能

学习任务单

　　飞机每次飞行总是以起飞开始，以着陆结束。起飞和着陆是实现一次完整飞行的两个不可缺少的重要阶段。起飞着陆性能的好坏对飞行任务的完成和飞行安全具有极其重要的影响。

10.1　飞机的起飞性能

　　起飞前，飞机滑行到起飞线上，飞行员把油门杆推到起飞位置，同时使用刹车使飞机停在起飞线上。起飞时，飞行员松开刹车使飞机沿跑道加速滑跑。当飞机的滑跑速度达到某一速度时，飞行员拉杆抬起前轮。当滑跑速度达到一个确定的速度（叫作离地速度）时，飞机开始离开地面，做加速上升飞行。对于歼、强类飞机，飞机上升到 15 m 时，起飞过程结束。这个高度叫作起飞安全高度。

　　我国军用标准规定，轰炸、运输类飞机的起飞安全高度为 10.5 m。飞机从起飞线滑跑开始到加速上升到起飞安全高度的整个运动过程（见图 10-1）叫作起飞。可以看出，起飞过程大体上可分为两个阶段——起飞滑跑阶段（地面段）和上升加速阶段（空中段）。

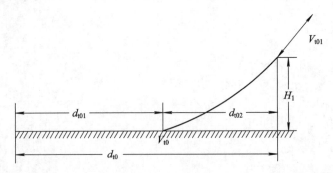

图 10-1　起飞距离

　　飞机从起飞线滑跑开始到飞机离地瞬间所经过的距离叫作飞机的起飞滑跑距离，记为 d_{t01}。飞机从离地速度开始至加速上升到起飞安全高度所经过的水平距离叫作上升前进距离，记为 d_{t02}。起飞滑跑距离和上升前进距离之和叫作飞机的起飞距离，记为 d_{t0}，即

$$d_{t0} = d_{t01} + d_{t02}$$

　　起飞距离是飞机起飞性能的一个重要指标。起飞距离的长短直接关系到需用机场跑道的长短和机场范围的大小。过长的跑道、过大的机场范围，无论从经济或军事作战方面来看都是不利的。若起飞距离过长，而机场跑道长度不足或机场范围太小，则飞机不能起飞；勉强起飞则容易引起飞行事故。

10.1.1　起飞距离计算

飞机在地面滑跑时受到发动机推力、空气动力、地面支反力和摩擦力的作用。如前所述，飞机在开始滑跑时是三轮着地的，当速度达到某一速度时，驾驶员拉杆抬起前轮后，飞机有一段两轮滑跑。当速度达到起飞离地速度时，飞机离开地面，结束滑跑过程。由图 10-1 可看出，在三轮滑跑和两轮滑跑中，飞机的受力情况是不同的。但是由于两轮滑跑的距离和时间都很短，作为工程计算，可以不加区分，仍按三轮滑跑处理。

假设发动机的推力 T 平行于地面，可以得到地面加速滑跑距离 d_{t01} 为

$$d_{t01} = \int_0^{d_{t01}} \mathrm{d}d = \frac{1}{2}\frac{1}{g}\int_0^{V_{t0}} \frac{\mathrm{d}V^2}{\dfrac{T}{G} - f - \dfrac{\rho S V^2}{2G}(C_D - fC_L)} \qquad (10-1)$$

式中：发动机推力 T 为速度的函数；C_L 和 C_D 为起飞构型（襟翼在起飞位置、起落架放下等）条件下对应于停机迎角的升力系数和阻力系数；摩擦系数 f 的大小主要取决于跑道表面状况。如果没有可用的实验数据，可按表 10-1 和表 10-2 适当选取。

表 10-1　干燥硬跑道表面摩擦系数

地面滑跑摩擦系数 f	刹车摩擦系数 f
0.025	0.20～0.30

表 10-2　其他跑道表面地面滑跑摩擦系数

跑道表面状况	f 的最小值	f 的最大值
湿水泥跑道表面	0.03	0.05
湿草地面	0.06	0.10～0.12
覆雪或覆草地面	0.02	0.10～0.12
干硬土草地面	0.035	0.07～0.10

由于发动机的推力一般由函数曲线的形式给出，式（10-1）一般要用数值积分的方法求解。

考虑到在起飞滑跑过程中发动机推力的变化比较平缓，工程上为了简化计算经常把发动机推力取为某一常量 $\overline{T}$，如取

$$T \approx \overline{T} = \frac{1}{2}(T_{V=0} + T_{V=V_{t0}})$$

此时飞机的起飞地面滑跑距离为

$$\begin{aligned} d_{t01} &= \frac{1}{2g}\int_0^{V_{t0}} \frac{\mathrm{d}V^2}{\dfrac{\overline{T}}{G} - f - \dfrac{\rho S V^2}{2G}(C_D - fC_L)} \\ &= \frac{1}{2gK_1}\ln\frac{K_2}{K_2 - K_1 V_{t0}^2} \end{aligned} \qquad (10-2)$$

其中：

$$K_1 = \frac{\rho S}{2G}(C_D - fC_L), \quad K_2 = \frac{\overline{T}}{G} - f$$

上升前进距离为

$$d_{t01} = \frac{G}{2g} \int_{t0}^{V_{t01}} \frac{\mathrm{d}V^2}{T - D - G\sin\gamma} \tag{10-3}$$

这个积分一般要用数值方法求解。

例 10-1　某机起飞时，飞机重量 $G = 7800$ N，$\overline{T} = 30\,000$ N，$S = 23$ m²，$V_{t0} = 300$ km/h，$f = 0.035$，海平面标准大气条件，停机迎角 $\alpha = 0.18°$，对应的 $C_D = 0.05$，$C_L = 0.16$，试计算该机地面加速滑跑的距离。

解
$$V = 300 \text{ km/h} = 83.3 \text{ m/s}$$

$$K_1 = \frac{\rho S}{2G}(C_D - fC_L) = 8.2 \times 10^{-6}$$

$$K_2 = \frac{\overline{T}}{G} - f = 0.35$$

代入式(10-2)，有

$$d_{t01} = \frac{1}{2 \times 9.8} \frac{1}{8.2 \times 10^{-6}} \ln \frac{0.35}{0.35 - 8.2 \times 10^{-6} \times 83.3} = 1104 \text{ m}$$

10.1.2　影响起飞性能的因素

如前所述，起飞过程实际上是飞机在发动机推力、空气动力、重力及道面（滑跑段）摩擦力作用下的加速过程。因此，凡是影响作用于飞机的外力的因素都将影响飞机的起飞性能。下面主要从使用维护的观点出发简要讨论飞机起飞重量、大气条件和跑道坡度对飞机起飞性能的影响。

通常，飞机的起飞重量 G 增大，飞机的起飞加速度必然减小，飞机的离地速度和起飞速度也应增大，这必然导致起飞滑跑距离和上升前进距离增大，从而使起飞距离增大，起飞性能下降。此外，起飞重量增大还使飞机地面滑跑时的地面摩擦力增大，使地面滑跑距离进一步增长。因此，起飞重量对飞机的起飞性能有明显的影响。

大气条件对飞机起飞性能的影响主要表现为机场海拔高度、气温和风的影响。

飞机在高原机场起飞时，由于机场海拔高度升高，发动机推力下降，这无论是对飞机的地面加速滑跑还是离地后的加速上升都是不利的。与此同时，机场海拔高度升高，空气密度降低，在同样的起飞重量下，飞机的离地速度必然增大，从而使飞机的起飞性能恶化。近似经验表明，机场高度每增加 1000 m，飞机的起飞距离增加 20%～30%。

气温变化直接影响发动机推力。气温升高会导致发动机推力减小，使起飞滑跑距离增大，起飞性能变坏；反之则使起飞性能变好。对于推重比为 0.6～0.9 的飞机，气温每升高 30℃，飞机起飞滑跑距离要比标准气温条件下的起飞滑跑距离大约增长 30%。

必须指出，上述各式中所用的速度都是空速，也即飞机相对于空气的运动速度。在无风的情况下，空速和地速相等；在有风的情况下，空速与地速不同。逆风会使空速大于地速，顺风则使空速小于地速。考虑风速的影响后，计算起飞距离的式(10-3)应该为

$$d_{t01} = \frac{1}{g} \int_{w}^{V_{t0}} \frac{(V-W)\mathrm{d}V}{\dfrac{T}{G} - f - \dfrac{\rho S V^2}{2G}(C_D - fC_L)} \tag{10-4}$$

由此导出的结果也应做相应的修改，这里不再赘述。上式中 W 为风速，并以逆风为正，顺风为负。显然，逆风起飞是有利的。

机场跑道表面情况对飞机的滑跑起飞性能也有明显的影响。道面坚硬光滑，摩擦系数小，起飞滑跑距离缩短；道面积水、潮湿，摩擦系数增大，起飞滑跑距离增大。

跑道有坡度时，重力 G 会出现沿发动机推力方向的分量。如图 10-2 所示，考虑到跑道坡度 γ 一般很小，飞机重力在推力方向的分量为 $G\sin\gamma \approx G\gamma$，它起着增加（下坡时）或减小（上坡时）推力的作用。飞机重力在垂直道面方向的分量为 $G\cos\gamma \approx G$，机轮所受的法向力基本不变。这样，在计算起飞滑跑距离时，只要以 $T+G\gamma$ 代替跑道无坡度时的发动机推力 T 即可。值得注意的是，上坡时，γ 取负值；下坡时，γ 取正值。显然下坡使飞机起飞滑跑距离缩短，上坡使飞机起飞滑跑距离增大。近似计算经验表明，跑道的每度坡度角可使飞机起飞滑跑距离改变约 2%。

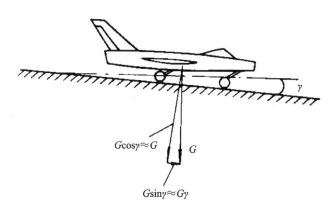

图 10-2　跑道有坡度时的重力分量

10.2　飞机的着陆性能

我国国家军用标准 GJB34-85 规定，飞机着陆过程包括从安全高度 15 m 开始的下滑、接地、滑跑减速至完全停止的整个过程（见图 10-3）。

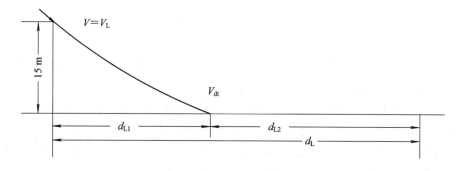

图 10-3　着陆距离

飞机从 15 m 安全高度下滑时，发动机基本上处于慢车工作状态，飞机以着陆速度做直线下滑，至高度 8～10 m，飞行员开始将油门收到慢车位置并拉平飞机，至高度 1 m 左右拉平过程结束，进入平飘，然后飞机平飞减速飘落接地。

飞机的着陆性能主要是指着陆距离，也就是整个着陆过程中飞机运动所经过的水平距离。

与起飞距离一样，着陆距离也由两段组成：从着陆安全高度开始到接地瞬间结束的空中段 d_{L1} 和由接地开始至飞机完全停止瞬间的着陆滑跑段 d_{L2}，即

$$d_L = d_{L1} + d_{L2}$$

10.2.1 着陆距离的计算

作为工程近似计算，空中段着陆距离为

$$d_{L1} = \frac{mg}{D}\left(\frac{V_L^2 - V_{dt}^2}{2g} + 15\right) \quad (10-5)$$

近似计算飞机着陆滑跑距离的公式为

$$d_{L2} = \frac{V_{dt}^2}{g\left(\frac{1}{K} + f\right)} \quad (10-6)$$

其中：K 为接地迎角条件下的飞机升阻比。

例 10-2 某飞机着陆时，接地速度为 72.2 m/s，接地升阻比 $K=7$，地面摩擦力系数为 0.3，试计算着陆地面滑跑距离。

解 由式(10-6)求得

$$d_{L2} = \frac{72.2^2}{9.8\left(\frac{1}{7} + 0.3\right)} = 1201 \text{ m}$$

10.2.2 使用条件对着陆性能的影响

使用条件的影响主要是指着陆重量、大气条件和跑道道面情况对着陆性能的影响。注意到接地时飞机升力等于重力的条件，有

$$V_{dt}^2 = \frac{2mg}{\rho S C_{Ldt}}$$

其中：C_{Ldt} 为飞机接地迎角对应的升力系数，则根据式(10-6)，有

$$d_{L2} = \frac{V_{dt}^2}{g\left(\frac{1}{K} + f\right)} = \frac{2mg}{g\rho S C_{Ldt}\left(\frac{1}{K} + f\right)}$$

可以看出，着陆重量增大，飞机接地速度增大，必然导致着陆地面滑跑距离增大；反之，着陆重量减轻，飞机地面滑跑距离必然缩短。

由上式还可以看出，着陆地面滑跑距离还与大气密度成反比。机场海拔高度升高，大气密度减小，必然使飞机的接地速度增大，使着陆地面滑跑距离增大，着陆性能变坏。根据大气密度随高度的变化规律，当机场高度在 5000 m 以下时，可近似认为高度每增高 1000 m，大气密度下降约 12%，滑跑距离相应地增大 12%。

考虑到着陆时发动机处于慢车状态，气温的变化对着陆性能的影响一般较小。

和起飞相同，着陆过程中的速度指相对空速。逆风着陆时的飞机空速等于风速和地速之和，可以改善着陆性能。因此，飞机起飞和着陆一般应逆风进行。

当机场跑道具有上坡角 γ 时，飞机重力的分量 $G\sin\gamma$ 起着阻止运动的作用，有利于改善飞机的着陆性能。

10.3　固定翼无人机的发射与回收

大型无人机一般采用地面滑跑起飞和着陆的方式；中小型无人机常采用弹射起飞等方式，回收则采用撞网和伞降等方式。本节重点介绍中小型无人机的发射与回收。

10.3.1　无人机发射技术

1. 手抛发射

手抛发射方式较为简单，通常是指操作手通过投掷方式将无人机扔到空中，使其具有一定的初速度，从而实现起飞（见图 10-4）。手抛发射一般适用于尺寸小、质量轻的小型、微型无人机，如美国"短毛猎犬""大乌鸦""指针"无人机，英国 MSV-10 等无人机。为确保发射成功，手抛发射时应注意投掷力的大小和方向。

图 10-4　手抛发射

2. 蓄能弹射发射

弹射起飞是将弹性势能转换为机械动能，使无人机加速到安全起飞速度。弹射起飞的优点是机动灵活性好、安全隐蔽性好；其缺点是发射质量不能太大，滑轨不能太长。按发射动力能源的不同，弹射起飞可分为液/气压弹射、弹力弹射、电磁弹射和燃气弹射等多种方式。

例如，以色列拉斐尔公司生产的一种便携式小型无人机云雀，当操作人员受空间约束无法跑着发射无人机时，可以采用发射管发射。

3. 气动液压发射

20 世纪 90 年代国际上发展起来一种先进的导轨动能弹射起飞方式，主要采用气液压能源作为无人机弹射起飞的动力。由于技术复杂，最初只有美、英等少数国家掌握此项技术，如美国影子 200 和天鹰。发射时，首先将无人机固定在滑车上，滑车就位、锁定后，进行液体压缩氮气储能。滑车到达滑轨终点时在液压刹车装置作用下停住，无人机离开滑车飞向天空。但是此种发射方式所需配套装置比较繁杂，需要一定数量的操作人员，耗能和噪声较大，机动隐蔽性差。

4. 弹药火箭发射

弹药火箭发射原理和气动液压发射类似，该系统由机体、发射车、地面测控站和火工品等部分组成，采用上单翼、双尾撑、后推式总体气动布局，飞行平稳度高、续航时间长，具有卫星、无线电、航程推算三种定位及组合导航方式，并具有在云、雾、雨(中阵雨)气象条件下昼夜执行飞行任务的能力。

但是这种发射方式也有缺点，火箭助推系统推力线控制与调整要求复杂且不能重复使用，火箭脱落时容易与后置式动力装置发生干涉，而且涉及火工品的储存和使用费用高昂，且发射时具有声光烟信号，容易暴露目标。

5. 旋转抛射起飞

无人机旋转抛射起飞是指通过控制旋转抛射装置(电动机)的旋转速度，将中小型无人机的发射速度控制在 $0\sim50$ m/s。此种发射方式能够有效减小中小型无人机启动过程中的过载，延长无人机的使用寿命，具有生产制造费用低、占地面积小、操作方便并且适合车载和舰载使用的特点。

然而，该装置发射无人机时会受到无人机的尺寸、结构的影响，由于无人机承载任务载荷会导致重心偏移，要消除发射过程中的惯性力会有难度。同时，飞机的爬升高度对装置的结构也有较大的限制。

10.3.2　无人机回收技术

中小型无人机的回收方式较少，主要着眼于缓冲吸能目标上，主流方式为撞网回收、伞降回收、垂直降落回收、中空回收和气垫回收等。

1. 撞网回收

撞网回收装置主要由拦截网、吸收能量装置和引导设备构成。拦截网承担吸能缓冲的任务，用来吸收无人机撞网后来回摆动的能量，防止触网后弹跳不停，以致损伤。自动引导装置是网后面的移动摄像头，时刻捕捉无人机的返航状态，进入回收空域，随时报告无人机相对回收装置的三维坐标。

但是该拦截也存在一些劣势。当无人机返航时，需要有操作人员时刻关注监视器的状况，根据无人机的实时位置，观察无人机的飞行姿态，修正无人机飞行路线，对准地面摄像机的瞄准线，飞向拦截网。同时，无人机的降落速度、重量和载荷也要考虑，以免损坏拦截网。

撞网回收视频

2. 伞降回收

伞降回收就是采用降落伞来回收无人机(见图 10-5)。这种回收方式操作简单，无人机从飞行状态到安全回收的整个过程自动完成，且对操作人员的要求比较低。目前，许多机型都采用伞降回收，如美国的"火蜂"等。

地面伞降回收对场地的要求低，一般适用于野外条件。但是无人机触地前的一瞬间，

图 10-5　无人机伞降回收

有一定的冲击过载，因而一般需要加装减振装置（如气垫等）。

　　采用水上降落回收时，无人机受到的冲击比在地面小，但是无人机落水后，要迅速打捞、烘干，以免机身和内部设备进水损坏。

　　伞降回收的不足之处主要是回收的精度达不到预期的要求，飞机着陆姿态不当（如机头垂直撞向地面）或速度过大易导致机体部件或任务负载损毁。

习　　题

1. 简述飞机起飞性能的计算方法和影响因素。
2. 简述飞机着陆性能的计算方法和影响因素。
3. 固定翼无人机的发射与回收主要有哪些方式？

模块四　固定翼无人机的平衡、稳定性和操纵性

模块三中，把飞机看作质点，研究了飞机的各种飞行性能。但飞机除了要达到预定的性能外，还要从质点系的角度来研究以下问题：

（1）飞机必须在一定条件下才能够取得平衡；

（2）飞机必须保证这一平衡性质是稳定的，即飞机受扰动，平衡受到破坏后，能自动恢复平衡；

（3）飞机必须能够自如操纵，即飞机能够按照飞行员的意图改变飞行状态。

通常将飞机能不能在一定条件下取得平衡称为平衡性能；能不能在受扰动后自动恢复原来状态的能力称为稳定性能（简称稳定性）；而能不能按照操纵者的意图改变飞行状态的能力称为操纵性能（简称操纵性）；飞机的平衡、稳定性和操纵性统称为飞机的飞行品质。为了方便研究，将平衡从品质中单独列出，并将稳定性和操纵性分为静态和动态两部分，前者称为静态飞行品质，后者称为动态飞行品质。

第11章　飞机的平衡

飞机的平衡就是作用在飞机上的外力和外力矩的平衡，即其合外力和合外力矩为零。飞机处于平衡状态时，飞行速度的大小和方向都保持不变，也不绕重心转动，飞机处于没有转动的等速直线运动状态。反之，飞机处于不平衡状态时，飞行速度的大小和方向将发生变化，并绕重心转动。飞机的平衡包括"作用力平衡"和"力矩平衡"两个方面。飞行中，飞机重心移动速度的变化直接和作用于飞机的各力是否平衡有关，飞机绕重心转动的角速度的变化则直接和作用于飞机的各力矩是否平衡有关。

学习任务单

11.1　飞机的坐标系与重心

11.1.1　飞机的坐标系

飞机在空中飞行时具有六个自由度。

在研究飞机的飞行性能时，通常把飞机看成是全机质量集中于质心的一个质点。飞机

作为质点在空间运动具有三个自由度。研究质点运动通常采用地面坐标系。地面坐标系也称地轴系，其原点 O 固定于地面上某点，Oy_g 轴铅垂向上，Ox_g 和 Oz_g 轴在水平面内和 Oy_g 轴构成右手直角坐标系。

飞机在空中飞行时，作为刚体(忽略飞行中飞机的变形)绕质心运动还有俯仰、滚转和偏航(方向)三个自由度(见图 11-1)。这三个自由度可以用机体轴系表示。机体轴系原点 O 在飞机的质心上，纵轴 Ox_b 指向前方，竖轴 Oy_b 在飞机对称面内指向机体上方，横轴 Oz_b 垂直于飞机对称面指向右方。

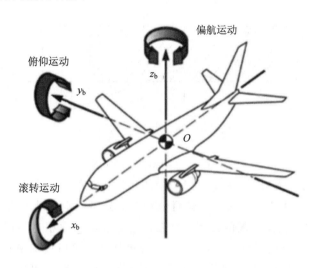

图 11-1　机体坐标系与飞机绕质心运动的三个自由度

纵轴 Ox_b 在飞机对称面内。它与地面(水平面)之间的夹角叫作机体俯仰角，或简称俯仰角，记为 ϑ，机头上仰为正；它在水平面 $Ox_g z_g$ 上的投影与 Ox_g 之间的夹角叫作偏航角，记为 ψ，机头左偏为正；坐标平面 $Ox_b y_b$(飞机对称面)与通过 Ox_b 轴的铅垂面之间的夹角叫作滚转角(又叫作坡度)，记为 γ，飞机右倾斜时 γ 为正。

飞机在地面坐标系的三个坐标确定了飞机在空中的位置，在机体坐标系中的三个角度确定了飞机的姿态。

此外，根据研究需要，还有一些其他类型的坐标系，如气流坐标系(也称速度坐标系，确定飞机的升力、阻力和侧力)、航迹坐标系、半机体坐标系等。

11.1.2　飞机的重心

飞机各部件、燃料、乘员、货物等重力的合力叫作飞机的重力，飞机重力的着力点叫作飞机的重心，重力着力点所在的位置叫作重心位置。

飞机在空中的运动无论怎样错综复杂，总可以分解为飞机各部分随飞机重心一道的移动和飞机各部分绕飞机重心的转动。飞行员在空中操纵飞机，不外乎运用油门、杆、舵改变作用在飞机上的空气动力和力矩，以保持或者改变飞机重心的移动速度和飞机绕重心的转动角速度。可见，飞机的运动和操纵与飞机重心的位置有着密切的关系。

飞机重心的位置怎样表示呢？重心的前后位置常用重心到某一特定翼弦的前端的距离占该翼弦的百分数来表示，这一特定翼弦就是平均空气动力弦或者标准平均弦。这是由于高速飞机绝大多数采用了非矩形机翼。对于非矩形机翼需引入平均空气动力弦的概念。

　　所谓平均空气动力弦是假想的矩形机翼(有时称当量机翼)的弦长。该矩形机翼和给定的非矩形机翼的面积相等,空气动力与纵向力矩特性相同(如图 11-2 所示)。平均空气动力弦的弦长称为平均空气动力弦长,常用 b_A 表示。这个假想的矩形翼的面积、空气动力及俯仰力矩等特性都与原机翼相同。

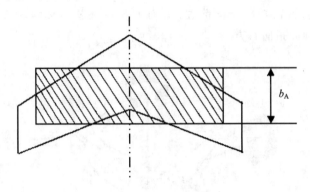

图 11-2　平均空气动力弦

　　引进平均空气动力弦的概念后,就可以应用矩形机翼的结果来表达任意平面形状机翼的力矩。此时,只要把重心与机翼焦点位置分别投影到平均空气动力弦上即可。

　　所谓标准平均弦,就是机翼的几何平均弦,它等于机翼面积与翼展的比值。飞机的平均空气动力弦或标准平均弦的位置和长度一般都可从各型飞机技术说明书中查到。

　　知道平均空气动力弦或标准平均弦(SMC)的位置和长度就可定出飞机重心的位置。重心的位置可用重心到平均空气动力弦前端的距离 $X_重$ 占平均空气动力弦的百分数来表示,即

$$\overline{X}_重 = \frac{X_重}{b_A} \times 100\%$$

　　飞机重心的上下、左右位置也可用类似的方法表示。显然,飞机的重心位置是随着飞机装载的数量和位置的变化而变化的。只要飞机装载的数量和位置不变,无论飞机的运动状态怎样变化,其重心位置总是不变的。

11.2　飞机的纵向平衡

11.2.1　飞机的纵向平衡与纵向力矩

　　所谓纵向平衡,就是指飞机纵向的力和力矩平衡(见图 11-3),且有

$$\begin{cases} \sum X = 0, \ T - D = G\sin\gamma \\ \sum Z = 0, \ L = G\cos\gamma \\ \sum M_y = 0, \ M_{yw} + M_{yb} + M_{yht} = 0 \end{cases} \tag{11-1}$$

式中:M_{yw}、M_{yb}、M_{yht}——机翼、机身和平尾的力矩,即飞机的纵向力矩主要由机翼、机身(发动机短舱)和平尾产生。

阻力和发动机推力对重心构成的力矩不大，这里不做讨论。

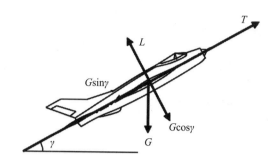

图 11-3　飞机的纵向平衡

1. 机翼力矩

1）矩形机翼力矩和焦点

如图 11-4 所示，矩形机翼升力对重心的力矩可表示为（按压力中心计算）

$$M_{yw} = L \cdot d \qquad (11-2)$$

式中：L——机翼升力；

　　　d——机翼压力中心到飞机重心之间的距离。

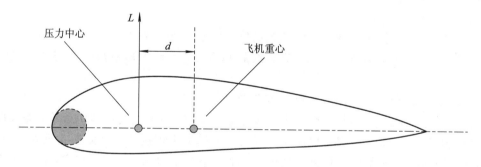

图 11-4　机翼的纵向力矩—按压心计算

用式（11-2）计算机翼的力矩不方便，因为迎角变化时，升力的大小及作用点均要改变，所以不易找到 M_{yw} 与迎角的一一对应关系。为了解决这一问题，需要引进焦点的概念。

焦点是指迎角改变时，机翼升力增量的作用点。当迎角小于抖动迎角范围之内时，焦点位置不随迎角而变化。低速翼型焦点位置的理论值一般在 0.25 弦长处，实验值约在 0.24 弦长处。超声速翼型在 0.5 弦长处。

引入焦点概念后，迎角改变引起的俯仰力矩增量可完全由升力增量决定（见图 11-5），即

$$\Delta M_{yw} = -\Delta L(x_{Fw} - x_G) \qquad (11-3)$$

式中：ΔL——迎角改变而引起的升力增量；

　　　x_{Fw}——机翼焦点到机翼前缘的距离；

　　　x_G——飞机重心到机翼前缘的距离。

对于非对称翼型的机翼，当升力为零时，由于机翼上下气流的不对称性，机翼上仍作用有一力偶矩 M_{y0w}（零升力矩），这样整个机翼在任何迎角时的力矩为

$$M_{yw} = M_{y0w} - L(x_{Fw} - x_G) \qquad (11-4)$$

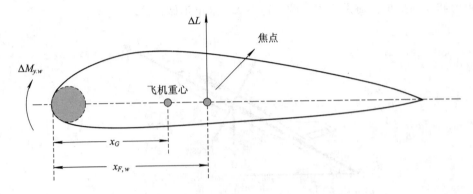

图 11-5 机翼的纵向力矩—按焦点计算

如果写成系数形式，则

$$m_{yw} = \frac{M_{yw}}{\frac{1}{2}\rho V^2 Sb} = \frac{M_{y0w}}{\frac{1}{2}\rho V^2 Sb} - \frac{L(x_{Fw} - x_G)}{\frac{1}{2}\rho V^2 Sb}$$

$$= m_{y0w} - C_L(\bar{x}_{Fw} - \bar{x}_G) \tag{11-5}$$

式中：$m_{y0w} = \dfrac{M_{y0w}}{\frac{1}{2}\rho V^2 Sb}$ 为零升力矩系数，$\bar{x}_{Fw} = \dfrac{x_{Fw}}{b}$，$\bar{x}_G = \dfrac{x_G}{b}$ 分别代表焦点和重心到机翼前

缘的相对位置。

由式（11-5）可见，引入焦点后，机翼的俯仰力矩系数的变化仅取决于 C_L，并与 C_L 呈线性关系。由于在抖动迎角范围内，升力线斜率不变，因此力矩系数也将与迎角呈线性关系。

2）任意平面形状机翼的力矩和平均空气动力弦

目前，高速飞机绝大多数采用了非矩形机翼。对于非矩形机翼的力矩计算，需采用平均空气动力弦 b_A。采用 b_A 就可以应用矩形机翼的结果来表达任意平面形状机翼的力矩。此时，只要把重心与机翼焦点位置分别投影到平均空气动力弦上即可。这样，机翼的力矩可表达为

$$m_{yw} = \frac{M_{yw}}{\frac{1}{2}\rho V^2 Sb_A} = m_{y0w} - C_L(\bar{x}_{Fw} - \bar{x}_G)$$

其中：$m_{y0w} = \dfrac{M_{y0w}}{\frac{1}{2}\rho V^2 Sb_A}$，$\bar{x}_F = \dfrac{x_{Fw}}{b_A}$，$\bar{x}_G = \dfrac{x_G}{b_A}$ 分别代表机翼焦点及重心在平均空气动力弦上的

相对位置。

因此，引进平均空气动力弦后，任意平面形状机翼的力矩系数与矩形机翼的相同，只是对应的弦长用 b_A 代替。

在一定迎角下，机身也要产生一定的升力，并对飞机重心形成一定的纵向力矩。由于机身升力很小，通常都把机身产生的力矩与机翼合起来考虑，即研究机身对机翼的影响。这种影响包括两个方面：

（1）零升力矩增加。

（2）焦点向前移动。

2. 水平尾翼的力矩

平尾对飞机力矩的贡献亦可分为两个部分：

（1）对零升力矩的贡献（m_{y0ht}）。

（2）对飞机焦点位置的影响（$\Delta \bar{x}_{Fht}$），即

$$m_{yht} = m_{y0ht} - C_L \Delta \bar{x}_{Fht} \qquad (11-6)$$

可以推得

$$m_{y0ht} = - K_q A C^{\alpha}_{Lht} (\alpha_0 + \varphi + n\delta_e) \qquad (11-7)$$

$$\Delta \bar{x}_{Fht} = K_q A C^{\alpha}_{Lht} \left(\frac{1}{C^{\alpha}_L} - B \right) \qquad (11-8)$$

上述两式中：K_q——速度阻尼系数，由于黏性的影响，通过机翼后气流要损失一部分动能，K_q 代表对平尾处速度的修正量，即

$$V^2_{ht} = K_q V^2 \quad \text{或} \quad q_{ht} = K_q q$$

$A = \dfrac{S_{ht} L_{ht}}{S b_A}$——平尾的静矩系数；

C^{α}_{Lht}——平尾的升力线斜率；

φ——平尾的安装角，如为全动平尾，此项为零；

$n = \dfrac{\partial \alpha_{ht}}{\partial \delta_e}$——升降舵效率，表示升降舵偏转 1°时所相当平尾迎角的改变量；

B——下洗角随升力系数的变化率。

一般飞行情况下，水平尾翼产生负升力，故水平尾翼力矩是上仰力矩。机翼迎角很大时，也可能会形成下俯力矩。

由式（11-6）可见，平尾的纵向力矩系数也与 C_L 呈线性关系，如图 11-6 所示。

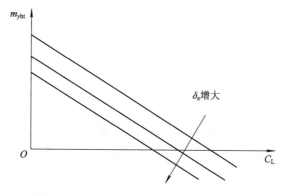

图 11-6　平尾俯仰力矩系数随 C_L 的变化

3. 全机的纵向力矩

整架飞机的纵向力矩应为无尾飞机的力矩和平尾力矩之和。

全机零升力矩系数与 C_L 无关，全机焦点相对位置 $\bar{x}_F$ 是由 $\bar{x}_{F(w+b)}$ 与 $\Delta \bar{x}_{Fht}$ 共同决定的。对于正常式飞机，由于平尾存在，飞机的焦点后移（见图 11-7）。

由式（11-6）可见：

（1）全机纵向力矩由两部分组成，一是与升力无关的零升力矩（m_{y0}），二是随升力增大而增大的升力力矩 $[-C_L(\bar{x}_F - \bar{x}_G)]$。

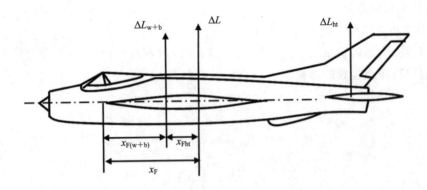

图 11-7　飞机的焦点

（2）全机的纵向力矩系数仍与 C_L（或 α）呈线性关系（见图 11-8，图中 $Ma=0.7$，$x_G=38\%b_A$）。

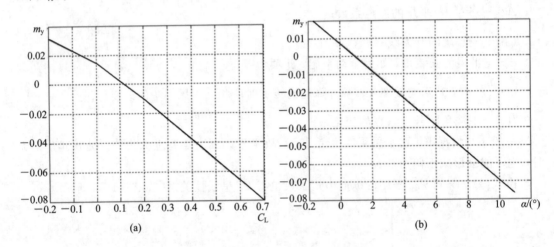

图 11-8　纵向力矩系数随 C_L（或 α）的变化

11.2.2　影响纵向平衡的主要因素

根据作用在飞机上各俯仰力矩的表达式可知，重心位置、气动力作用位置、气动力大小等都会影响飞机的纵向平衡。影响飞机纵向平衡的主要因素有重心变化、收放襟翼、收放起落架和加减油门等。

1. 重心变化

飞行中燃料的消耗、人员和货物的移动都会造成飞机重心位置的变化。飞机重心的前后移动直接影响到翼身组合体及平尾俯仰力矩的大小。由于翼身组合体的焦点到重心的距离比平尾焦点到重心的距离要小得多，因此重心移动对翼身组合体的俯仰力矩影响较大。

若飞机重心前移，则翼身组合体的上仰力矩减小，因此原来处于俯仰平衡的飞机将下俯；重心后移时，情况则相反，由于上仰力矩增大，因此飞机将上仰。

2. 收放襟翼

收放襟翼会引起飞机机翼上的升力及升力作用点发生变化，从而影响到机翼的俯仰力矩(见图 11-9)。当襟翼放下时,机翼升力增大,同时由于襟翼部分上下压力差增加较多,因此升力作用点后移(因机翼后缘襟翼部分上下压力差增加较多)。

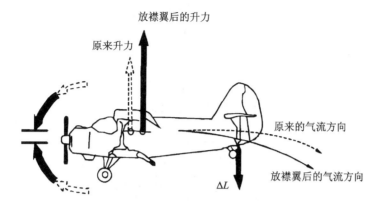

图 11-9　放襟翼对俯仰平衡的影响

一般情况下,机翼产生的是下俯力矩,升力作用点在重心之后,因此升力作用点后移使下俯力矩增加。当襟翼放下时会使气流通过机翼后的下洗角增大,平尾负升力增大,飞机机头的上仰力矩变大。放下襟翼后,飞机机头最终是上仰还是下俯与襟翼的类型、放下的角度以及水平尾翼的安装角、面积的大小等有关。

3. 收放起落架

收放起落架会导致飞机重心前后移动,引起俯仰力矩变化。起落架放下时增大了附加阻力,对飞机重心产生下俯力矩,从而引起俯仰力矩的变化。收放起落架后,飞机机头最终是上仰还是下俯要综合考虑上述因素的影响。

4. 加减油门

加减油门不仅可直接改变推力大小,使作用在飞机上的俯仰力矩发生变化,从而影响飞机的俯仰平衡;还会改变飞行速度,使作用在机翼和尾翼上的空气动力发生变化,从而改变机翼和尾翼上的俯仰力矩,影响飞机的俯仰平衡。

需要注意的是,加减油门后,飞机是上仰还是下俯,不能单看拉力力矩或推力力矩对俯仰平衡的影响,而要综合考虑加减油门所引起的机翼、水平尾翼等力矩的变化。

11.3　飞机的方向平衡

前面已经指出,方向平衡是指绕 Z 轴的方向偏转力矩(称偏航力矩)的平衡,即 $\sum M_z = 0$。此时,飞机保持无侧滑的等速直线飞行。

若 $\sum M_z \neq 0$,即存在不平衡的偏航力矩,则飞机会产生侧滑。如图 11-10 所示,当飞行员不做操纵动作时,不平衡的偏航力矩主要由左右机翼及左右发动机推力不对称形成。如果垂直尾翼因某种原因发生不对称形变,也会形成较大的偏航力矩。

由于飞机外形及结构左右对称,因此,设计定型的飞机,理论上都有良好的方向平衡性能,即在没有操纵的情况下,飞机本身就具有保持无侧滑直线飞行的能力。但是由于制

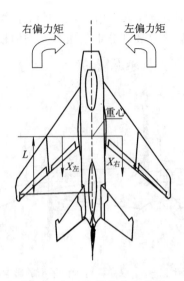

图 11-10 飞机的方向平衡

造上的误差，以及使用维护等因素的影响，对于每一架特定的飞机，甚至是刚出厂的新飞机，都会出现方向不平衡的现象。

下列因素将影响飞机的方向平衡：

(1) 一边机翼变形(或两边机翼形状不一致)，左、右两翼阻力不等。

(2) 多发动机飞机左、右两边发动机的工作状态不同，或者一边发动机停车，从而产生不对称拉力。

(3) 若螺旋桨发动机的油门改变，则螺旋桨滑流引起的垂直尾翼力矩随之改变。

飞机的方向平衡受到破坏时，最有效的克服方法就是适当地蹬舵或使用方向舵调整片，利用偏转方向舵产生的方向操纵力矩来平衡使机头偏转的力矩，从而保持飞机的方向平衡。

11.4　飞机的横向平衡与滚转力矩

所谓横向平衡，是指绕 X 轴的横向滚转力矩的平衡，即 $\sum M_x = 0$。此时，飞机保持没有滚转或者倾斜(飞行员称为坡度)的等速直线飞行(见图 11-11)。

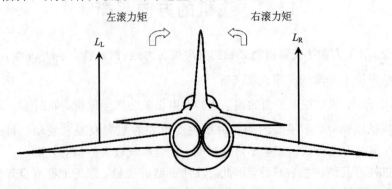

图 11-11　飞机的横向平衡

飞机的滚转力矩主要由升力产生，因此横向平衡可以表达为

$$L_R l_R = L_L l_L \tag{11-9}$$

式中：L_L、L_R——左右机翼的升力；

　　　l_L、l_R——左右机翼的压力中心至飞机重心的距离。

考虑到左右两翼动压相等，面积相等，上式又可以简化为

$$C_{L_R} l_R = C_{L_L} l_L \tag{11-10}$$

式中：C_{L_L}、C_{L_R}——左右机翼的升力系数。

飞机的方向平衡和横向平衡是相互联系、相互依赖的，如果方向平衡受到破坏，若不修正则会引起横向平衡的破坏。反之，如果失去横向平衡，方向平衡也就保持不住。

习　　题

1. 压心和焦点有什么联系和区别？
2. 简述飞机焦点随马赫数的变化规律。
3. 侧滑故障是如何产生的，该如何调整？

第12章　飞机的稳定性和操纵性

学习任务单

12.1　稳定性的基本概念

飞机在大气中飞行的过程中，经常会受到各种不可预测的扰动，如大气扰动、发动机推力脉动、飞行员无意识的动杆等。这些扰动都会使飞机的飞行状态发生改变。因此必须研究飞机在受到扰动后，自动恢复到原状态的能力，即飞机的稳定性问题。通常称飞机飞行状态及受扰前飞机平衡状态为配平状态，因此稳定性问题就是研究飞机在配平状态受到外界扰动而偏离配平状态时，飞机自身能否有力矩产生使之回到原配平状态的能力。

物体的平衡性质，通常有以下三种（如图 12-1 所示）：

（1）平衡的性质是稳定的（见图 12-1(a)中的悬摆）。因为这种平衡在扰动消失后，物体能恢复到原平衡状态。

（2）平衡的性质是不稳定的（见图 12-1(b)中的竖摆）。因为这种平衡在扰动消失后，物体继续离开平衡位置而不能恢复到原平衡状态。

（3）平衡的性质是随遇稳定的（见图 12-1(c)中的球）。因为这种平衡在扰动消失后，既不随意扩大也不恢复到原来的平衡状态，而是在新的平衡位置重新取得平衡。

因此，飞机的稳定性可分为稳定、不稳定和随遇稳定（或称中立稳定）三类。

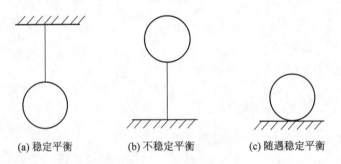

(a) 稳定平衡　　　(b) 不稳定平衡　　　(c) 随遇稳定平衡

图 12-1　物体平衡的性质

通常为了方便研究问题，在飞机飞行动力学中常将稳定性分为静稳定性与动稳定性两大类。

动稳定性实质上就是真正的飞机稳定性，是指飞机在配平状态下受到扰动，扰动消失后，飞机自动恢复到原平衡状态的能力。动稳定性其实就是阻尼特性，描述了受干扰的系统是否能真正恢复平衡。描述动稳定性的程度可以用系统恢复平衡的快慢来衡量。

静稳定性是指飞机在配平状态下受到扰动，在扰动消失瞬间，飞机自动恢复到原平衡状态的趋势。因此静稳定性不是真正的稳定性，具有静稳定性的飞机不一定具有动稳定性，但是通常静稳定性是飞机动稳定性的前提，特别是静稳定性与相应的飞机静操纵性具有密不可分的关系。

对于出于提高飞机机动性或者提高飞机升阻比等目的，设计的弱静稳定飞机甚至静不稳定飞机，必须依靠具有增稳功能的飞行控制系统提高其稳定性，否则无法投入使用。

12.2　飞机纵向静稳定性

飞机纵向静稳定性主要指飞机在配平状态下的纵向俯仰力矩特性。飞机纵向静稳定性包括迎角静稳定性和速度静稳定性两个概念。实际中主要使用迎角静稳定性。

迎角静稳定性是指飞机在配平状态下受到扰动的过程中，飞机速度始终保持不变，而迎角偏离原配平状态，在扰动消失瞬间，飞机自动恢复到原平衡状态的趋势。如果有自动恢复原配平迎角的趋势，则称飞机迎角静稳定，或称飞机具有迎角静稳定性；反之，则称飞机迎角静不稳定，或称飞机不具有迎角静稳定性；如果既没有恢复原配平迎角的趋势，也没有继续偏离原配平迎角的趋势，则称飞机迎角中立稳定。

因为迎角静稳定性研究的是迎角（过载）恢复到原平衡状态的趋势，条件是速度不变，所以迎角静稳定性亦称过载静稳定性，或称定速静稳定性。

飞机是否具有迎角静稳定性，关键在于迎角重心与焦点的相对位置。如果焦点在重心之后，$\bar{x}_F - \bar{x}_G > 0$，飞机受到的扰动迎角增大时，$\Delta L$ 对重心形成下俯力矩，飞机便具有恢复原始迎角的趋势，因此飞机具有迎角静稳定性。反之，如果焦点在重心之前，$\bar{x}_F - \bar{x}_G < 0$，飞机受到的扰动迎角增大时，$\Delta L$ 对重心形成上仰力矩，促使飞机进一步增大迎角，飞机不具有迎角静稳定性。

影响迎角静稳定性的因素有重心位置、飞行马赫数、大迎角等。

1. 重心位置

使用维护过程中，重心位置会发生变化。在焦点位置不变的情况下，重心前移，$m_y^{C_L}$ 增大，飞机的迎角静稳定性增强；$m_y^{C_L}$ 减小，飞机的迎角静稳定性减弱。如果重心位置移至与焦点重合，即 $m_y^{C_L} = 0$，此时飞机为中立稳定。因此，焦点所在的位置又称中立重心位置（简称中性点）。

在维护工作中，对重心位置的变化必须引起足够重视。特别是运输机和轰炸机，由于机身较长，携带的燃料、弹药较多，因此飞行中重心位置的变化往往较大。例如，轰-6 飞机的重心位置的正常变化范围为 $20.7\% b_A \sim 33.7\% b_A$。$33.7\% b_A$ 对应于着陆状态，这时重心位置已经相当靠后。如果在飞机后部（如机务仓）装载过多，就会使迎角静稳定性降低过多，从而会使飞行员不易掌握操纵量。严重时，甚至会使飞机丧失迎角静稳定性，对飞机安全造成威胁。

燃油系统工作不正常，用油顺序遭到破坏时也会出现类似问题。因此，使用中必须按规定加装载，同时，必须保证燃油系统的工作正常。

2. 飞行马赫数

超声速飞机比亚声速飞机飞行，飞机的迎角静稳定性有明显的增强。这是因为超过临界 Ma 之后，随着 Ma 增大，焦点位置急剧后移。在重心位置不变的情况下，$|m_y^{C_L}|$ 便要增大。

3. 大迎角

后掠翼飞机大迎角飞行时会产生翼尖分离，翼尖分离后，当迎角增大时，翼尖部分的升力减小，相当于在翼尖部分作用了一个向下的升力增量，使飞机焦点前移，导致纵向力矩曲线向上弯曲，$|m_y^{C_L}|$ 减小，迎角静稳定性减弱。当迎角大于临界迎角时，由于机翼大部分地区出现了严重分离现象，焦点迅速前移，致使 $m_y^\alpha>0$，飞机的稳定状态变为迎角静不稳定，如图 12-2 所示。

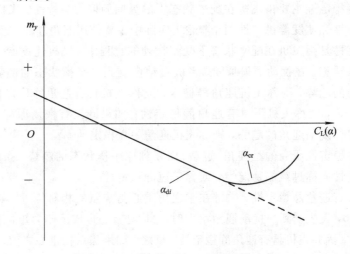

图 12-2 后掠翼飞机 m_y 随迎角的变化

某些后掠翼飞机因为采用了翼刀等措施，上述情况有所改善。但是有些飞机因为采取的措施不够有力（如轰-6 飞机），后掠角较大，翼刀却较低，这种现象仍然严重存在。

除了上述因素外，影响迎角静稳定性的还有飞机的弹性变形、地面效应、发动机工作状态等因素。飞机静态纵向稳定性的调整主要考虑如下三个方面：

（1）机翼对重心的位置；

（2）升降舵/水平尾翼与重心的距离；

（3）升降舵/水平尾翼面积和大小。

12.3 飞机横航向静稳定性

飞机的横航向静稳定性是指飞机受到扰动偏离横航向平衡状态产生侧滑或倾斜时，在扰动消失瞬间飞机自动恢复到原平衡状态的趋势。它主要反映飞机在平衡状态（对称定直飞行状态）附近的偏航力矩和滚转力矩特性。横航向静稳定性包括方向静稳定性和横向静稳定性两个概念。

12.3.1 飞机方向静稳定性

1. 方向静稳定性的含义和条件

方向稳定性的原理与俯仰方向一样，只是产生稳定力与阻尼力的部件是垂直尾翼以及腹鳍。方向稳定力矩是在侧滑中产生的。方向静稳定性是指飞机受到扰动偏离原方向平衡状态产生侧滑角 $\Delta\beta$，在扰动消失瞬间飞机自动恢复到原平衡状态的趋势。

与迎角静稳定性一样，飞机是否具有方向静稳定性取决于它的偏航力矩特性，即

(1) $m_z^\beta > 0$，飞机具有方向静稳定性(或称方向静稳定)；

(2) $m_z^\beta < 0$，飞机不具有方向静稳定性(或称方向静不稳定)；

(3) $m_z^\beta = 0$，飞机方向中立静稳定。

这是因为当 $m_z^\beta > 0$ 时，飞机受扰动偏离平衡状态产生 $+\Delta\beta$(右侧滑)，并产生系数为 $+\Delta m_z$ 的力矩增量。这一力矩使飞机机头右偏，从而产生消除 $\Delta\beta$ 的趋势。反之，飞机产生 $-\Delta\beta$(左侧滑)，$\Delta m_z < 0$，飞机将受左偏力矩的作用而产生消除左侧滑的趋势。由此可见，此时飞机具有方向静稳定性。

按同样的方法可分析，当 $m_z^\beta < 0$ 时，飞机的方向静不稳定性。

在同样的 $\Delta\beta$ 下，$|m_z^\beta|$ 越大，产生的 $|\Delta m_z|$ 越大，恢复趋势越大。因此，$|m_z^\beta|$ 的大小代表了方向静稳定性的大小，m_z^β 有时称为方向静稳定度。

必须注意，方向静稳定性绝不代表飞机保持航向不变的特性，它仅仅代表消除侧滑，使飞机对称面与飞行速度方向一致的特性，其作用犹如风标，所以亦称风标稳定性。

与纵向一样，m_z^β 亦可称为偏航刚度。$m_z^\beta > 0$ 称为飞机具有正偏航刚度。

2. 影响方向静稳定性的因素

1) 马赫数

飞机的方向静稳定性随 Ma 的变化规律为：随着 Ma 的增大，亚声速阶段 m_z^β 基本不变，跨声速阶段 $|m_z^\beta|$ 增大，超声速阶段 $|m_z^\beta|$ 下降。

随着飞行马赫数的增大，特别是在超过声速以后，垂尾的侧力系数迅速减小，产生侧力的能力急速下降，使飞机的方向静稳定性降低。因此在设计超声速战斗机时，为了保证在平飞最大马赫数下仍具有足够的方向静稳定性，往往把垂尾的面积做得很大，有时还需要选用腹鳍以及采用双垂尾来增大方向稳定性。

2) 迎角

当飞行迎角增大时，一是会使垂尾前缘的有效后掠角增大，$|C_{\mathrm{cvt}}^\beta|$ 减小，二是使垂尾相对气流的翼展缩短、顺气流翼弦增长，有效展弦比减小，翼尖涡增强，侧洗加大(见图 12-3)；此外，迎角增大使翼身组合体对垂尾的遮蔽作用加大，也会使垂尾的 $|C_{\mathrm{cvt}}^\beta|$ 减小。因此，飞机的方向静稳定性一般会随迎角的增大而减弱。

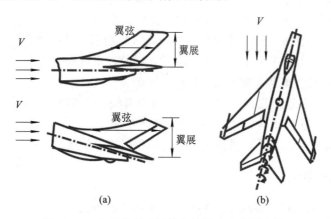

图 12-3　大迎角下垂尾的有效展弦比和翼尖涡

12.3.2　飞机横向静稳定性

在飞行过程中，使飞机自动恢复到原来横向平衡状态的滚转力矩，主要是由机翼上反角、机翼后掠角和垂直尾翼的作用产生的。横向静稳定性是指飞机受到扰动偏离原横向平衡状态产生坡度，在扰动消失瞬间飞机自动恢复到原横向平衡性的趋势。

飞机是否具有横向静稳定性，取决于滚转力矩系数随侧滑角的变化特性，即

(1) $m_x^\beta < 0$，飞机具有横向静稳定性（或称横向静稳定）；

(2) $m_x^\beta > 0$，飞机不具有横向静稳定性（或称横向静不稳定）；

(3) $m_x^\beta = 0$，飞机横向中立静稳定。

这是因为当 $m_x^\beta < 0$ 时，飞机受扰动产生右坡度，此时飞机的升力与重力合力要使飞机向右前方向运动而产生右侧滑，即产生了 $+\Delta\beta$。因为 $m_x^\beta < 0$，必然产生向左滚转的稳定力矩（$\Delta m_x < 0$），使飞机具有消除坡度恢复到原平衡状态的趋势。反之，当 $m_x^\beta > 0$ 时，飞机受扰动产生右坡度时将会使飞机出现右侧滑（$\Delta\beta > 0$），这会产生 $\Delta m_x (= m_x^\beta \Delta\beta > 0)$，使飞机右滚，继续增大右坡度，飞机就是横向静不稳定的。

因为低速直机翼飞机的 m_x^β 主要由机翼上反角提供，因此也把横向静稳定导数 m_x^β 称为上反效应。$|m_x^\beta|$ 的大小直接决定了横航向静稳定性的强弱。横航向静稳定叫作正上反效应，横航向静不稳定叫作负上反效应。

现代飞机多采用大后掠角机翼，这使飞机在较大迎角（较大升力系数 C_L）下往往具有较大的横向静稳定性，但是大迎角 $|m_y^\beta|$ 却较小。这对飞机的横航向动力学特性是不利的。因此，大后掠翼飞机的机翼一般都有一定的下反角，以适当减小 $|m_x^\beta|$，从而减弱横向静稳定性。

12.4　飞机的操纵性

飞机的操纵性是指飞机对驾驶员操纵做出反应、改变其飞行状态的特性，也就是飞机按照操纵者的意图做各种动作的能力。操纵性的好坏与飞机稳定性的大小有密切关系。稳定性太大，也就是说飞机保持原有平衡状态的能力越强，则要改变它也就越不容易，操纵起来也就越费劲。若稳定性过小，则操纵力也很小，驾驶员很难掌握操纵的分量，也是不理想的。因此，要正确处理稳定性与操纵性之间的关系。

固定翼无人机的操纵机构及操纵方式与有人飞机相似，只不过操纵指令通过地面的遥控器或地面站发出，由位于机上的接收机接收，再通过电缆将指令传递至舵机，驱动舵面发生偏转。固定翼飞机操纵系统一般包括以下几部分：

(1) 操纵设备、多通道遥控器或地面站、自动驾驶仪、接收机、油门等；

(2) 执行机构、连杆机构、钢索、舵机和机械摇臂等；

(3) 气动舵面位于翼面上的升降舵、方向舵和副翼等舵面。

12.4.1　飞机的操纵

对于常规布局的飞机，地面控制站的驾驶员通过操纵遥控器或者驾驶杆（或驾驶盘）和脚蹬，可对飞机上的不同气动舵面进行操纵，使其偏转产生气动力，从而控制飞机进行俯

仰(通过升降舵或者全动式平尾偏转)、滚转(通过副翼差动)、偏航(通过方向舵偏转)等动作,进而改变飞机的飞行姿态。

1. 飞机的纵向操纵

当操纵者前后操纵遥控器俯仰摇杆/驾驶杆时,升降舵会偏转,从而使飞机绕横轴产生俯仰运动。对于正常式布局的一般飞机而言,当向后拉杆时,升降舵后缘向上偏转,产生向上的空气动力,使飞机抬头,如图 12-4(a)所示;当向前推杆时,升降舵后缘向下偏转,产生向下的空气动力,使飞机低头,如图 12-4(b)所示。

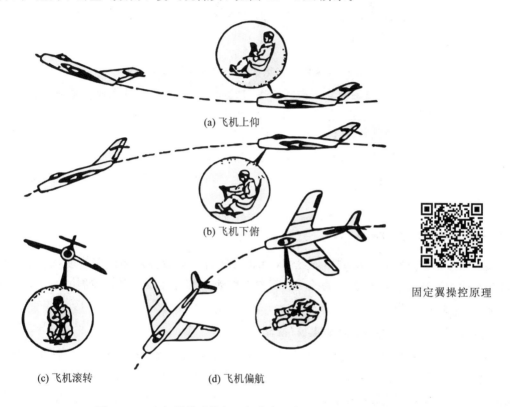

(a) 飞机上仰

(b) 飞机下俯

固定翼操控原理

(c) 飞机滚转　　　(d) 飞机偏航

图 12-4　飞机操纵动作与飞行姿态示意图

现代的超声速飞机多以全动式水平尾翼代替只有升降舵可以活动的水平尾翼。因为全动式水平尾翼的操纵效能比升降舵的操纵效能高得多,可以大大改善超声速飞机的纵向操纵性。

2. 飞机的横向操纵

当操纵者左右操纵遥控器副翼摇杆/驾驶杆时,副翼会发生差动偏转,即一边向上偏转,一边向下偏转,从而使飞机产生滚转运动。对于一般飞机而言,当向左压杆时,飞机左侧副翼向上偏转,产生向下的气动力,右侧副翼向下偏转,产生向上的气动力,从而使整个飞机向左滚转,如图 12-4(c)所示。同时,向右压杆则使飞机产生向右的滚转。

3. 飞机的方向操纵

在飞机飞行过程中,操纵遥控器航向摇杆/方向舵,飞机则绕立轴转动,产生偏航运动。操纵者左压摇杆/向前蹬左脚蹬,方向舵向左偏转,在垂直尾翼上产生向右的附加侧力,此力使飞机产生向左的偏航力矩,使机头向左偏转,如图 12-4(d)所示;右压摇杆/向前蹬右脚蹬，飞机产生向右的偏航力矩，使机头向右偏转。

4．V形尾翼

V形尾翼是飞机尾翼的一种形式，由左右两个翼面组成，像是固定在机身尾部、带大上反角的平尾。V形尾翼兼有垂尾和平尾的功能，采用V形尾翼的国产"翼龙"无人机如图12-5所示。

图12-5　采用V形尾翼的国产"翼龙"无人机

V形尾翼翼面可分为固定的安定面和铰接的舵面两部分，可动的控制面通常称为方向升降舵，控制面也可做成全动形式。呈V形的两个尾面在俯视和侧视方向都有一定的投影面积，所以能同时起纵向（俯仰）和航向稳定作用。当两边舵面同时向上（下）偏转时，V形尾翼翼面起升降舵的作用；当两边舵面同时向左（右）偏转时，V形尾翼翼面则起方向舵的作用。

V形尾翼带来结构简化和阻力减小的同时，也会付出控制复杂以及横航向动稳定性弱化的代价。

12.4.2　其他类型的操纵舵面

飞机的操纵必须符合人类的生理习惯，无论飞机外形以及控制系统怎样变化，飞机驾驶员在座舱中的操纵基本没有大的改变。而出于气动外形设计以及飞行控制的需要，飞行操纵系统/控制系统和活动舵面，会有如下一些变化。

1．差动平尾、差动鸭翼、差动襟翼（襟副翼）

平尾、鸭翼或者襟翼正常工作时，位于机身或尾翼两侧的操纵面会同步向上或向下偏转。为了弥补副翼滚转效率的不足，在一些飞机上设计了可以差动的平尾、鸭翼或者襟翼（见图12-6）。即位于机身或尾翼两侧的操纵面可以根据飞机滚转操纵需要而偏转不同的角度，使两侧操纵面上产生升力差，进而形成滚转力矩。

(a) 采用差动鸭翼的歼-20　　　　　　　(b) 采用差动平尾和襟副翼的苏-27

图12-6　采用其他类型操纵舵面的机型举例

2. 升降副翼

对于无水平尾翼的无尾布局飞机，为了实现俯仰控制，设计了升降副翼，成为同时实现飞机俯仰（纵向）和滚转（横向）操纵的主操纵面，兼有升降舵（或全动式水平尾翼）和副翼的功能。如法国幻影 2000 战斗机就采用了升降副翼（见图 12-7）。

图 12-7　采用升降副翼的幻影 2000 战斗机

3. 开裂式方向舵

对于既没有水平尾翼，也没有方向舵的飞翼式布局飞机，其左右机翼后侧的操纵舵面不仅要能同步上下偏转实现俯仰操纵，还要能差动实现滚转操纵。同时，每片操纵舵面还要能开裂成上下两片，通过左右舵面不对称开裂角度造成两侧机翼的阻力差，实现偏航操纵。这么复杂的操纵需要采用开裂式方向舵（也有称分叉副翼）实现。

例如，美国的 B-2 轰炸机由机翼外段后缘的诺斯罗普专利减速板—方向舵负责偏航控制，减速板—方向舵可向上下两侧开裂，同时开裂时作为减速板、不对称开裂时作为方向舵使用。

由于飞翼表面边界层的存在，减速板—方向舵至少要开裂 5 度才能起到作用，因此在正常飞行中，两侧的减速板—方向舵都处于 5 度的张开位置，当需要进行控制时就立即可以起作用，这也是我们看到的 B-2 飞行照片中减速板—方向舵都是张开的原因（见图 12-8）。但是张开的减速板—方向舵会影响飞机的隐身效果，所以 B-2 在抵达战区时，减速板—方向舵会完全闭合。

图 12-8　美国的 B-2 轰炸机

注意　飞机的稳定性虽然是飞机本身的一种特性，但它与飞机的操纵性有密切的关系，二者需要协调统一。稳定性高的飞机，操纵往往不灵敏；操纵很灵敏的飞机，则往往不太稳定。一般来说，对于军用歼击机，操纵应当很灵敏，随着现代飞行控制及电传操纵的出现和普及，工程师开始放宽其气动稳定性，采用飞行控制与电传操纵系统使飞机稳定，从而追求更高的操纵性。而对于民用飞机，则应有较高的稳定性。稳定性与操纵性应综合考虑，以获得最佳的飞机性能。

习　　题

1. 静稳定性与动稳定性有什么联系和区别？
2. 什么是迎角静稳定性，受哪些因素的影响？
3. 如何提高飞机的方向静稳定性和横向静稳定性？
4. 飞机如何进行纵向、横向和方向操纵？
5. 飞机的稳定性与操纵性有什么联系？

模块五　固定翼无人机的动力装置

航空动力装置是飞行器的核心装置之一，被誉为飞行器的"心脏"，掌握航空动力装置的基本原理、性能和结构是理解固定翼无人机性能，充分发挥其飞行能力的基础。

本模块以航空活塞动力装置、航空燃气涡轮动力装置以及电动机动力系统这三类主流无人机动力装置为主，介绍航空发动机的基本原理、结构、系统和性能。

第13章　航空活塞动力装置

学习任务单

航空活塞动力装置由航空活塞发动机和空气螺旋桨、发动机点火和启动系统、发动机燃油系统、润滑和冷却等工作系统组成。

13.1　航空活塞发动机分类

活塞发动机(piston engine)是依靠在气缸中的往复运动，使气体工质完成热力循环，并将燃料的化学能转化为机械能的动力装置。

活塞发动机用作航空动力已经有 100 多年的历史了，在航空活塞发动机的发展过程中，随着技术的进步和需求的牵引，发展出了各种类型的活塞发动机。从不同的角度看，活塞发动机有不同的分类方法。

1. 按混合气形成的方式划分

根据气缸内混合气的形成方式，航空活塞发动机可分为汽化器式发动机和直接喷射式发动机。

汽化器式发动机装有汽化器(见图 13-1)，汽化器是发动机中用以使燃料与空气形成可燃混合物的部件，简单汽化器主要由浮子室、量孔、喷管、喉管、节气门(俗称油门)等组成。燃料与空气在汽化器内混合，形成可以燃烧的混合气，再进入发动机气缸中燃烧。汽化器工作时按发动机不同工况的要求，提供相应数量的燃油，使燃油雾化并与空气均匀混合得到一定成分的可燃混合气，以便良好燃烧，保证发动机各工况间的顺利过渡。

汽化器式燃料供给装置结构简单、工作可靠、价格便宜、维修方便，但它最大的缺点是不能精确控制混合气的浓度，造成燃烧不完全；结构中有喉管的存在，增大了进气阻力；同时还存在着各缸分配汽油不均匀，易产生气阻和结冰等现象。

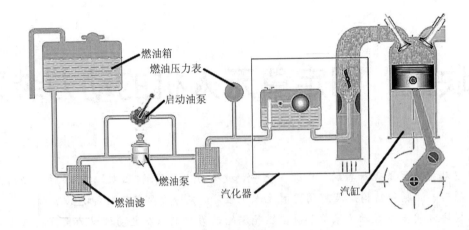

图 13-1　汽化器式航空活塞发动机

直接喷射式发动机中装有直接喷射装置(见图 13-2),无汽化器结构,燃料由直接喷射装置直接喷入气缸,混合气在气缸燃烧室内形成(有的发动机燃油喷到进气门处)。直接喷射式发动机的工作方式保证了汽油雾化效果好、燃油量控制精确、工作可靠性高,但同时其结构复杂,生产维修成本较高。

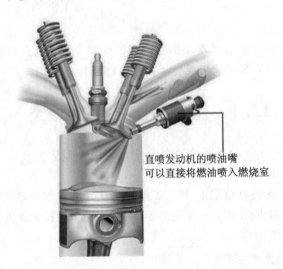

图 13-2　直接喷射装置

目前,功率较小的航空活塞发动机多为汽化器式,功率较大的航空活塞发动机则既有汽化器式的,也有直接喷射式的。

2. 按发动机的冷却方式划分

根据发动机冷却方式的不同,航空活塞发动机可分为气冷式发动机(见图 13-3(a))和液冷式发动机(见图 13-3(b))。

气冷式发动机(也称风冷式发动机)直接利用飞行中的迎面气流对气缸直接进行冷却,气流流经气缸周边与散热片进行热交换,从而使发动机冷却降温。这种发动机中间的曲轴是固定的,工作时曲轴周围的一圈气缸围绕着固定的曲轴旋转。

(a) 气冷式星型发动机　　　　　　　　(b) 液冷式发动机

图 13-3　按发动机冷却形式划分的两种类型

　　液冷式发动机在运作时产生的废热经由环绕在气缸外围的冷却液管线排出,冷却液在收集气缸的热量之后会与外界的空气进行热量交换,温度降低后冷却液会回到储存箱中继续循环运作,由于需要在机体上增加冷却液循环相关装置,此类发动机体型较大。冷却液通常采用水、乙二醇或乙二醇和水的混合物。

　　目前,功率较小的活塞发动机多为气冷式发动机,功率较大的则既有气冷式的,也有液冷式的。

3. 按气缸的排列方式划分

　　按气缸的排列方式不同,可把航空活塞发动机归纳为直列型和星型。直列型发动机的气缸在机匣上从前到后排列成行,又可分为单排直列型、水平对置型和 H 型、V 型或 X 型等形式。目前使用中最常见的直列型发动机为水平对置型(见图 13-4),气缸在机匣的左右两侧各排成一行,彼此相对,这种发动机有四缸、六缸和八缸等不同类型,此类发动机由于受结构影响,多为液冷式发动机,体型较大,后排气缸气冷效果不好。

图 13-4　水平对置型发动机

　　星型发动机的气缸沿着机匣的周围均匀排列,气缸以曲轴为中心,向外呈辐射状安装。此类发动机有单层、双层和多层等不同形式,单层分为五缸、七缸和九缸三种类型。目前使用中最常见的星形发动机为单层星形和双层星形(见图 13-5)。

(a) 单层星形发动机　　(b) 双层星形发动机

图 13-5　常见的两种星形发动机

4. 按空气进入气缸前是否增压划分

根据空气在进入气缸之前是否进行增压,航空活塞发动机分为增压式发动机和吸气式发动机。

吸气式发动机工作时,外界空气是在不通过任何增压器的情况下,只靠大气压力将空气压入气缸。增压式发动机装有涡轮增压器,根据动力来源一般分为机械增压和废气增压两类,增压器主动压缩空气(提高进气压力和密度)来提高进气量,空气先经增压器再进入气缸参与燃烧做功,如图 13-6 所示。

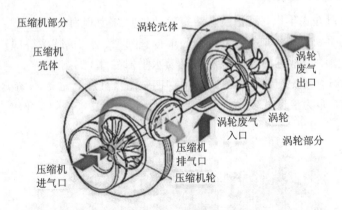

图 13-6　涡轮增压示意图

受大气压力影响,增压式发动机常用在飞行高度较高(空气密度低、大气压力低)的飞机上,而吸气式发动机则常用在飞行高度较低的飞机上。

5. 按发动机转子是否带有减速器划分

根据发动机曲轴与螺旋桨间是否带有减速器(见图 13-7),航空活塞发动机可分为直接驱动式发动机和非直接驱动式发动机。

直接驱动式发动机的螺旋桨由发动机曲轴直接驱动,即螺旋桨转速与发动机曲轴转速一致。

非直接驱动式发动机的螺旋桨由发动机曲轴通过减速器(见图 13 - 7)驱动,即减速器对发动机曲轴转速按比例缩小后再传导至螺旋桨。

图 13 - 7 发动机的减速器

直接驱动式发动机常装在小功率发动机上,非直接驱动式发动机常装在大功率发动机上。

6. 按混合气点燃方式划分

按混合气的方式着火点燃,航空活塞发动机可分为点燃式发动机和压燃式发动机。

点燃式发动机也可以称为火花点火式发动机,装有电嘴结构(火花塞),是依靠电火花点燃混合气的内燃机,汽油机都是点燃式发动机。

压燃式发动机是利用压缩空气产生的高温点燃燃料,使之进行燃烧。柴油机是典型的压燃式发动机,一些煤油机也是压燃式发动机。

航空活塞发动机的分类方式多种多样,以上分类方式都只反映了发动机的某一方面,对具体发动机的全称应综合其全面特点。例如,装在国产运-5飞机上的活塞5型航空活塞发动机,其全称为:九缸、星型、气冷式、汽化器式、增压式、非直接驱动活塞发动机。

美国塞斯纳 172R(Cessna 172R)飞机采用的莱康明(Lycoming)公司 IO - 360 - L2A 型发动机为水平对置、四气缸、直接驱动(无减速器)、燃油喷射式、空气冷却、正常吸气式、四行程航空活塞发动机(见图 13 - 8,表 13 - 1)。其中:"I"表示采用喷射式燃油调节装置,"O"表示气缸为水平对置,"360"表示气缸的总工作容积(单位:立方英寸),"L2A"表示该发动机的机匣、配重装置、磁电动机等部件与其他 IO - 360 发动机有区别。

(a) 莱康明IO-360-L2A型发动机

(b) 塞斯纳172R飞机

图 13 - 8 塞斯纳 172R 飞机安装一台莱康明 IO - 360 - L2A 型发动机

表 13 - 1　莱康明 IO - 360 - L2A 型发动机主要参数

额定功率	160 hp
额定转速	2400 r/min
气缸数量及布局	4 缸，水平对置
总容积	361.0 m³
气缸内径	5.125 in
活塞行程	4.375 in
压缩比	8:5:1
点火次序	1—3—2—4
左、右磁电动机	Slick4371（提前点火角，压缩行程上止点前 25°）
气门与摇臂间隙	0.028～0.080 in（干间隙）
燃油喷射器（燃调）	RSA—5ADI
转速表	机械驱动式
滑油系统参数	
最小滑油压力	20 lbf/in²（慢车）
正常工作压力	50～90 lbf/in²
最大滑油压力	115 blf/in²（启动、暖机、起飞、滑行）
正常工作温度	100～245℉
最大滑油温度	245℉
滑油量（运转时）	5.0(min)～8.0(max)USgal
收油池最少安全滑油量	2.0 USgal（1 USgal＝3.785 L）
气缸头温度	
最大气缸头温度	500℉
高性能巡航功率时	建议限制在 435℉（224℃）以下
经济巡航功率时	建议限制在 400℉（205℃）以下
发动机重量及尺寸	
发动机净重	278 lb（不含发电动机和真空泵）
发动机尺寸	24.84 in×33.37 in×29.81 in（高×宽×长）

13.2　基 本 原 理

航空活塞发动机将热能转变为机械能，这个转变过程是通过热力循环（奥托循环、狄赛尔循环）实现的。热力循环具体到活塞发动机则是由活塞运动的几个行程来完成的。

活塞发动机的工作过程为：工质气体不断地燃烧，不断地对气缸内活塞做功，使发动机不断地输出机械功。这一切都依赖于燃料的可靠燃烧,因此必须确保可靠的点火源。

航空活塞发动机将热能转变成机械能,是由活塞运动的几个行程完成一个工作循环来实现的。活塞经过四个行程完成一个循环的发动机叫作四行程发动机,活塞经过两个行程完成一个工作循环的发动机称为二行程发动机。

现代航空活塞发动机大部分属于四行程发动机。超轻型飞机特别是低空短航式无人机有些采用二行程发动机。

13.2.1　基本术语

发动机工作时,活塞在气缸内做往复直线运动,通过连杆连接,使曲轴做旋转运动。为了描述活塞的运动,机构常用名词如图 13-9 所示。

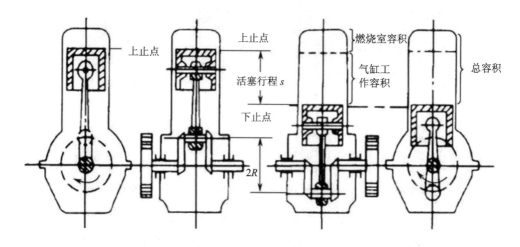

图 13-9　活塞发动机基本术语

上止点:活塞顶距曲轴旋转中心最远处的位置。

下止点:活塞顶距曲轴旋转中心最近处的位置。

曲轴转角:曲臂中心线与气缸中心线的夹角,用来描述发动机工作时活塞的位置。

活塞行程:上止点与下止点间的距离。

燃烧室容积:活塞在上止点时,活塞顶与气缸头之间形成的容积。

总容积:活塞在下止点时,活塞顶与气缸头之间形成的容积,可用来描述发动机做功的能力。

曲柄半径:曲轴旋转中心到曲柄销的距离。

气缸工作容积:上下止点间扫过的容积。

内燃机排量:所有气缸工作容积之和。

压缩比:气缸总容积与燃烧室容积的比值。

完整工作循环:进气过程—压缩过程—做功过程—排气过程。

13.2.2　四行程发动机工作循环

这里以奥托循环的汽油发动机为例介绍。

活塞式汽油发动机工作时,活塞不断地重复进气行程、压缩行程、做功行程和排气行程,如图 13-10 所示。每完成一次能量转换,活塞就运动了四个行程,发动机便完成一次工作循环,曲轴共转了两圈($4 \times 180° = 720°$)。

1. 进气行程

进气行程的作用是使气缸内充满新鲜混合气。进气行程开始时,活塞位于上止点,进气门打开,排气门关闭。活塞在曲轴的带动下由上止点向下止点运动,气缸容积不断增大,新鲜混合气被吸入气缸,如图 13-10(a)所示。曲轴转动半圈(180°),活塞到达下止点,进气门关闭,进气行程结束。

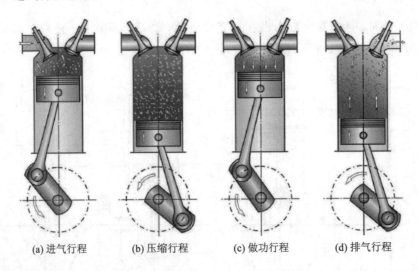

(a) 进气行程　　(b) 压缩行程　　(c) 做功行程　　(d) 排气行程

图 13-10　四行程发动机的工作循环

进气管道中的节气门与驾驶舱内的油门杆相连接,油门杆后拉,节气门关小,进气量减小;油门杆前推,节气门开大,进气量增加。因此,操纵油门杆可以改变进入气缸的气体量,从而改变发动机的功率。

活塞发动机气门机构工作原理

在一次进气过程中,进入一个气缸的气体重量叫作充填量,用 $G_{充}$ 表示。显然,在混合气余气系数(定义见下节)不变的情况下,充填量越大,与空气混合的燃油量越多,因而混合气燃烧后产生的热量也越多,发动机的功率也越大;反之,充填量越小,发动机的功率也越小。因此,充填量是影响发动机功率最主要的因素。

对于已经制成的发动机,由于气缸的几何参数已经确定,因此,影响发动机充填量的主要因素有进气压力、大气温度、气体的受热程度、流动损失、发动机转速和残余废气量等。

2. 压缩行程

压缩行程的作用是对气缸内的新鲜混合气进行压缩,为混合气燃烧后膨胀做功创造条件。压缩行程开始时,活塞位于下止点,进、排气门关闭。活塞在曲轴的带动下由下止点向上运动,气缸容积不断缩小,混合气受到压缩,如图 13-10(b)所示,气体的温度和压力不断升高。当曲轴旋转半圈,活塞到达上止点时,压缩行程结束。理论上在压缩行程结束的一瞬间，电火花将混合气点燃并完全燃烧，放出热能，气体压力和温度急剧升高。

混合气经压缩后，吸气式发动机的压力 p 为 $9 \sim 12 \ \text{kgf/cm}^2$，温度 T 为 $500 \sim 600 \ \text{K}$；增压式发动机的压力 p 为 $20 \sim 30 \ \text{kgf/cm}^2$，温度 T 为 $700 \sim 800 \ \text{K}$。

气缸压缩比 ε 越高，混合气受压缩的程度越厉害，气体的压力和温度提高得越多，发动机的效率越高。提高压缩比可有效改善发动机的性能。这是因为：

（1）气体温度越高，活性中心的浓度越大，越有利于混合气的着火和燃烧（v_p 提高）。

（2）气体压力越高，其燃烧后燃气所具有的膨胀能力越强，膨胀功越大。

（3）混合气在较小的容积内燃烧，散热损失较少，经济性较好。

因此，提高压缩比可以使发动机的功率提高，经济性变好。

但是压缩比也不能无限制地增大，因为压缩比提高到一定程度时再进一步增加，热利用率的提高已不再显著，同时还会带来不良后果：

（1）混合气压力和温度过高，容易产生早燃和爆震等不正常现象。

（2）混合气燃烧后，燃气压力、温度过高，发动机机件承受过大的负荷，容易损坏。

因此，采用过大的压缩比也是不适宜的。

实际上发动机在选择气缸压缩比时要受到燃油的抗爆性及发动机的机件强度等诸多因素的限制。目前航空活塞发动机的压缩比范围为 $5 \sim 9$。

对于使用中的发动机而言，气缸的压缩比基本上是一个定值。但是若使用、维护不当，引起气缸严重磨损、积碳，将使气缸压缩比变化，影响发动机的性能。同时，压缩比一定时，也并不意味着发动机的增压能力一成不变，如果使用、维护不当，引起诸如气门关闭不严，活塞涨圈密封不严等情形时，发动机的实际增压能力将被削弱，也会影响发动机的性能。

3. 做功行程

做功行程的作用是使燃料的热能转换为机械能。做功行程开始时，活塞位于上止点，进、排气门关闭着。燃烧后的高温高压燃气猛烈膨胀，推动活塞，使活塞从上止点向下止点运动，如图 13 - 10(c)所示。这样，燃气对活塞便做了功。在做功行程中，气缸容积不断增大，燃气的压力、温度不断降低，热能不断地转换为机械能。当活塞到达下止点时，曲轴旋转了半圈，做功行程结束，燃气也变成了废气。

4. 排气行程

排气行程的作用是将废气排出气缸，以便再次充入新鲜混合气。排气行程开始时，活塞位于下止点，排气门打开，进气门仍关闭着。活塞被曲轴带动，由下止点向上止点运动，废气被排出气缸，如图 13 - 10(d)所示。当曲轴转了半圈，活塞到达上止点时，排气行程结束，排气门关闭。

发动机排出的废气具有相当高的温度（一般在 300℃以上），现代航空活塞发动机为了准确反映实际燃烧的情形，需要测量排气温度。此温度通常在发动机排气温度最高的气缸排气短管处通过热电偶测量。废气所具有的能量占燃料热能的 $30\% \sim 50\%$，若不加以利用，浪费很大。因此，发动机通常在排气装置中装有热交换器，利用废气的能量来加温空气，供机舱取暖、除冰等；有的发动机还装有废气涡轮，将废气的能量转变为涡轮的机械能。

排气行程结束后，又重复进行下一循环，这样连续不断地将燃料热能转变成机械能。在活塞工作循环中，工质气体需要经过进气、压缩、燃烧、膨胀及排气五个热力变化过程，每一个过程的工作都会影响发动机的性能，从使用角度上讲，进气和燃烧两个热力过程对发动机的性能起决定作用。

活塞在四个行程运动中，只有膨胀行程获得机械功，其余三个行程都要消耗一部分功，消耗的这部分功比膨胀得到的功要小得多。因此，从获得的功中扣除掉消耗的那部分功、所剩下的功依然很大，可用于带动螺旋桨及有关附件，给飞机提供推进力。

以上讨论的是发动机一个气缸内的工作情形，实际上航空活塞发动机都是由多气缸组成的，虽然每个气缸内的活塞都是按四行程的方式工作，但各气缸内的相同行程并非同时进行，而是此起彼伏，按一定次序均匀错开的。这样安排的目的是保证活塞推动曲轴的力量比较均匀，使发动机的运转较为平稳。

13.2.3　混合气的不正常燃烧

混合气的不正常燃烧是指破坏发动机正常工作的一些燃烧现象，如过贫油燃烧、过富油燃烧、早燃和爆震燃烧等。这些不正常燃烧现象的发生可引起发动机工作不正常，不但影响发动机的功率和经济性，严重时还可损坏机件，造成事故，危及飞行安全。

1. 混合气的过贫油或过富油燃烧

描述混合气中油和空气成分的参数主要为余气系数和油气比。

1）余气系数

1 kg 燃料完全燃烧所需要的最少空气量叫作理论空气量，用 $L_{理}$ 表示。燃料的种类不同，理论空气量的数值也就不同。任何一种燃料的理论空气量都可由燃烧的化学反应式计算出来。在常规大气条件下，氧在空气中的质量含量约为 23.2%，经计算，航空汽油的理论空气量为 15.1 kg 空气/kg 汽油，即完全燃烧 1 kg 汽油需要 15.1 kg 空气配合，航空煤油的理论空气量为 14.7 kg 空气/kg 煤油。所以近似地讲，在常规大气条件下完全燃烧 1 kg 汽油或煤油所需要的最少空气量为 15 kg。

发动机内实际燃烧时，混合气中的空气量和燃油量都可能变化。实际同 1 kg 燃料混合燃烧的空气量叫作实际空气量，用 $L_{实}$ 表示。实际空气量不一定等于理论空气量。余气系数就是混合气中实际空气量与理论空气量的比值，用 α 表示，即

$$\alpha = \frac{L_{实}}{L_{理}}$$

若混合气中的实际空气量小于理论空气量，则 $\alpha<1$。当混合气燃烧时，由于氧气不足，燃料富裕，燃料不能实现完全燃烧，这种混合气叫作富油混合气。余气系数比 1 小得越多，表示混合气越富油。

若混合气中的实际空气量大于理论空气量，则 $\alpha>1$。当混合气燃烧时，由于氧气有剩余，燃料能够完全燃烧，这种混合气叫作贫油混合气。余气系数比 1 大得越多，表示混合气越贫油。

若混合气中的实际空气量等于理论空气量，则 $\alpha=1$。当混合气燃烧时，燃料能够完全燃烧，氧气也没有剩余。混合气既不贫油也不富油，这种混合气叫作理论混合气。

可见，余气系数的大小可以直观反映混合气贫油、富油的程度，是影响发动机燃烧的

重要参数。

若混合气的余气系数 α>1.1，则为过贫油燃烧；若混合气的余气系数 α<0.6，则为过富油燃烧。在发动机的实际使用中，因燃油系统故障，飞行员使用不当，特定的气象条件等原因，发动机会出现过贫油或过富油燃烧现象。

2）过贫油燃烧时的现象和危害

（1）发动机功率减小，经济性变差。

混合气过贫油燃烧时，混合气放出的热量和火焰传播速度都减小，燃气的膨胀做功能力被削弱，燃气膨胀不彻底，热损失增加，从而导致发动机功率减小，经济性变差，严重时还可能引起发动机熄火、停车。

（2）气缸头温度降低。

图 13-11 为某活塞发动机气缸头温度、排气温度与余气系数的关系。由图可知，混合气余气系数约等于 0.97 时，气缸头温度最高，偏离此值气缸头温度都会降低。因此，混合气过贫油燃烧时，气缸头温度降低。

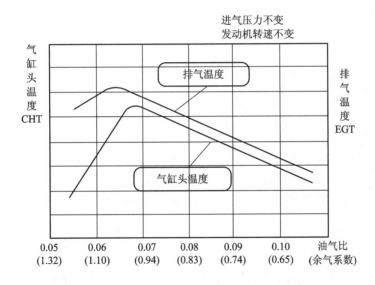

图 13-11　某活塞发动机气缸头温度、排气温度与余气系数的关系

（3）发动机振动。

混合气过贫油时，由于混合不均，不同气缸、不同工作循环、同一气缸的不同区域，其贫油程度都不相同，继而引起燃气压力大小不等，作用在曲轴上的力不均匀，从而导致发动机振动。

（4）排气管发出短促而尖锐的噪声。

由于火焰传播速度减小，残余燃烧持续时间延长，一部分混合气在排气过程中尚在燃烧，流过排气管时便会发出短促而尖锐的声音。如果在夜间，还可看到在排气管口冒出淡红色（或淡黄色）的火舌，这表示混合气流出排气管时还在燃烧。

（5）汽化器回火。

对于汽化器式发动机，当混合气过贫油燃烧时，火焰的传播速度减小，若进气门已打开，少部分混合气在排气过程后期仍会继续燃烧。此时，新鲜混合气会被残余的火焰点燃，如果此时的火焰传播速度大于进气管内的气流流速，火焰就会窜入进气管，沿管路一直烧到汽化器，严重时可能造成火灾。发生汽化器回火时应立即前推油门杆开大节气门，使进气流速增大，将火焰吸入气缸，消除回火。

当发动机在低温条件下启动时，由于大气温度和发动机温度低，汽油不易汽化，混合气容易过贫油，同时因转速低，进气管内气体的流速小，火焰传播速度容易大于气体流速，形成汽化器回火。为了防止这种现象的发生，发动机在低温环境启动时注油应稍多些。

发动机过富油燃烧时，由于燃气温度较低，此时火焰传播速度更小，一般不可能大于进气气体流速，不容易发生汽化器回火。

3）过富油燃烧时的现象和危害

混合气过富油燃烧时，燃料不能完全燃烧，混合气的放热量减少，火焰的传播速度减小，导致发动机的功率减小，经济性变差，气缸头温度降低。与过贫油混合气类似，过富油混合气也存在混合不均、富油程度不一致的现象，最终使气缸内燃气压力大小不等，也会引起发动机振动。但与过贫油燃烧比较，过富油燃烧也有其不同的现象。

（1）气缸内部积碳。

混合气过富油燃烧时，汽油中的碳不能烧尽，一部分残余的碳就会积聚在活塞顶、气缸壁、电嘴和气门等处，这种现象叫作积碳。积碳会使发动机的功率减小，经济性变差，严重时还会导致发动机故障。

活塞顶和气缸壁上积碳，使导热性变差，散热不良，从而造成这些机件局部过热；电嘴上积碳，还会使电火花能量减弱，甚至使电嘴不能跳火；气门上积碳，则可能使气门关闭不严，以致漏气，甚至过热烧坏气门。

（2）排气管冒黑烟和"放炮"。

过富油混合气燃烧不完全，废气中含有大量未燃或正在燃烧的碳，所以从排气管排出的废气中带有浓密的黑烟，在夜间还可看到排气管口排出长而红的火舌。废气中剩余的可燃物质在排气管口与外界空气相遇发生复燃，产生一种类似放火炮的声音，这种现象叫作排气管"放炮"。

不同混合比的混合气燃烧时，排气管口的火苗形状如图 13-12 所示。

过富油混合气　　　　　　过贫油混合气　　　　　$\alpha=0.85$ 的混合气

图 13-12　余气系数不同时发动机排气管火苗的形状

飞机飞行中，若减小功率时收油门过猛，此时节气门迅速关小，空气量骤然减少，而燃油量因系统惯性使其减小滞后，容易造成暂时的混合气过富油而发生排气管"放炮"现象。所以在飞机飞行中，操纵油门要柔和。

2. 早燃

压缩过程中，如果在电嘴跳火以前，混合气的温度已达到着火温度，混合气就会自行燃烧。这种发生在正常点火以前的自燃现象叫作早燃。

早燃的现象、危害与提前点火角过大时类似。早燃发生后，气体压力升高过早，压缩行程消耗的功增大，同时燃气散热损失增加，所以发动机功率减小，经济性变差。对多气缸发动机，如果某些气缸发生早燃，因曲拐机构受力不均匀，会引起发动机强烈的振动。若发动机在小转速时发生早燃，此时曲轴转动惯性较小，过大的燃气压力将会引起曲轴倒转，损坏机件。因此，必须防止发动机发生早燃现象。

引起发动机早燃的原因主要是气缸头温度过高和气缸内部积碳。气缸头温度过高时，电嘴、排气门等高温机件以及炽热的碳粒都能使混合气早燃。因此，必须正确使用和维护发动机，以确保气缸头温度正常，防止气缸内部积碳。对于压缩比较高的发动机，在使用、维护中更应注意。

从早燃发生的特点来看，对于刚停车的热发动机，不能随意扳动螺旋桨。因为此时发动机气缸头温度还很高，如果扳动螺旋桨，气缸中残余的混合气受压缩后可能自燃，使螺旋桨转动起来，有伤人的危险。

3. 爆震

在一定的条件下，气缸内混合气的正常燃烧遭到破坏而在未燃混合气的局部出现具有爆炸性的燃烧现象叫作爆震燃烧，简称爆震。爆震时瞬间的火焰传播速度、局部燃气压力和温度都远远超过正常燃烧时的数值，瞬间火焰传播速度 v_p 可达 2000 m/s，局部燃气压力可达 $100 \sim 120 \ \mathrm{kgf/cm^2}$，局部燃气温度可达 3300 K 以上。

1）爆震发生时的现象和后果

（1）发动机内发出不规则的金属敲击声，这是由爆震燃烧产生的爆震波猛烈碰击气缸壁和活塞顶发出的声音，在发动机实际工作中该声音会被正常的工作噪声所掩盖。

（2）气缸局部温度急剧升高，活塞、气门及电嘴等机件过热或烧损。

（3）排气总管周期性冒黑烟。这是由某气缸爆震产生的局部高温使燃烧产物离解，游离出的碳随废气排出形成的。

（4）发动机振动，机件易损坏。这是由于爆震产生的局部高压作用在活塞上，曲拐机构受到强烈冲击而引起的。

（5）发动机功率减小，经济性变差，转速下降。由于燃烧产物离解，燃料不完全燃烧，同时热损失增加，热利用率降低，最终引起发动机功率减小，经济性变差，发动机转速下降。

因此，在发动机使用中爆震的危害非常大，是不允许发生的。

2）爆震产生的原因

目前关于爆震的理论还不十分成熟，解释爆震比较完善的理论是"过氧化物"理论，其基本论点是：爆震的产生是由于气缸内部未燃混合气在火焰前锋到达以前，局部已经形成了大量的、化学性质活泼的过氧化物的缘故。即未燃区混合气中的过氧化物的生成速度很大，浓度积累到一定的时候，在火焰前锋未到达之前，未燃区中受到挤压特别厉害的那部分混合气发生剧烈的化学反应而自行着火，这个自燃火焰的传播速度极大，局部燃气的压力和温度急剧上升到很高的值，形成爆炸性燃烧。

3）燃料的抗爆性

活塞发动机工作时是否发生爆震，与所采用的燃料性质有密切关系。发动机使用某种燃料会发生爆震，而使用另一种燃料就不易发生爆震。这说明燃料本身具有抵抗、阻止爆震发生的性能，燃料的这种性能就叫作抗爆性。

燃料的抗爆性与混合气的成分有很大的关系。同一种燃料，混合气的余气系数不同，抗爆性也就不同。通常当混合气余气系数 $\alpha=1$ 时，燃料的抗爆性用辛烷值表示，辛烷值越大，抗爆性越好；当混合气余气系数 $\alpha=0.6$ 时，燃料的抗爆性用级数表示，级数越高，抗爆性越强。因此，发动机燃料的抗爆性应同时满足余气系数不同时的抗爆性要求，既要有足够的辛烷值，又要具备一定的级数。

（1）辛烷值的意义及测定。

燃料中有一种抗爆性很强的燃料——异辛烷（C_8H_{18}），将它的辛烷值规定为 100；还有一种抗爆性很弱的燃料——正庚烷（C_7H_{16}），将它的辛烷值规定为 0。将这两种燃料按不同的容积比例混合，就可得到各种不同辛烷值的燃料，这些燃料就具有不同的抗爆性。例如，将 70% 容积的异辛烷和 30% 容积的正庚烷混合，得到的混合燃料的辛烷数是 70 等。因此，辛烷数就是混合燃料中异辛烷所占容积的百分数。

然而，活塞发动机所使用的燃料是汽油，并不是直接使用上述混合燃料，那么汽油的辛烷值该如何确定呢？

汽油的辛烷值是由试验比较法确定的。试验时，将被测定的汽油和上述按某种比例混合燃料的余气系数调整到 1，如果它们都使同一台发动机在相同的压缩比下发生爆震，就说明两种燃料的抗振性相同。那么，混合燃料的辛烷数就定为被测定汽油的辛烷值。

例如，试验后混合燃料中有 78% 容积的异辛烷，22% 容积的正庚烷，那么被测定汽油的辛烷值就定为 78，用符号 RH-78 表示。由于辛烷值是在余气系数 $\alpha=1$ 时测定的，它代表的是汽油理论混合气的抗爆性。但 $\alpha=1$ 的混合气相对于发动机所使用的混合气成分来说，是在相对比较贫油的范围。因此，辛烷值可以表示发动机贫油时的抗爆性。

如果汽油的辛烷值偏低，可加入少量的抗爆剂来提高汽油的抗爆性。铅水（P-9）是常用的抗爆剂，其中含有四乙铅和溴化物（或氯化物）。四乙铅是一种无色的毒性物质，能破坏人的神经和血液，并能在人体中沉积下来。为了有效识别，通常在铅水中加入一些颜料，使含铅汽油带上颜色，如黄色、绿色或蓝色等，以引起人们的注意。

（2）级数的意义及测定。

辛烷值表示的是 $\alpha=1$ 时燃料的抗爆性，也就是代表发动机的混合气在贫油时的抗爆性。而发动机大功率时常采用富油混合气，富油时燃料的抗爆性是用级数来表示的。

在确定汽油级数时，将被测汽油和纯异辛烷分别作为同一台增压发动机的燃料，将两种燃料混合气的余气系数都调整到 $\alpha=0.6$，增大进气压力直到发动机刚发生爆震时，记下气缸的平均指示压力（爆震开始时气缸的平均压力）。若发动机用纯异辛烷工作，记得的平均指示压力为 20 kgf/cm^2；如果发动机用被测汽油工作，平均指示压力为 26 kgf/cm^2，那么该汽油的级数为

$$\frac{26}{20} \times 100 = 130$$

可见，汽油的级数就是在不发生爆震的情况下，发动机使用该汽油所能得到的最大平均指示压力与使用异辛烷工作时所能得到的最大平均指示压力的百分比。

当汽油的辛烷值和级数同时表示汽油的抗爆性时，可用分子表示其辛烷值，分母表示其级数。例如，辛烷值为 95，级数为 130 的汽油表示为：RH-95/130。

通常汽油的辛烷值在 95 以上，才标明其级数。RH-70 汽油是没有加抗爆剂的纯汽油。辛烷值大于 70 才加入了抗爆铅水。

4）发动机工作状况对爆震的影响

发动机工作状况方面的因素是指与发动机工作有关的进气压力、进气温度、气缸头温度、发动机转速和提前点火角等。这些因素的变化都会改变混合气中过氧化物活性中心浓度的大小，因而与爆震有直接的关系。以下做具体分析：

（1）进气压力和温度的影响。进气压力和温度过高，混合气被压缩后的压力和温度也就过高，燃烧较晚的那部分混合气产生的过氧化物也会增得更多，容易发生爆震。

（2）气缸头温度的影响。气缸头温度过高，气缸中混合气受热程度大，温度升高得就多些，产生的过氧化物浓度也增大，容易爆震。因此，必须保持气缸的良好散热性，以防止发动机温度过高。

（3）发动机转速的影响。在一定的进气压力下，发动机转速增大，气缸内湍流强度增强，火焰传播速度增大，燃烧时间缩短，燃烧较晚的那部分混合气的过氧化物还来不及增加到一定的值，便已完全燃烧，发动机则不容易发生爆震。相反，在相同条件下，减小发动机转速，则比较容易发生爆震。

（4）提前点火角。提前点火角过大，混合气边压缩、边燃烧，混合气压力和温度升高得快，过氧化物生成积累得多，发动机容易发生爆震。

5）防止爆震的方法

（1）按规定使用燃料，切忌使用辛烷值和级数低于规定值的燃料，向油箱加油时必须检查所加油料是否符合规定。

（2）操纵使用发动机时，不可使进气温度过高；同时应按规定使用进气压力，使用最大进气压力的连续工作时间不得超过规定时间。

（3）发动机在小转速工作时，不应使用大的进气压力，以免燃气压力温度过高引发爆震。

（4）发动机温度不能过高，不能超过规定值，发动机在大功率状态下的工作时间不能太长，以免造成发动机过热。

（5）避免发动机积碳。机件积碳易造成气缸散热不良，并使混合气局部过热。积碳过多时，使燃烧室容积变小，压缩比变大，压力温度增高，都易引起爆震。防止积碳，应使混合气不要过富油。

如果发动机在工作时间一旦发生爆震，可采取以下措施：

（1）把变距杆前推，减轻螺旋桨负荷，加大发动机转速。

（2）后拉油门杆，减小进气压力。

（3）加强发动机的散热，这样可以减弱或消除爆震。

13.3　航空活塞发动机构造

13.3.1　构造和机件

本节以目前应用较多的点燃式航空活塞发动机为例，介绍活塞发动机的具体构造。航空活塞发动机的主要机件包括气缸、活塞、连杆、曲轴、气门机构、机匣等，如图 13 - 13 所示。

活塞发动机工作
进程视频

气缸是混合气进行燃烧，对活塞做功使之往复运动，并将燃烧后的热能转变为机械能的地方。气缸承受燃气高温、高压作用，必须要有足够的强度及良好的散热性能，此外还要求气缸的重量要轻。为了满足这些要求，气缸一般都由气缸头和气缸身两部分组成，如图 13 - 14 所示。

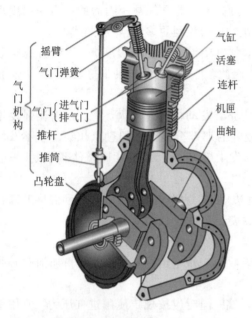

图 13 - 13　活塞发动机主要机件　　　　　　　　图 13 - 14　气缸

气缸身由合金钢制成，以确保其结构强度。气缸头则由导热性较好且重量较轻的铝合金制成。气缸头上装有进气门、排气门和电嘴等部件。为加强散热，气冷式发动机的气缸头和气缸身都装有许多散热片。此外，为减轻活塞高速往复运动而产生的摩擦和磨损，气缸身内表面经过了仔细研磨抛光处理。航空活塞发动机都是多气缸发动机，气缸的数目随发动机的类型及功率大小不同而不同。

活塞在气缸内做往复直线运动，实现了气体能量与曲轴机械功之间的相互转换。活塞常用导热性较好且重量较轻的铝合金制成。活塞内部是空心结构，装有与连杆连接固定用的活塞销。活塞与气缸盖、气缸壁共同组成燃烧室。活塞外部周围有几道圆周槽，槽内装有特种耐磨生铁制成的弹性涨圈，涨圈与气缸抛光内表面紧密贴合，用来防止燃气漏入机匣和滑油漏进气缸，起到密封和润滑的作用，如图 13 - 15 所示。

连杆用来连接活塞与曲轴，并传递机械功(见图 13 - 16(a))。连杆是主要的受力件，由高强度合金钢制成。对于多气缸的星形航空活塞发动机而言，它的连杆是由一个主连杆和多个副连杆组成的连杆组。

曲轴通过连杆将活塞的直线往复运动转变为曲轴旋转运动，用来带动螺旋桨和其他附件。曲轴也是主要的受力件，由高强度合金钢制成；曲轴支承在机匣内，其组成形式如图 13 - 16 所示。曲轴上的配重(平衡块)用来平衡曲轴转动的惯性离心力，以减轻发动机工作时的振动，同时储备能量，以利于发动机平稳工作。

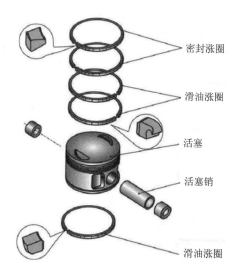

图 13 - 15　活塞与涨圈

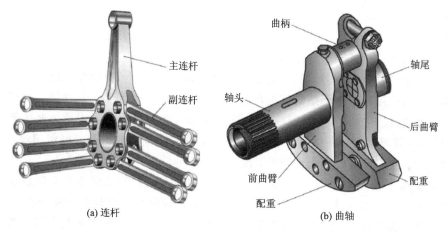

(a) 连杆　　　　　　　　　(b) 曲轴

图 13 - 16　连杆和曲轴

活塞、连杆和曲轴连接在一起，称为曲拐机构，见图 13 - 17。曲拐机构的作用就是将活塞的直线往复运动转变为曲轴旋转运动。

图 13 - 17　曲拐机构

曲拐机构 3D 建模动画

气门机构的作用是控制进、排气门的开启和关闭，并保证适时地将混合气送入气缸和将气缸内的废气排出。典型的气门机构如图 13-18 所示，由传动齿轮、凸轮盘、推筒、推杆、摇臂、气门及气门弹簧组成。发动机工作时曲轴转动，经传动齿轮带动凸轮盘转动，当凸轮盘上的凸起部分上顶推筒时，推杆上移，经摇臂压缩气门弹簧，使气门打开；凸起部分转过后，在气门弹簧的作用下，气门关闭。

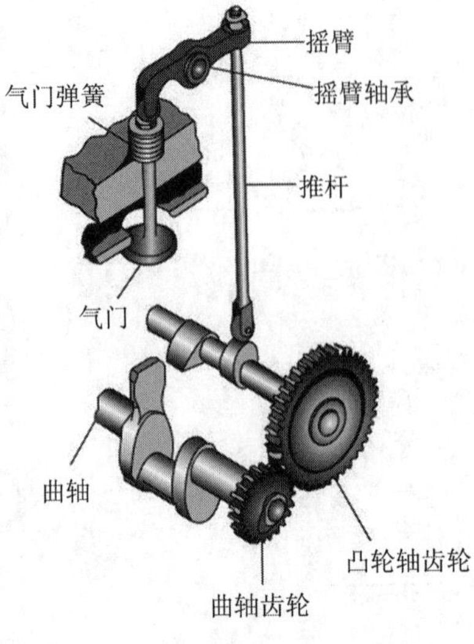

发动机的每一个气缸上都有一个进气门和排气门，它们的开启和关闭都由气门机构来控制。由于气门处在气缸头高温区，故由特种耐热钢制成。为了便于形成进气涡流，进气门头部常特制成凹形；为了加强排气门的散热，排气门制成空心的，内部充填金属钠，所以排气门杆较粗，头部常呈凸形。

机匣是发动机的壳体，用来安装气缸及有关附件、支承曲轴和传递螺旋桨拉力，并将发动机上所有的机件连接起来，构成一个整体。机匣常用高强度的铝合金或铝镁合金制成。

图 13-18　气门机构及进、排气门

对于大功率的航空活塞发动机，通常当曲轴带动螺旋桨时，中间要经过一个称为减速器的机构。它的作用是用来使螺旋桨的转速低于曲轴转速。因为要使发动机发出较大的功率，所以曲轴应有较大的转速（目前曲轴转速为 2200～3500 r/min）。但螺旋桨的转速又不能太大（目前一般限制在 2000 r/min 以内），否则，螺旋桨桨尖的运动速度将超过声速，会出现激波阻力，使螺旋桨效率大大降低，拉力减小。

为了解决这一矛盾，在螺旋桨与曲轴间加装了减速器，典型的减速器的组成及工作原理如图 13-19 所示。发动机工作时，曲轴带动主动齿轮转动，主动齿轮带动游星齿轮转动，游星齿轮一边自转，一边绕固定齿轮公转，螺旋桨转速就是游星齿轮公转转速，所以螺旋桨的转速比曲轴转速小得多，然而扭矩则相应增加。螺旋桨的转速与曲轴的转速比称为减速比，用 i 表示。目前减速比 i 一般为 0.5～0.7。

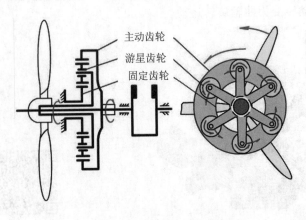

图 13-19　减速器的组成及工作原理

减速器虽然可以较好地确保螺旋桨的效率,但同时也使发动机的重量增加,机械损失加大。所以当发动机功率不大时,可以不设置减速器而由曲轴直接驱动螺旋桨,使发动机的总体性能得到优化。

13.3.2　增压式发动机

1. 增压器的作用

发动机所产生的功率与其所吸入的空气量有十分密切的关系,但吸入的空气量是由气缸的大小和数目决定的,是一个固定的数值。曲轴的转速由油门开启的大小位置而定,但空气的密度随着飞行高度的增加而减小。因此,发动机功率的输出是与空气密度成正比的。表 13-2 说明了发动机功率随飞行高度或空气改变的情形。

表 13-2　航空活塞发动机的功率随飞行高度或空气改变的情形

高度/m	大气压/atm	密度/%	功率/%
0	1.00	100	100
1200	0.86	88	88.0
2400	0.74	78.5	76.6
3000	0.69	73.3	71.2
3600	0.64	69.3	66.0
4200	0.59	65.5	61.4
4800	0.55	61.7	57.2
5500	0.51	58.1	52.9
6100	0.47	54.5	48.8
6700	0.44	51.5	45.0
7300	0.41	48.5	41.3
8000	0.38	45.8	38.0
8500	0.35	43.5	34.9

从表 13-2 中可以看出,随着飞机飞行高度的增大,发动机的功率降低,产生单位功率所消耗的燃料也增多,因为由轴承及活塞等之间的摩擦所消耗的动力是固定不变的,所以发动机的效率就会降低,导致发动机的高空性能变差。汽化器中虽然有高度调整的装置,但它的功用只能维持混合气中汽油及空气的比值不变,并不能补救高空动力的降低。

高空动力的降低可以使用增压器来补救。增压器是一个由发动机带动的空气泵,可以增大进入发动机空气的压力,使发动机的进气压力在不同高度保持为常数。通过增压器增大发动机的进气压力,可以增大发动机的有效功率,以改善飞机的起飞性能和发动机的高空性能。增压器不仅可以在高空时保持发动机的功率,而且在海平面也能增大发动机的功率,使超过它的额定进气压力增大,帮助飞机起飞和爬升。所以增压器的作用可以分为海平面增压和高空增压两项。

用于改善高空性能的增压发动机都有一个额定高度,在此高度时,发动机的功率最大，并且一切机件强度都是以此高度为依据而设计的。当在地面使用发动机时，如果完全放开油门，因地面空气密度比高空的大，发动机各个机件要承受很大的载荷且受热严重。所以在地面使用较久时，发动机将发生损伤。此外，增压器将高于地面压力的空气输送到气缸中，若混合气的压缩比超过了额定压缩比，则会引起发动机爆震。因此，在地面使用增压发动机时，不能全程使用最大功率，只能用额定功率。油门一般放在巡航位置上，只有在飞机起飞时，为了增大螺旋桨的拉力，可以在发动机规定的两三分钟内使用最大油门，以增大发动机的输出功率。一般在增压发动机的进气管上都装有卸荷活门，以防进气压力超过额定值过多，损坏发动机。

　　增压器用在航空发动机上的主要目的，就是避免发动机的功率随着高度的增加而降低。通过对增压器的控制，使在一切高度上无人机都能保持与海面相同的进气压力，直到临界高度为止。所谓临界高度（或额定高度）就是增压器所能保持与海平面相同的进气压力不变的最大高度。临界高度是由增压器及发动机两方面的气体量来决定的。增压器输出的气体量越多，则临界高度越高。

2. 增压器的分类

　　活塞式发动机上的增压器按照传动装置的布置分为内（传动）增压器和外（传动）增压器两种，相应的增压分为内增压、外增压和混合增压三种方式。

1）内增压器

　　内增压器由进气通道、离心式叶轮、扩散器和分气室等部分组成，如图 13-20 所示。发动机工作时，曲轴通过传动装置带动增压叶轮高速旋转，混合气流过叶轮时，高速旋转的叶轮对气体做功，压缩混合气，提高混合气的压力。当混合气流过扩散器时，由于扩散的通道是扩张型的，混合气减速增压，然后通过分气室进入各气缸。

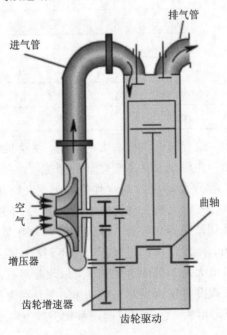

图 13-20　离心式内增压器

2）外增压器

外增压器通常采用废气涡轮增压器，其主要结构为离心式叶轮、废气涡轮、废气门和控制系统（见图 13 - 21）。

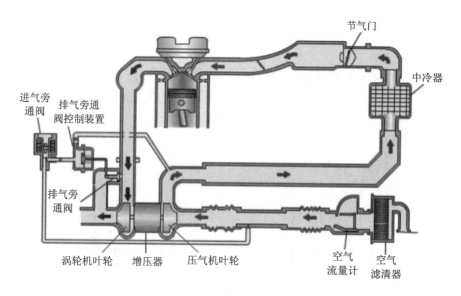

图 13 - 21 带外增压器的进气系统

废气涡轮是一个向心式的叶轮，或是由导向器和工作叶轮组成的轴流式涡轮。发动机工作时，从各个气缸排出的高温废气通过废气涡轮时膨胀做功，带动外增压器叶轮压缩吸进的空气。实际使用中，为了保证加压后的空气温度升高导致密度下降，在增压空气进入活塞发动机前通常会增加一个散热器（中冷器），如图 13 - 22 所示。

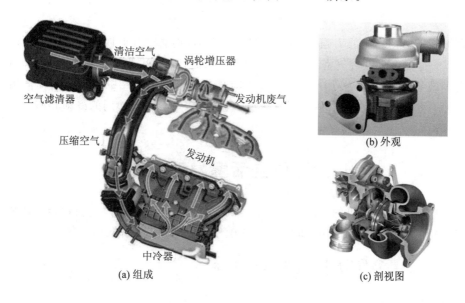

图 13 - 22 废气涡轮增压器组成、外观和剖视图

废气涡轮输出功率的大小可以通过改变废气门的开度来控制。废气门位于废气收集器上，其作用是控制进入废气涡轮的废气流量，调整或保持废气涡轮和增压叶轮的转速。

当废气门全开时，所有废气都不通过废气涡轮，而通过尾喷管直接排入大气；当废气门全关时，所有废气先通过废气涡轮，然后经过尾喷管排入大气；当废气门部分打开时，相应数量的废气通过废气涡轮排出，另外的废气进入尾喷管。

3）混合增压器

有些大功率活塞式发动机采用两级增压。废气涡轮增压器为第一级，内增压器为第二级。发动机工作时，空气从进气口经过滤后，首先进入废气涡轮增压器，经第一次压缩后，通过中间冷却器降低温度，再进入内增压器经第二次压缩，最后通过进气管流入各气缸，如图 13-23 所示。

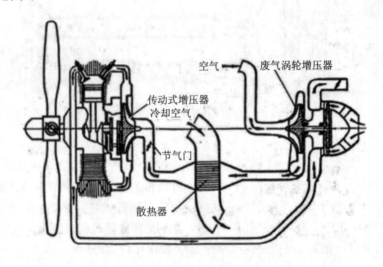

图 13-23 混合增压器

两级增压器的增压能力强，在增加空气压力的同时，空气温度也随之升高，从而提高进气温度，这样会降低进气密度，使填充量减小，而且进气温度高还会引起不正常的燃烧，如爆震等现象，故在内、外增压器之间安装有中间冷却器。利用中间冷却器降低增压后的空气温度，将进气温度降至保持正常燃烧的要求。中间冷却器使用的冷却介质通常为外界空气。

13.4 航空活塞发动机性能

研究航空活塞发动机的性能参数、发动机参数及飞行条件对发动机性能的影响，以及发动机常见的工作状态和应用，是飞行员正确使用发动机，发挥其性能的基础。

13.4.1 航空活塞发动机的主要性能指标

1. 发动机功率

1）指示功率

发动机实际循环的指示功等于循环的膨胀功与压缩功之差，用符号 W_i 表示。指示功率就是发动机在单位时间内完成的指示功,用符号 P 表示。设发动机的汽缸数为 i,发动机的曲轴转速为 $n(\mathrm{r/min})$,那么,一个汽缸每一秒钟的循环数应为 $\dfrac{n}{2\times 60}$。

指示功率是一个汽缸在一次循环中对活塞所做的功,故指示功与汽缸数和每秒钟循环数的乘积就是指示功率,其表达式如下:

$$P = \frac{W_i \cdot i \cdot n}{2 \times 60}$$

发动机的指示功率所包含的能量已经不是热量形式的能量,而是一种机械形式的能量。由于燃料燃烧得不完全、燃烧产物的分解、汽缸壁的散热及废气带走热量等造成了热量损失,燃料所包含的热能不能被全部利用。因此,发动机的指示功率所包含的机械能量只占燃料总热量的一部分。

指示功率的大小取决于指示功、汽缸数和发动机转速。对所使用的发动机来说,汽缸数不变(可以不考虑),指示功率只取决于指示功和转速。影响指示功率的因素有混合气的余气系数、进气压力、进气温度、提前点火角和发动机转速。

2) 阻力功率

发动机所得到的指示功率并不是全部用来带动螺旋桨的,其中有一部分是用来克服机件之间的摩擦、带动发动机附件以及供给发动机进、排气所需要的动力。这几部分消耗的功率之和称为阻力功率。

阻力功率约占指示功率的 $10\%\sim15\%$。阻力功率的分配情况大致如下(假设阻力功率为 100%):

(1) 活塞与汽缸壁的摩擦损失功率:$45\%\sim65\%$;

(2) 减速器内部摩擦损失功率:$10\%\sim15\%$;

(3) 连杆、曲轴、曲轴轴承之间的摩擦损失功率:$5\%\sim10\%$;

(4) 气门机构摩擦损失功率:$5\%\sim10\%$;

(5) 带动附件消耗功率:$5\%\sim10\%$;

(6) 进、排气损失功率:$10\%\sim15\%$。

显而易见,阻力功率越大,用于带动螺旋桨的功率就越小,发动机获得的有效功率就越小。因此,应尽可能地将阻力功率减小到最低程度,这就要从影响阻力功率的因素着手。影响阻力功率的因素有发动机转速、滑油温度、进气压力、大气压力和温度、压缩比。

3) 有效功率

活塞发动机扣除本身机械摩擦损失和带动其他辅机的外部损耗后向外有效输出的功率称为有效功率(effective power)。对于航空发动机来说,用来带动螺旋桨的功率叫作有效功率,用 Ne 表示,单位为瓦特,最大功率一般用千瓦或马力($1\ \mathrm{hp} = 75\ \mathrm{kgf\cdot m/s} = 735\ \mathrm{W}$)来表示。通常所说的发动机功率,在没有特别说明的情况下,指的都是发动机的有效功率。

吸气式发动机的有效功率等于指示功率与阻力功率之差。增压式发动机的有效功率等于指示功率减去阻力功率和增压器功率。由于发动机安装了增压器,虽然多消耗了一部分功率,但增压器提高了进气压力,增大了指示功率,指示功率的增加量比带动增压器消耗的功率大得多。因此,带增压器的发动机的有效功率比吸气式发动机的大。

活塞发动机工作时，各气缸内燃料燃烧释放出的能量经燃气膨胀并由曲拐机构转换成机械功，在克服摩擦等损失后，由曲轴输出机械功。曲轴除带动螺旋桨外还需要驱动发动机的一些附件，如减速器、增压器、燃油泵、滑油泵、发电动机、磁电动机等，也要消耗部分功率，所以最终影响发动机有效功率的因素较为复杂。例如，对使用中的发动机主要有发动机转速、进气压力和进气温度、大气条件、混合气余气系数、滑油温度、飞行速度等。

实验表明，当 α＝0.85 左右时，有效功率最大。α 大于或小于 0.85，有效功率都会减少。

2. 燃油消耗率

活塞发动机在 1 h 内产生 1 hp 的有效功率，所消耗的航空燃油质量称为燃油消耗率（specific fuel consumption），用 sfc 表示，单位为 kg/(hp·h)，即：

$$sfc = \frac{m_{时燃}}{Ne}$$

式中：$m_{时燃}$——发动机每小时燃油消耗量(kg/h)；

Ne——发动机的有效功率。

例如，甲发动机的 sfc 为 0.33 kg/(hp·h)，乙发动机的 sfc 为 0.26kg/(hp·h)。因此，乙发动机的经济性比甲发动机好。燃油消耗率不仅考虑到每小时燃油消耗量的大小，而且考虑到了发动机功率的大小，它是衡量发动机经济性的又一重要指标。

影响发动机燃油消耗率 sfc 的因素主要有混合气的余气系数和机械损失。

1) 混合气的余气系数

当混合气的余气系数等于最佳经济余气系数值 α＝1.05～1.10 时，燃油消耗率最低，同时排气温度最高；当余气系数偏离此范围时，燃油消耗率将增加。

2) 机械损失

发动机的机械损失主要是指摩擦损失和带动附件所消耗的功率。机械损失越小，发动机的工作效率越高，燃料热利用率也越高，燃油消耗率越低。

燃油消耗率是描述航空活塞发动机经济性的主要参数之一。目前航空活塞发动机的燃油消耗率已经很低，一般来说，吸气式发动机的 sfc 一般在 0.21～0.23 kg/(hp·h)，增压式发动机的 sfc 一般在 0.26～0.32 kg/(hp·h)。

3. 发动机的加速性

航空活塞发动机的加速性是指快推油门杆时转速上升的快慢程度。通常在地面当螺旋桨在最小距时，快推油门以发动机从慢车转速加速到最大转速所需的时间 t 作为衡量加速性的标准。所需的时间越短，发动机的加速性越好，越能在短时间内增大功率，从而有助于改善飞机的起飞、复飞及爬升性能。影响加速性的主要因素如下：

1) 燃油量增加的快慢

加速时燃油量增加得越快，发动机的有效功率上升得越快，加速时间越短，加速性越好。实际中发动机加速时，在确保发动机正常工作的前提下，燃油系统给定了燃油量增加的速率。有的发动机还设置了辅助的注油装置，可进一步提高加速性。

2）大气压力和大气温度

大气压力增加或大气温度降低都会使空气密度增高，使进气充填量增加，发动机有效功率增大。同时，空气密度升高，螺旋桨的负载功率也增大。但总体是剩余功率变大，发动机加速性变好。反之，大气压力降低或气温升高，加速性变差。因此，在高原机场或高温机场，发动机的加速性变差。

3）发动机转子的转动惯量

发动机转子的转动惯量越小，加速时间越短，加速性越好。因此，减轻发动机重量不仅可以降低飞机的运行成本，还可以改善发动机的加速性。

4）气缸头温度

气缸头温度过低，燃油蒸发不良，易使火焰传播速度减小，发动机的有效功率降低，加速性变差。当 $\alpha = 0.97$ 时，发动机气缸头温度最高。

此外，进气装置进气滤工作时，大气湿度增加时也会使发动机的加速性变差。对变距螺旋桨的飞机，在实际飞行使用中，螺旋桨的桨叶角也会影响加速性。当变距杆不在最前即最小距位置，螺旋桨的负载功率较大，发动机加速时，剩余功率小。同时，发动机不可能达到最大转速，发动机的加速性变差。因此，飞机起飞、复飞时，为了确保加速性和发动机功率，变距杆必须放在最前位。

4. 发动机效率

航空活塞发动机工作时，燃料燃烧释放出的热能中只有一部分转换成有效的机械功用来带动螺旋桨以产生推进功率，其余大部分能量随废气排入大气及用于克服机械损失。

发动机的有效效率定义为：在发动机的一次热力循环中，有效功的热当量与燃料的理论放热量的比值，用 η_e 表示，即

$$\eta_e = \frac{L_e}{Q_e}$$

式中：L_e——一次热力循环中，带动螺旋桨的有效功；

Q_e——一次热力循环中，燃料的理论放热量。

发动机的有效效率描述了燃料热能的有效利用程度，评定了由热能转换成驱动螺旋桨的有效功能量转换过程中，能量损失的大小，是衡量发动机经济性的重要参数之一。目前，吸气式发动机的 η_e 一般为 0.20～0.32，增压式发动机的 η_e 一般为 0.16～0.28。

5. 其他性能指标

活塞式发动机的主要要求是重量轻、功率大、尺寸小和油耗低等，因此除了功率和经济性之外，还有一些常用的性能指标如下：

功重比：有效功率与重量的比值。功重比越大，越有利于改善飞机的飞行性能。先进的活塞式发动机的功重比可达 1.85 kW/daN。

排量：各缸工作容积的总和，即活塞从上止点到下止点所扫过的气体容积乘以气缸数。理论上来说，排气量越大，发动机的输出功率就越大。

升功率：发动机每升排量所发出的功率，单位是 kW/L。升功率是衡量活塞式发动机技术水平的一个重要指标，一般为 22～29 kW/L，个别达到 59 kW/L。

以上参数均为衡量活塞式发动机性能的参数，现将典型的航空活塞发动机的性能参数列表示出（见表 13－3）。

表 13 - 3　部分航空活塞发动机数据

发动机型号	年份	布局	冷却	气缸数	排量/L	功率/kW	质量/kg	功重比/(kW/daN)
莱特	1903 年	直列	液冷	4	3.28	8.95	81.27	0.112
安赞尼	1910 年	星形	气冷	3	3.11	22.37	54.94	0.415
纳皮尔"佩刀"	1940 年	V 形	液冷	12	36.71	1640.54	1135	1.474
艾利逊 V - 1710	1941 年	V 形	液冷	12	28.02	932.13	724.3	1.313
普·惠 R - 4360	1945 年	星形	气冷	28	71.45	2237.1	1634.4	1.396
大陆 O - 200	1959 年	水平对缸	气冷	4	3.29	74.57	85.35	0.891
莱康明 O - 540	1959 年	水平对缸	气冷	6	8.88	86.43	79.78	1.105
莱康明 XR - 7755	20 世纪 40 年代	星形	液冷	36	127.08	2982.8	2746.7	1.108
莱康明 IO - 540K	20 世纪 60 年代	水平对缸	气冷	6	8.88	223.71	201.12	1.129

13.4.2　航空活塞发动机的特性

活塞发动机的有效功率和燃油消耗率是实际使用中最受关注的两个性能指标。航空活塞发动机的有效功率和燃油消耗率随发动机转速、进气压力和飞行高度的变化规律称为发动机特性，依据这些规律绘制的图形称为特性曲线。航空活塞发动机的特性主要有负荷特性、螺旋桨特性、高度特性和增压特性等。

1. 负荷特性

1）吸气式活塞发动机负荷特性

吸气式活塞发动机的负荷特性是在节气门全开时，其有效功率和燃油消耗率随发动机转速的变化规律。负荷特性可通过试验获得，如图 13 - 24 所示。当活塞发动机的转速逐步增大时，有效功率先单调增大，到达顶点后，再随着转速的增大而减小。燃油消耗率随转速的增大一直是单调增大的。

2）增压式活塞发动机负荷特性

增压式活塞发动机的负荷特性是在进气压力保持为最大时，其有效功率和燃油消耗率随发动机转速的变化规律。增压式活塞发动机的负荷特性可模拟空中的飞行条件在地面进行试验得到，如图 13 - 25 所示。

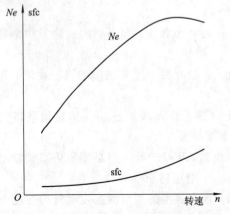

图 13 - 24　吸气式活塞发动机的负荷特性

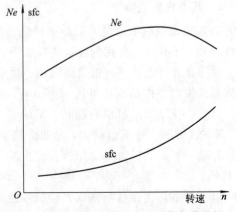

图 13 - 25　增压式活塞发动机的负荷特性

增压式活塞发动机的有效功率和燃油消耗率随转速的变化规律与吸气式发动机类似，区别在于：增压式发动机的有效功率随转速增大而增大的程度比吸气式发动机平缓，燃油消耗率随转速增大而增大的程度比吸气式发动机急剧。

2. 螺旋桨特性

航空活塞发动机的螺旋桨特性是指发动机带动定距螺旋桨工作时（如果安装变距螺旋桨时，桨叶角应保持不变），其有效功率和燃油消耗率随发动机转速的变化规律，也称油门特性。

1）吸气式活塞发动机的螺旋桨特性

吸气式发动机的螺旋桨特性可通过试验得到，如图 13 - 26 所示，其中，有效功率随转速的增大而增大，燃油消耗率随转速的增大先减小再增大。

2）增压式活塞发动机的螺旋桨特性

增压式活塞发动机的螺旋桨特性与吸气式发动机的螺旋桨特性基本相同。当转速增大时，有效功率与转速的立方成正比地增大，燃油消耗率随着转速的增大先减小再增大，如图 13 - 27 所示。

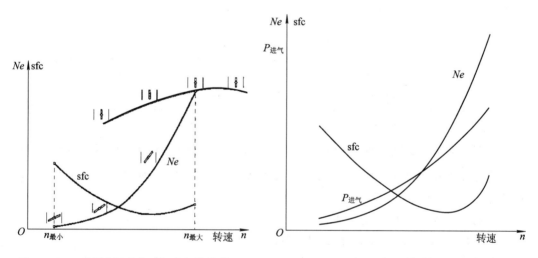

图 13 - 26　吸气式活塞发动机的螺旋桨特性　　　　图 13 - 27　增压式活塞发动机的螺旋桨特性

活塞发动机在巡航状态工作时经济性最好。对于装有变距螺旋桨的发动机，为了发出同样大小的有效功率，可以采用不同的工作状态来工作，其中只在一个工作状态下发动机的经济性最好，这个工作状态叫作有利工作状态。

3. 高度特性

活塞发动机的高度特性是在转速保持不变的情况下，其有效功率和燃油消耗率随飞行高度的变化规律。

1）吸气式活塞发动机的高度特性

吸气式活塞发动机的高度特性是在节气门全开，混合气的余气系数保持不变，提前点火角保持在最有利数值的条件下获得的。

（1）装有变距螺旋桨的吸气式发动机的高度特性。

装有变距螺旋桨的吸气式发动机的高度变化时，可利用螺旋桨变距来保持转速不变，其高度特性如图 13-28 所示。高度升高时有效功率不断减小，燃油消耗率则不断增大。

（2）装有定距螺旋桨的吸气式发动机的高度特性。

装有定距螺旋桨的吸气式发动机的高度升高时，由于桨叶角不能改变，转速会减小，发动机的有效功率与转速不变时相比降低得更快。图 13-29 中实线为装有定距螺旋桨的吸气式发动机的有效功率和燃油消耗率随高度变化的情形，图中虚线是在转速保持不变的情况下的高度特性曲线。

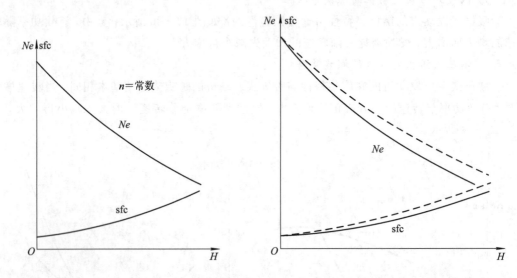

图 13-28　装有变距螺旋桨的发动机的高度特性　　图 13-29　装有定距螺旋桨的发动机的高度特性

吸气式活塞发动机在高度升高时，不仅有效功率迅速减小，而且经济性也变差，因此这种发动机不适用于高空飞行。

2）增压式发动机的高度特性

（1）单速传动增压式发动机的高度特性。

内（传动）增压器的离心叶轮转速高达数万转/分，在曲轴和离心叶轮间必须有一套齿轮传动机构。传动机构按传动比分为单速传动和双速传动。用于较低飞行高度的发动机大多采用单速传动，用于高空飞行的发动机则采用双速传动，在低空工作时用低速挡工作，以减少不必要的功率消耗，当飞机超过某一高度后增压器自动转入高速挡工作。

单速传动增压式发动机的高度特性曲线如图 13-30 所示。在额定高度以下，随着高度的升高，有效功率一直增大，燃油消耗率则不断减小；在额定高度以上，随着高度的升高，有效功率一直减小，燃油消耗率则不断增大。图中还绘出了进气压力 $P_{进气}$ 与进气温度 $T_{进气}$ 随高度变化的曲线。

（2）装有废气涡轮的增压式发动机的高度特性。

装有废气涡轮的增压式发动机，从地面到额定高度范围，通过逐渐打大节气门来保持进气压力不变。超过额定高度以后，废气涡轮增压器的转速保持不变，进气压力随高度的升高而减小，如图 13-31 所示。

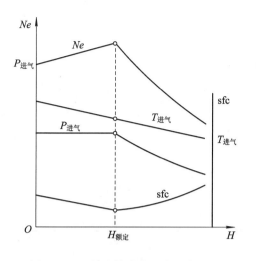

图 13 – 30　单速传动增压式发动机的
高度特性

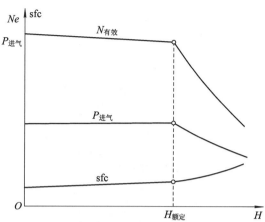

图 13 – 31　装有废气涡轮的增压式发动机的
高度特性

装有废气涡轮的增压式发动机的主要优点体现在它的额定高度较高。目前，采用装有废气涡轮的增压式发动机的额定高度可达 10 000 ～14 000 m，而采用二速传动式增压器发动机的额定高度也不超过 6000～7000 m。但是装有废气涡轮的增压式发动机的构造复杂，质量较大，因此在飞行高度不高的飞机上不宜采用，只有在飞高空的飞机上，为了在较高的高度上仍能获得较大的有效功率才适用。

（3）飞行速度对高度特性的影响。

飞机飞行时，相对气流以与飞行速度相等的速度流过飞机。对于飞机而言，相对气流具有很大的动能，这部分动能可用来提高空气的压力，以增大发动机的功率。空气流入进气口以后，在通道内速度降低，压力提高。这种利用速度降低提高的压力称为冲压。飞行速度越大，所能获得的冲压也越大。

对于吸气式发动机，由于飞行时有了冲压，充填量增大，引起发动机的指示功率增大，而阻力功率基本没有改变，故与不计入冲压相比有效功率增大，同时机械效率提高，燃油消耗率减小。图 13 – 32 中虚线和实线分别表示计入冲压和不计入冲压时吸气式发动机的高度特性。

对于增压式发动机，由于飞行时有了冲压，增压叶轮进口处空气的压力提高了。为了使进气压力不超过额定值，就要相应地关小节气门。在没有计入冲压时所计算出的额定高度，节气门不能全开，而要在更高一些的某一高度，节气门才能完全打开。也就是说有冲压时，发动机的额定高度会提高。飞行速度越大，额定高度提高得越多。

4. 增压特性

增压式活塞发动机在保持转速不变的条件下，有效功率和燃油消耗率随进气压力变化的规律称为增压发动机的增压特性。如图 13 – 33 所示，当转速保持不变时，有效功率随着进气压力的增大而一直增大，燃油消耗率则随着进气压力的增大先减小再增大。

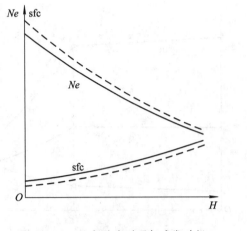

图 13-32 飞行速度对吸气式发动机
高度特性的影响

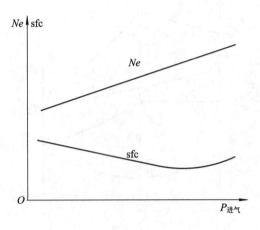

图 13-33 增压特性

13.5 航空活塞发动机工作系统

13.5.1 燃油系统

1. 主要功能

活塞发动机燃油系统(fuel system)的功用是储存燃油,不断供给发动机适当数量的燃油,并将燃油雾化,同空气均匀混合形成可燃混合气,满足发动机在各种工作状态下的需要。发动机燃油系统必须在地面和空中运行的所有条件下向发动机的燃油计量装置供给燃油。

以汽油发动机为例,其燃油系统必须完成下述三项任务:

(1) 提供适量的汽油;

(2) 将汽油雾化、汽化与空气混合;

(3) 根据发动机不同工作状态的需要,调整最适当的混合气。

2. 结构组成

活塞发动机燃油系统有汽化器式和直接喷射式两种。它们的组成基本相似,主要组成部件有油箱、燃油滤、燃油选择开关、燃油泵、燃油计量装置、系统显示仪表等。直接喷射式燃油系统还包括燃油流量分配器和喷油嘴。

飞行器通常会由多个油箱存储所需燃油,油箱的位置取决于飞机的总体结构设计和燃油系统设计。每个油箱中,都有一条油管通向选择阀,该阀门可在驾驶舱进行控制,供飞行员操作切换所使用的油箱。

当燃油选择开关选择好供油油箱后,主燃油泵将燃油从油箱中抽出并加压,经过主油滤的过滤送到燃油调节器,燃油调节器再根据外界条件(如飞行状态和外界大气温度、压力等)和发动机的工作状态(如发动机的转速、油门杆和混合比杆的位置)计量出合适的燃油量。

对于汽化器式燃油系统，汽化器的功能是根据外界条件和发动机的工作状态计量燃油，并将计量后的燃油喷入进气道中，使燃油与空气形成混合比适当的混合气，然后进入气缸。

汽化器式燃油系统的优点是结构比较简单，价格便宜，使用中不易出现气塞，热发动机启动性能较好；缺点是燃油分配不太好，混合比不能精确控制，容易出现汽化器结冰现象。

对于直接喷射式燃油系统（如图 13 - 34 所示），计量后燃油由燃油流量分配器平均分配后送到喷油嘴并喷到气缸进气门处，进气门打开后随新鲜空气一起进入气缸（有的发动机直接喷入气缸）。

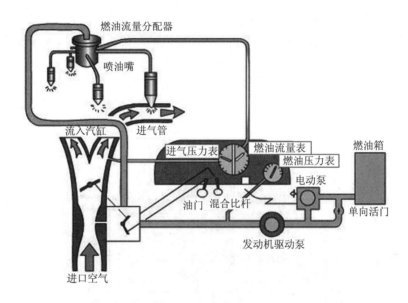

图 13 - 34　直接喷射式燃油系统

直接喷射式燃油调节器的优点是：进气系统中结冰可能性小，各气缸的燃油分配比较均匀；有较精确的油气比控制，因而发动机的燃油经济性好；便于寒冷天气启动；油门响应快，特别是改善了加速性能。其缺点也很显著：热发动机启动比较困难，在炎热天气地面运转时容易形成气塞，可采用电动增压泵来解决。

燃油喷射器组件包括气流部分、监控部分和燃油计量部分。一些燃油喷射器配备有自动混合控制单元。燃油/空气控制组件的功能是控制发动机进气口并设定计量燃油压力以获得适当的燃油/空气比。空气节流阀安装在歧管入口处，其蝶阀由飞机中的节流控制器定位，控制进入发动机的空气流量。

燃油流量表能够为发动机正常工作和测定飞行中消耗的燃油量提供有用的指示。典型系统的燃油流量以每小时加仑、磅或千克为单位显示，由电感测燃油流量传感器测量，通过电子装置向指示器发送与燃油流量成正比的信号。

燃油温度表和压力表是低压燃油供油温度和压力变化的指示器，显示低压系统是否正提供足够的燃油且没有气穴（低压气泡形成并破裂的现象），温度是否正常。燃油温度和压力指示器与滑油温度和压力指示器相似。

　　某些发动机在低压燃油滤中装有燃油压差开关,用于感测油滤元件前后压差,当油滤部分堵塞,开关接通警告灯报警,指示可能发生缺油。

13.5.2　点火和启动系统

1. 点火系统的组成和工作

　　汽油活塞发动机都是利用高压电产生电火花来点燃混合气的。活塞式发动机点火系统的基本要求是:所有点火系统必须以正确的点火顺序在发动机每个气缸中每个火花塞的电极上提供高压火花。在活塞的上止点位置之前的特定方位,比如通过曲轴旋转位置测量,触发气缸中的火花。火花塞旋入到气缸盖中,其电极暴露在发动机气缸的燃烧区域。在所有工作条件下,系统输出的电压必须足以使火花塞电极中的间隙电弧化。

　　点火系统是发动机的重要系统,其工作的好坏直接影响启动性能、发动机功率、经济性以及工作的可靠性。在实际工作中,点火系统发生的问题也比较多。统计表明,在活塞式发动机的故障中,有 2/3 与点火系统有关。

　　点火系统的主要附件为磁电动机及磁电动机开关、电嘴和高压导线。现代航空活塞发动机通常装备两个磁电动机,且两个磁电动机相互独立工作,互不影响,如图 13-35 所示。

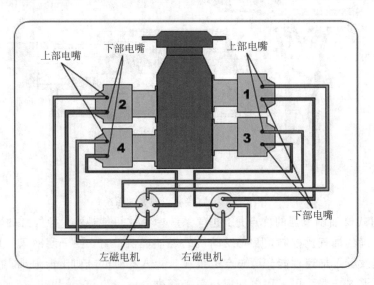

图 13-35　电池点火系统示意图

　　点火系统可分为两类:磁点火系统和用于活塞发动机的电子全权数字发动机控制(FADEC)系统。点火系统也可以细分为单磁或双磁点火系统。单磁点火系统通常由一个磁电动机和必要的接线组成,与同一发动机上的另一个单磁电动机一起使用。双磁系统通常使用一个旋转磁体,将两个完整的磁体馈送到一个磁体壳体中。

　　一些古董飞机使用电池点火系统。在此类系统中,能量源是电池或发电动机,而不是磁电动机。该系统类似于当时大多数汽车中使用的系统。

2. 启动系统的组成和工作

　　启动系统的功用是在发动机启动时,将曲轴转动起来,使发动机从静止状态转入正常工作。为了能够使发动机正常启动,需要满足下列条件:

（1）启动时因为转速小，发动机主燃油泵不能正常供油，需要预先向气缸注油（如使用电动增压泵）。

（2）启动机带动曲轴旋转时转速一般不低于 40～60 r/min（启动转速）。

（3）电嘴应能适时地产生强烈电火花点燃气缸中的油气混合气。

航空活塞发动机通常采用直接启动式电动启动机和间接式电动惯性启动机。目前广泛使用的是直接启动式电动启动机，启动电源可使用机载蓄电池，也可使用地面电源。通常情况下使用机载蓄电池提供电源来启动发动机，在多次未能成功启动、机载蓄电池电压偏低或飞机未装蓄电池的情况下，应使用地面电源来启动发动机。

IO-360-L2A 发动机使用直接启动式电动启动机（见图 13-36），由启动机直接带动发动机曲轴转动而启动。

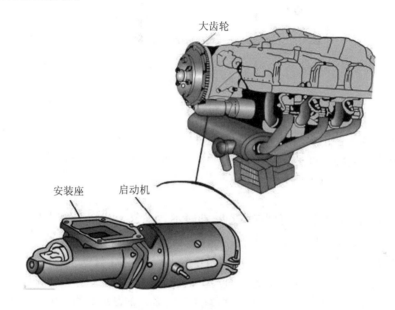

图 13-36　IO-360-L2A 发动机启动机安装位置示意图

13.5.3　润滑系统

1. 润滑系统的作用

润滑系统（lubrication system）的功能是不断地将滑油送到各机件的摩擦面进行润滑，以减小摩擦阻力，减轻机件的磨损。滑油是在滑油泵的作用下，在润滑系统内部循环流动的，如图 13-37 所示。

润滑系统的具体作用如下：

（1）保证发动机的润滑。

润滑有两个方面的含义，一方面是减少由于机件直接接触而形成的磨损，从而延长机件的寿命；另一方面是把干面摩擦变成液面摩擦，减少因摩擦而引起的能量损失，从而可使机械效率提高。

（2）冷却。

任何一种摩擦都会发出热量，若不把这份热量散出去，机件便会有过热的危险。滑油

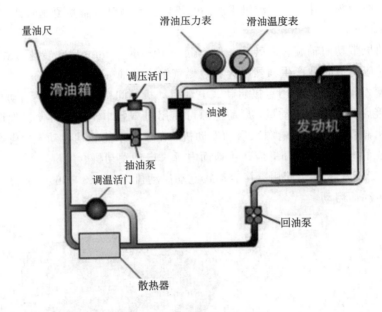

图 13－37　滑油系统工作方式

通过机件表面时除了润滑零件外,还起带走热量的作用。单位时间内流过的滑油量越多,冷却的作用越好。实际上发动机滑油本身所需要的滑油量很少,为了冷却,还须供应足够的滑油,使它循环不断地流过机件表面。

(3) 密封。

润滑系统有密封的作用,可使活塞在运动时不致漏气,以免工作时因混合气和燃气进入机匣,使发动机功率下降和滑油变质。

(4) 保持机件清洁。

当发动机工作时,由于燃烧不完全而产生的炭粒、油烟、磨损的金属屑以及机械杂质和灰尘等有害物质都能进入滑油中去,这些物质过多,会影响润滑。因此,滑油应该具有不使这些杂质沉积在金属表面而浮游在滑油中的性质,并借本身的流动把它带走并过滤后除去,这样也就相当于清洁机件的作用。

(5) 保护金属不受腐蚀。

由于发动机不可避免地要和空气、水蒸气及燃烧后产生的其他气体接触,使金属渐渐腐蚀而损坏。在高温下腐蚀作用更严重,如果在机件的表面有一层润滑油油膜,则此油膜便可将金属与空气隔开,防止金属腐蚀。

(6) 作为控制系统的工作液。

润滑系统在螺旋桨飞机上主要作为变距的工作介质。

(7) 作为调节装置传动介质。

润滑系统将加压后的滑油输送到某些调节装置和其他设备,以带动有关部件。例如,推动进气压力调节器的传动活塞以操纵节气门的开度,推动混合比调节器的传动活塞以转动高压汽油泵的调节齿轮,以及推动螺旋桨的变距活塞改变螺旋桨的桨叶角。

2. 润滑的方法

发动机机件的润滑方法主要有三种:泼溅润滑、压力润滑和压力－泼溅润滑。

借转速较大的旋转机件(如曲轴等)，将滑
油泼溅到摩擦面上的润滑方法叫作泼溅润滑
(如图 13 - 38 所示)。在发动机机匣内装有一
定数量的滑油，曲柄转至机匣下部，即浸入滑
油内。发动机工作时，借助于曲轴的转动，不
断地将附着于曲柄与连杆头上的滑油向四周甩
出，使滑油在机匣内部泼溅成细小的油滴。油
滴进入活塞、气缸、连杆和曲轴等机件的摩擦
面，使这些机件得到润滑。润滑后的滑油从摩
擦面的间隙流出，直接落入机匣。

采用泼溅润滑的方法只需要在机匣内存储
一定数量的滑油，所以这种润滑系统比较简

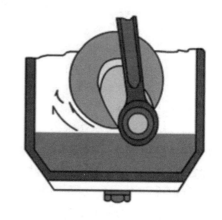

图 13 - 38　泼溅润滑示意图

单。但因泼溅的滑油压力太小，很难进入那些间隙较小的机件之间，而且对机匣外部的机
件和附件无法进行润滑。此外，由于无法使滑油过滤，滑油容易变脏，且滑油的温度也不
能进行调节。因此，这种方法对机件润滑和冷却的效果都比较差，只能在一些构造简单的
小型发动机上使用。

滑油经油泵加压后，沿专门的油路流至各摩擦面上的润滑方法叫作压力润滑。为了使
滑油在发动机内循环流动，润滑机件后的滑油用油泵抽回，经过过滤和冷却后，再次送往
各摩擦面。采用这种润滑方法，由于滑油压力较高，滑油能被输送到所有无法应用泼溅润
滑的地方去，即便那些间隙小的摩擦面，也能得到良好的润滑；同时，还可在油路上安装
油滤和散热器，前者用来滤出滑油中的污物和金属屑等，保持滑油洁净，后者用来调节滑
油温度，保持滑油的黏度适当。因此，这种润滑方法对机件润滑和冷却的效果比泼溅润滑
要好得多。

压力润滑的优点虽然很多，但也存在一些缺点，主要是：对于某些无法从专门的油路
获得滑油的机件(如气缸壁)不能进行润滑。另外，这种润滑系统也比较复杂。

发动机单独采用泼溅润滑的方法不能保证所有的摩擦面都得到良好的润滑和冷却，而
若单独采用压力润滑的方法，则对于某些无法从专门的油路中获得滑油的机件也不能进行
润滑。为了使所有的机件都能得到良好的润滑和冷却，现代的航空活塞发动机一般都采用
压力润滑为主、泼溅润滑为辅的混合润滑系统。

混合润滑系统中的泼溅润滑并非利用积存在机匣底部的滑油，而是利用从某些接受压
力润滑的机件的间隙处流出的或者从专门的油孔喷出来的滑油，借助于曲轴等旋转较快的
机件将滑油泼溅到摩擦面上进行润滑。塞斯纳 172R 飞机的 IO - 360 - L2A 发动机采用的
就是这种压力润滑为主、泼溅润滑为辅的混合润滑系统。

此外，还有一种喷射润滑方法：滑油经油泵加压后，沿一定方向从特殊的油孔喷射到
机件摩擦面上。

13.5.4　冷却系统

1. 冷却系统的功能

活塞式发动机是一种热机，它将燃料中的化学能转换成曲轴的机械能，必然伴随能量

损失，即使最高效的飞机发动机也可能浪费燃油中原始能量的 60％到 70％。除非大部分废热被快速移除，否则气缸可能变得足够热导致发动机完全失效。由于如下三个主要原因，在任何内燃机中都不希望过热：

(1) 影响燃油/空气燃烧的燃烧行为；

(2) 削弱并缩短发动机部件的寿命；

(3) 会损害润滑。

发动机工作时，气缸内混合气燃烧后的温度很高（最高温度可达 2500～3000℃），与高温燃气相接触的机件或者零件，如气缸头、气门、电嘴和活塞可获得燃气的热量，温度就会升得相当高。如果不对发动机进行冷却，气缸温度过高会导致发动机产生故障。

气缸温度过高，材料强度显著减弱，气缸以及与气缸紧密相连的机件在动力负荷和热负荷的作用下很容易损坏，如气缸头裂纹、活塞顶烧穿、气门变形等；同时，活塞与气缸壁之间的间隙、涨圈与涨圈之间的间隙、气门杆与气门杆套之间的间隙变化还会引起活塞涨圈内的滑油分解和氧化，形成胶状物质，粘住涨圈，影响气缸壁面的润滑，甚至因此磨伤和烧坏活塞。此外，气缸温度过高，还会使充填量减小，发动机功率降低，并可能产生早燃和爆震等现象。因此，为了保证发动机工作可靠并能够发出应有的功率，必须对发动机进行冷却。

冷却系统的功能是把气缸的一部分热量散发到大气中去，保证气缸的温度正常。冷却系统的形式有气冷式和液冷式两种。目前，在航空上多采用气冷式冷却系统。

对发动机进行冷却，需要恰如其分地掌握好散热的界限。如果发动机冷却过度，温度过低，反而会带来不良后果：发动机散去的热量过多，会使发动机的功率减小，经济性变差；同时，在气缸温度过低的情况下，燃料不容易汽化，混合气也就不能正常燃烧；另外，气缸壁上的滑油黏度变大，还会使活塞的摩擦损失增大。由此可见，对发动机进行冷却，必须把气缸温度保持在一个适当的范围内。

2. 气缸的冷却方式和影响因素

气缸中的热经过热传导、对流和辐射的方式传播到温度较低的气缸壁，经气缸壁传导到气缸壁外的冷却介质中。在一定时间内，要使气缸壁向外传导的热量增加，可用下列方法：

(1) 使外表面的散热面积增大，在气缸周围包以散热片。

(2) 使外面的空气随时流动，从而热空气远离气缸壁，而代以温度低的空气，因而气缸内外的温差增大，传导的效率也随之得以提高。

(3) 在气缸的周围绕以冷水或者冷却液体，以吸收热量。水或冷却液不断地循环流动，增大气缸内外的温差，提高热量的传播效率。

因此，对气缸的冷却分为气冷法和液冷法两种。

影响气缸散热的因素有：混合气的点火时间，混合气的燃烧时间，发动机的转速，发动机的负载，燃烧室的形状，气缸的大小。

点火过早，将增长燃烧气体存留在气缸中的时间，使气缸壁温度增高；过晚，将使排气温度增高。两者都会损失较多的热量。若能在上止点做瞬时燃烧，气缸与高温燃气的接触面最小，则所传导的热量也最小。从点火到燃料全部燃爆需要一定的时间，燃爆时间越长，由散热所损耗的热能就越多。

燃烧室的形状对热量损耗影响很大。若用球形燃烧室，在其中心点火最为理想。但实际上，因种种原因必须改变这种情况。不过，燃烧室的表面积与体积之比越小，热量损耗也越小。

3. 液冷法

液冷法的具体方法为：在气缸身及气缸头外包以金属套（称为液套或者水套），套中充装水或其他散热液体，液体循环流动就能产生散热效果，经过散热器后，仍流回金属套内，再度吸热，而后回到散热器中散热。如此循环不已，直至发动机停止工作为止。在液冷法中，水或其他液体是气缸壁与空气之间的媒介物，实际上散热作用仍旧由外界空气完成。

液冷式航空活塞发动机除了在气缸周围有液套外，还需要水泵等设备，以作为冷却液循环的动力。冷却液循环可以通过两种方式进行：利用热水上升冷水下降的对流现象完成，借助外力加速散热器中冷却液的循环。

4. 气冷法

气冷式冷却系统利用迎面吹来的气流，吸收并带走气缸外壁的一部分热量，从而使气缸的温度保持在一定的范围内。气冷式发动机都以气缸头温度来标识气缸的受热程度。例如，某发动机的气缸头温度正常数值规定为 180～215℃，最高不超过 250℃，最低不低于 140℃，如图 13 - 39 所示。

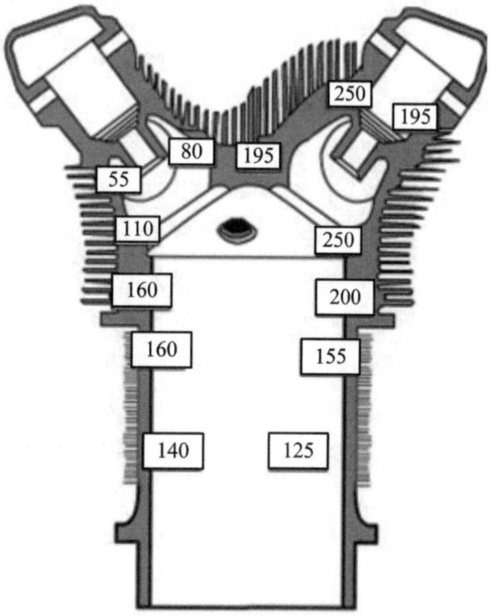

为了增大表面的散热面积，在气冷气缸的外表包以突出的散热薄片。在气缸头及排气门附近，温度较高，故散热片多一些。在航空发动机中，散热所需的空气一般是由螺旋桨及飞机在空气中前进所提供的，所以气缸的排列位置至关重要，必须使每一个气缸都有充分数量的冷空气流过它的全部表面。因此，各气缸的位置必须相互分离，彼此间留有相当的间隙，使空气能够从中流过。

图 13 - 39　气缸的温度分布

5. 气冷法与液冷法的比较

气冷法和液冷法的优缺点比较如下：

气冷法的优点：

（1）发动机的质量轻。

（2）构造简单，维护容易，在极冷或者极热的气候中工作可靠。

（3）气冷式发动机被子弹命中时所发生的危险小。

（4）气冷发动机适合用于高空飞行的飞机上。

气冷法的缺点：

（1）发动机必须放在螺旋桨的后面，以接受自然吹来用于散热的冷气流。

（2）散热片及空气通路的装置增加了制造及设计的困难。

（3）迎风阻力大。

液冷法的优点：

（1）迎风面积小，前进阻力小。

（2）散热效率高，飞行性能好。

液冷法的缺点：

（1）质量大，构造复杂，不易维护。

（2）液冷式发动机被子弹打中后，冷却液很快就流尽，会引起整个发动机的过热。

习　　题

1. 航空活塞发动机一般有哪些分类方法和类型？

2. 火花点火式活塞发动机的四个行程中，哪个行程，通过什么方式将热能转变为机械能？

3. 航空活塞发动机由哪些主要机件组成？构造上有何特点？

4. 简述四行程航空活塞发动机的基本工作过程？

5. 余气系数的物理意义是什么？

6. 为什么在低温条件下启动活塞发动机要多注点油？

7. 为什么活塞发动机降低功率时，不能收油门过猛？

8. 什么叫早燃？主要现象和危害是什么？使用中应注意哪些问题？

9. 什么叫爆震？有何特点？主要现象和危害是什么？

10. 使用中如何防止发动机爆震？出现爆震后如何处置？

11. 简述辛烷值和级数的意义？

12. 影响发动机有效功率的因素有哪些？各是如何影响的？

13. 哪些因素影响航空活塞发动机的燃油消耗率？

14. 甲发动机发出的有效功率为 150 kW，燃油消耗量为 60 kg/h，乙发动机发出的有效功率为 60 kW，燃油消耗量为 15 kg/h。试比较上述两台发动机经济性的好坏。

15. 什么是活塞式发动机的负荷特性，吸气式和增压式活塞发动机的负荷特性分别是什么样的？

16. 什么是活塞式发动机的螺旋桨特性，吸气式和增压式活塞发动机的螺旋桨特性分别是什么样的？

17. 什么是活塞式发动机的高度特性，吸气式和增压式活塞发动机的高度特性分别是什么样的？

18. 什么是活塞式发动机的增压特性，有什么规律？

第14章　航空燃气涡轮动力装置

14.1　燃气涡轮发动机基本原理

14.1.1　概述

航空燃气涡轮发动机的主要功能也是将燃料化学能转化为机械能，因此仍然是热机。在热机功能的基础上，航空燃气涡轮发动机可以利用尾喷管、风扇、螺旋桨及旋翼等部件产生推力或升力。主流航空燃气涡轮发动机均由压气机增压，可分为涡轮喷气发动机(涡喷发动机)、涡轮风扇发动机(涡扇发动机)、涡轮螺旋桨发动机和涡轮轴发动机等类型(见图 14-1)。

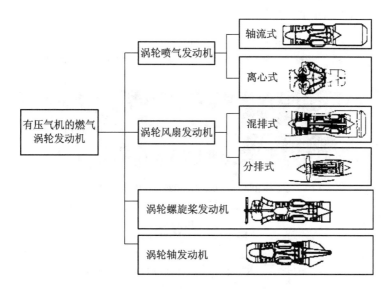

图 14-1　主流航空燃气涡轮发动机类型

航空燃气涡轮发动机都有压气机、涡轮和燃烧室，这三者都是燃气涡轮发动机中最为关键的部件，合称燃气发生器。压气机和涡轮均为叶轮机械并以轴相连，构成高速旋转的转子。

涡轮发动机中的涡轮喷气发动机简称为涡喷发动机(Turbojet Engine)，如图 14-2 所示。涡喷发动机是最基础的航空燃气涡轮发动机，除压气机、涡轮和燃烧室外，涡喷发动机的主要部件还包括进气道和尾喷管，形成了从能量转化到推力产生的完整装置，因此涡喷发动机既是热机又是推进器。

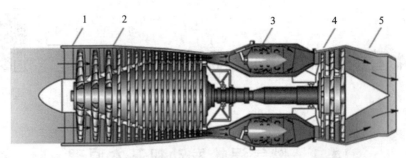

1—进气道；2—压气机；3—燃烧室；4—涡轮；5—尾喷管

图 14-2　涡轮喷气发动机示意图

14.1.2　推力产生原理

涡喷发动机的推力产生基本原理非常简单，用中学物理里面的牛顿第三定律就可以解释：流经发动机的气流受到力的作用产生加速度，气流必定产生一个大小相等、方向相反的反作用力作用于发动机。这个反作用力就是涡喷发动机的推力（thrust）。

涡喷发动机的推力是指发动机内外气体在各个部件表面上作用力的合力，但是气体在各个部件上作用力的轴向分力并不都是与推力方向相同的（见图 14-3）。

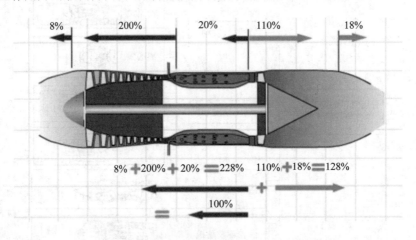

图 14-3　涡喷发动机部件受力和合力示意图

14.1.3　工作过程

在涡喷发动机工作过程中，空气流经发动机各个部件，直至变成燃气从尾喷管喷出。该过程持续不断地进行，空气状态和参数也在不断地变化，单轴涡喷发动机中气流速度 c、压力 p 和温度 T 的变化如图 14-4 所示。

为了方便分析，对涡喷发动机各个部件进、出口截面进行划分，如图 14-5 所示，截面编号也称发动机的站位（station）。

空气流经发动机各个截面的变化过程如下。

（1）0—2：空气自无限远处流经进气道，进入压气机进口 2 截面。该过程中气流经历减速增压过程，将相对发动机的动能转化为空气压力。该过程对应活塞式发动机的吸气行程。

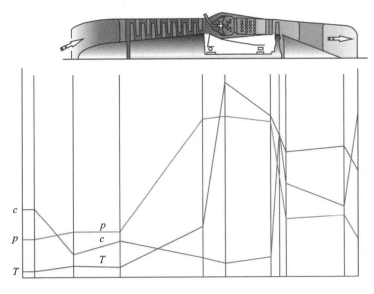

图 14 - 4　单轴涡轮喷气发动机气流参数变化示意图

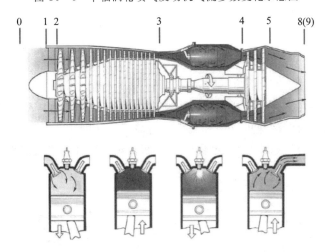

图 14 - 5　涡轮喷气发动机和活塞发动机工作过程对比

（2）2—3：空气流经压气机，进入燃烧室进口 3 截面。该过程中压气机旋转的叶片对气流做功压缩空气，至 3 截面气流的压力、温度都大大增加，为后续的膨胀做功蓄积能量。该过程对应活塞发动机的压缩行程。

（3）3—4：经过压缩之后的空气在燃烧室中和燃油混合燃烧。与内燃机中的增压燃烧不同，该过程中气流压力基本不变，温度大大提高，为后续做功提供所需热能。

（4）4—5：高温高压的燃气自 4 截面流入涡轮，在涡轮中膨胀，将部分热能转化为推动涡轮高速旋转的机械能，通过轴提供给压气机对空气做功，维持压气机以及发动机工作循环的持续进行。从该意义上讲涡轮类似单缸活塞发动机的蓄能飞轮。

（5）5—8：推动涡轮后，涡轮出口 5 截面的燃气还剩余较多能量，在尾喷管中燃气进一步膨胀，将热能转化为自身的动能，自 8 截面高速喷出，产生推力。该过程对应活塞发动机对外输出功的过程。

（6）8 截面之后：排出发动机的燃气将自身没有利用完的热能释放到大气中。该过程对应活塞发动机的排气行程。

涡喷发动机是原理和结构最简单的航空燃气涡轮发动机，其工作原理也是其他航空燃气涡轮发动机工作的基础。从气流变化来看，涡喷发动机中空气（燃气）经历的热力学过程和活塞发动机中类似，但涡喷发动机部件的做功形式不同。

涡喷发动机以叶轮旋转运动实现叶片和空气、燃气的能量交换。不同于活塞的往复运动，叶轮可以用更高的转速实现高的转化功率；此外，涡喷发动机中气体的流动和燃料的燃烧是连续而非间歇的，这有利于单位时间转化更多的能量，因此航空燃气涡轮发动机的热机功率远大于航空内燃机的热机功率。加之涡喷发动机采用高速喷气形成反推力，不会出现螺旋桨高速飞行推进效率下降的情况，因此涡喷发动机更加适合高速飞行。

14.2　涡轮喷气发动机的构造

涡轮喷气发动机主要由进气道、压气机、燃烧室、涡轮、尾喷管等部件构成，这些部件也是涡扇、涡桨、涡轴等发动机的共有部件，在此首先介绍部件原理和结构，然后介绍涡喷发动机的整体结构和材料等。

14.2.1　部件原理与结构

1. 进气道

进气道的功能是在损失尽量小的前提下将空气减速、增压并引入压气机。进气道按照飞行条件不同可以分为亚声速进气道和超声速进气道，如图 14-6 所示。图中 0 为自由大气状态，2 为进气道出口截面，飞行过程中 2 截面相对 0 截面的速度降低，压力增加。

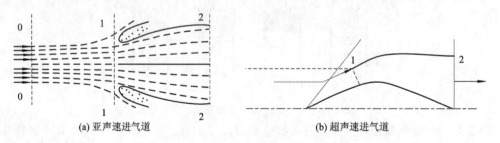

(a) 亚声速进气道　　　　　　　　　　　(b) 超声速进气道

图 14-6　进气道气动原理示意图

按照气体流动的原理，亚声速气流利用扩张型通道进行减速增压，其流动损失小，适应范围宽。超声速进气道主要利用激波（shock wave）对超声速气流进行减速增压，由“斜激波＋正激波”构成的组合激波系，一般用于超声速飞机。

典型的亚声速进气道和超声速进气道如图 14-7 所示。民航客机所用的亚声速进气道一般为不可以调节的简单扩张通道。根据飞行的需要，亚声速进气道唇口蒙皮内还设计有防冰所用的热空气、电加热装置。进气道内还有进气总温和总压测量装置等其他附属结构。一些不强调高空高速性能的战斗机（如 F-16）也采用亚声速进气道。

超声速进气道常采用二维斜板风斗或中心锥轴对称结构，如图 14-7(b) 所示。除防冰、测量装置外，为适应宽广的飞行速度范围，超声速进气道一般都需要进行调节，因此

(a) 客机和战斗机(F-16)所用亚声速进气道

(b) 协和客机和战斗机(歼-7)所用超声速进气道

图 14-7　典型进气道

进气道中还有各种调节机构。

2. 压气机

压气机的主要功能是将经过进气道的空气进一步压缩，提升压力和温度，便于在涡轮和尾喷管中膨胀做功。压气机是航空燃气轮机中数量最多的叶轮机械，按照气流方向和工作原理不同，压气机可以分为轴流式压气机和离心式压气机两个基本类型，有的航空燃气轮机还使用由轴流式和离心式压气机组成的混合压气机，如图 14-8 所示。

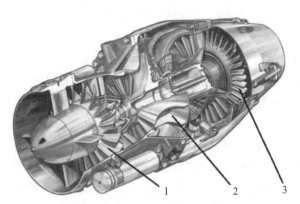

1—轴流式压气机；2—离心式压气机；3—轴流涡轮

图 14-8　涡轮发动机中典型的叶轮机械

1) 轴流式压气机

轴流式压气机中空气流动的方向和压气机旋转轴的方向基本一致，气流通道由间隔排列的转子叶片以及对应的静子叶片构成，如图 14-9 所示，"一排转子叶片＋一排静子叶

片"构成一级,每一级压气机中"转子在前,静子在后"。轴流式压气机的气流通道是逐渐减
小、收敛型的。工作过程中转子叶片类似日常生活中的电风扇叶片,驱动空气沿旋转轴线
方向加速流动,同时增加其压力;静子叶片形成减速通道,将转子增加的气流动能进一步
转化为气流压力。

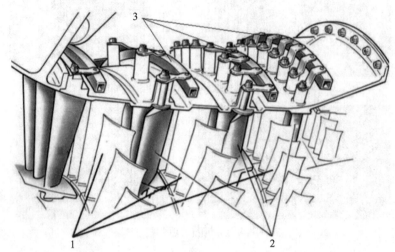

1—压气机转子叶片;　2—压气机静子叶片;　3—同步作动环

图14-9　轴流式压气机工作原理示意图

　　压气机中只有转子对气流做功,转子叶片对气流的做功能力和叶片的切线速度直接相
关,因此压气机均具有较高的转速,并且尺寸小的压气机转速更高。气流经过一级压气机
之后的压力增加相对较小,级增压比为1.2~1.8,要获得较大的压力提升需要较多的压气
机级,即需要"多级轴流压气机",图14-9中为带有导流叶片的4级压气机。

　　为衡量压气机的增压能力,将压气机出口、进口气流总的压力之比定义为压气机的增
压比。为衡量压气机的能量利用率,将理想情况下所需要的压缩功和实际消耗机械功之比
定义为压气机效率。

　　轴流式压气机的增压比和效率受到空气流量和转速的直接影响。因压气机中空气越向
后流动压力越高,且转子叶片对气流的约束能力不如"气缸+活塞"那样直接,所以轴流式
压气机稳定工作时需有一定的流量和增压比范围,超出该范围压气机会发生"喘振"和"旋
转失速"等不稳定工作现象。

　　此外,多级压气机还存在"级和级"之间的协调工作问题。多级压气机各级往往在设计
转速和流量下能正常工作,但偏离设计转速,前面几级和后面几级的速度、流量将变得不
匹配,更容易出现"旋转失速"和"喘振"等不稳定工作现象(气流沿压气机轴线方向发生低
频率、高振幅的振荡现象称为喘振)。压气机喘振会导致发动机(首先是压气机)部件的强
烈机械振动和热端超温,如果不及时处理或处理不当,就会在极短的时间内造成发动机的
损坏。

　　工程设计中针对气流相对压气机叶片角度偏离的情况,采用调节静子叶片的技术措
施,可缓解气流分离,避免不稳定工作现象出现。针对多级压气机各级之间的速度不匹配
问题,常将压气机分为两个或三个转子,不同转子的转速不同,由此速度不协调的问题可

以得到缓解。对于多级压气机级和级之间流量不匹配的问题，也可以采用在压气机级和级之间放出多余空气的方式扩大压气机的稳定工作范围。

轴流式压气机每一级级增压比不高，但气流流动损失小，流通能力强，因此在大流量的航空燃气轮机中得到了大量使用。

参考图 14-9 中轴流压气机的原理，压气机结构包括高速旋转的转子和不转动的静子。压气机转子除受到气动力外还受到高转速带来的离心载荷，并传递扭矩载荷。由于级数多，转子轴向尺寸长，转子还必须有足够的刚度。

为此压气机转子基本都为图 14-10 中的盘鼓式结构。叶片安装在轮盘上，由盘承受巨大的离心载荷，盘和盘由鼓式结构连结为鼓筒，以获得较大的刚度并有利于传递扭矩。整个盘-鼓式结构构成相对独立的压气机转子，并和对应的涡轮轴相连接。

 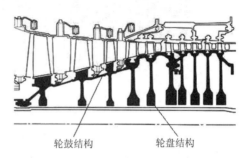

(a) 转子实物　　　　　　　　(b) 转子内部结构

图 14-10　轴流式压气机转子实物及其内部结构

压气机静子的主要载荷为气动力，一般采用将叶片直接装配到机匣上的结构形式。为便于和转子进行配合和装配，静子多采用分级结构或对开机匣结构形式。为了提高发动机的工作裕度并避免喘振，轴流式压气机还常设置有放气结构和可调静子结构，图 14-11 为典型的对开机匣和可调静子。

(a) 对开机匣和可调静子的组合

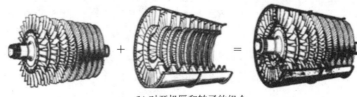

(b) 对开机匣和转子的组合

图 14-11　轴流式压气机对开机匣和可调静子及其与转子的组合

双转子轴流式压气机由低压压气机和高压压气机组成，如图 14-12 所示。发动机启动后，低压压气机的速度由 N1 涡轮叶轮调节；高压压气机的速度由 N2 涡轮叶轮调节。可以用低压转子转速或者风扇转速（N1）来表示涡扇发动机推力的大小，以设计转速的百分比来显示，N1 越大，发动机推力越大。高压转子转速（N2）也是表示发动机推力的一个重要参数，N2 也是以设计转速的百分比来显示的。

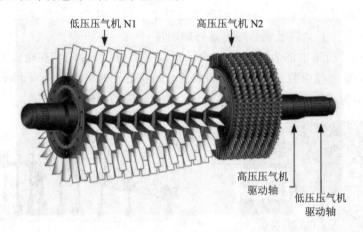

图 14-12 双转子轴流式压气机

2）离心式压气机

离心式压气机主要包含叶轮和对气流减速增压的扩压器，如图 14-13 所示。空气流动方向沿叶轮径向向外，并随叶轮做高速旋转，其切线速度将不断增加；气体所受离心力不断提高内容压力，由这两方面因素共同作用，离心压气机一级的级增压能力（4～6）相对轴流式压气机大得多。现代离心压气机最高级增压比已超过 10。

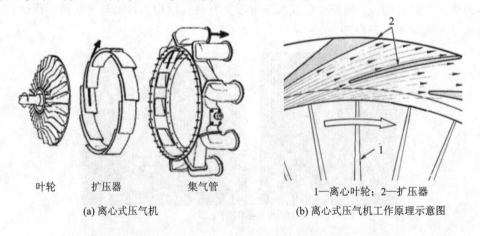

(a) 离心式压气机　　　　　　　　　(b) 离心式压气机工作原理示意图

图 14-13 离心式压气机及其工作原理示意图

虽然离心压气机级增压较高，但叶轮迎风截面积较大，气流流动过程中转折明显，流通能力差，损失也较大，在航空燃气轮机中应用不广泛。在小尺寸发动机中这些不足相对轴流式压气机不明显，因此离心式压气机常用在小流量的压气机或者组合压气机的后面级（见图 14-13）。

离心式压气机主要包括进气装置、离心叶轮、扩压器以及包容这些部件的机匣等结构，如图 14-14 所示。离心式压气机的整体结构相比轴流式压气机简单，高速叶轮常采用整体叶轮形式，工艺性也较好。随离心式压气机性能的提高，叶轮多采用大小叶片技术，并具有和高速叶轮配合使用超声速扩压器。

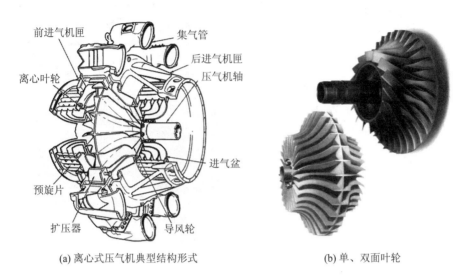

(a) 离心式压气机典型结构形式　　　　　　　　　(b) 单、双面叶轮

图 14-14　离心式压气机典型结构形式及单、双面叶轮

离心式压气机的主要优点是结构简单，轴向尺寸短，工作可靠，性能比较稳定。与轴流式压气机相比，其单级增压比较大。但是这种压气机迎风面积较大，气体流动损失也大，尤其级间损失更大，工作时效率较低，因此一般只使用两级，不适用于多级。自 20 世纪 50 年代以后，除小型涡轴、涡桨发动机及 APU 以外，不再使用离心式压气机。但是它与轴流式压气机配合作为压气机的最后一级，在小型动力装置上却得到了广泛应用，主要用于巡航导弹、无人机驾驶侦察机、靶机或直升机。

3. 燃烧室

涡喷发动机燃烧室的主要功能是将增压后的空气进一步加热，提升温度，增强其做功能力。燃烧室包括内外机匣、扩压器、火焰筒、旋流器以及燃油喷嘴等部件，其工作围绕稳定火焰、实现高效燃烧进行。

燃烧室中的流动过程如图 14-15 所示，由于压气机来流空气速度较高，高达 100～180 m/s。例如，BMW003 发动机压气机出口气流速度为 145 m/s。而 12 级台风的速度为 24 m/s。正常混合比燃烧的煤油空气混合气体在常温常压下燃烧时，火焰传播速度只有 1 m/s。为了不让燃油火焰被吹走，必须在燃烧室中创造出一个低轴向速度的区域，保证火焰在整个推力范围内燃烧。为了形成这个区域，必须将来流分为两股进入燃烧室：气流在 I 区域中经过扩压器减速，并被分流，一股空气经过旋流器进入火焰筒头部区域，形成明显的漩涡和中心低压区，在火焰筒的 II 区域形成稳定的低速回流区域，在该区域喷入比例合适的雾化燃油并点火，可形成稳定的火焰。

分流形成的第二股空气主要用于冷却。由于空气和燃油化学恰当比条件下的燃烧温度远超过涡轮能承受的温度，因此参与燃烧的空气只是流经整个燃烧室气流的一部分，第二股空气占到大部分。该部分空气通过燃烧室火焰筒上的各种孔洞，对核心燃烧区的气流进

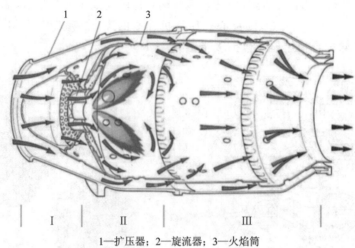

1—扩压器；2—旋流器；3—火焰筒

图 14 - 15　燃烧室工作原理示意图

行掺混和冷却，最终形成合适温度分布的燃气流向涡轮。

涡轮喷气发动机的燃烧室有三种基本结构形式：分管燃烧室、环管燃烧室和环形燃烧室。

分管燃烧室由多个(一般是 8～16 个)单管燃烧室组成(见图 14 - 16)。它们之间靠联焰管连接，起传播火焰和均压的作用。每一个单管燃烧室均有一个火焰筒，围绕它的是机匣。

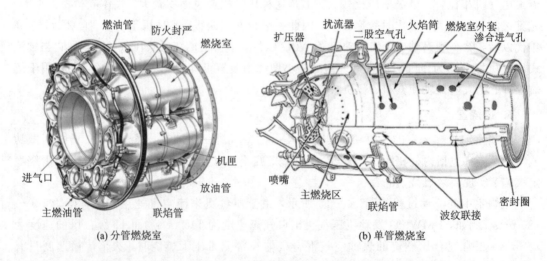

(a) 分管燃烧室

(b) 单管燃烧室

图 14 - 16　分管燃烧室及单管燃烧室

单管燃烧室包括内外机匣、扩压器、火焰筒、燃油喷嘴、点火器等构件。其中火焰筒是组织气流燃烧的关键部件，为多孔的筒状薄壁结构。其头部安装有叶轮状的旋流器，燃油喷嘴安装在旋流器中心，点火器常用高能电点火装置并安装在火焰筒头部利于点火的部位，如图 14 - 17 所示。

典型的联管燃烧室如图 14 - 18 所示，联管燃烧室也有单独的火焰筒，但是这些火焰筒被包容在一个共同的环形通道里。联管燃烧室的优点是结构比较紧凑，外壳可传递扭矩，有利于减轻发动机的结构重量，而它的火焰筒与单管燃烧室相似，设计和调试比较方便。

图 14 - 17　单管燃烧室实物(RD - 45F 离心式涡喷发动机)

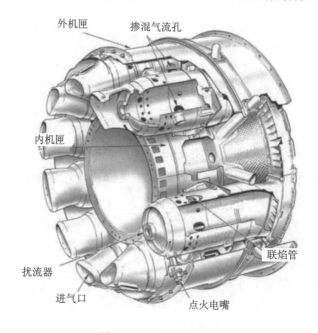

图 14 - 18　联管燃烧室

典型的环形燃烧室如图 14 - 19 所示，它由四个同心的圆筒组成，最内、最外的两个圆筒为燃烧室的内、外壳体，中间两个圆筒所形成的通道为火焰筒。火焰筒的头部装有一圈燃油喷嘴和火焰稳定装置。环形燃烧室的气流通道与压气机出口和涡轮进口的环形气流通道有很好的气动配合，因而可以减少流动损失，而且还能得到较均匀的出口周向温度场。环形燃烧室的空间利用率最高，迎风面也最小，这有利于减轻重量。

虽然环形燃烧室有较多优点，但是缺点也比较明显。首先是沿圆周均匀分布的各个离心喷嘴喷油所形成的燃油分布和环形通道的进气不易配合好。其次，环形燃烧室的设计和调试比较困难，需要有大型的气源设备。当然由于仅有一个环形火焰筒，在使用中装拆维护也比较复杂。

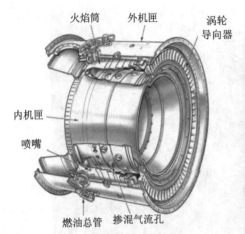
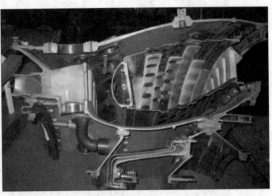

火焰筒　外机匣　涡轮导向器

内机匣

喷嘴

燃油总管　掺混气流孔

图 14-19　环形燃烧室组成及实物照片

燃烧室的污染排放物包括一氧化碳（CO）、未燃碳氢（UHC）、氮氧化物（NO_x）和冒烟等 4 种燃烧产物，目前除氮氧化物以外，其他排放物指标已相当低，为了消除和减少 NO_x 的产生，需要在发动机高转速工作条件下使燃烧室尽可能降低高温空气的温度，可通过限制参与燃烧的高温空气量或降低燃烧室温度来达到。目前，世界上各大航空发动机制造商用于大型先进商用航空发动机的燃烧室技术各不相同。

4. 涡轮

涡轮（旧称"透平"）是涡喷发动机中将燃气能量转化为机械能的部件，涡轮绝大多数是轴流涡轮。和轴流式压气机类似，涡轮也是动、静叶片交错排列，但静子在前，转子在后。涡喷发动机中通过涡轮获得的机械能主要带动压气机和附件系统，在涡轴、涡桨发动机中，涡轮还通过减速器带动螺旋桨和旋翼。

涡轮的工作原理如图 14-20 所示，涡轮静子、转子通常也称为导向器和工作轮。和压气机逆压流动条件不同，燃气在涡轮中是顺压流动。在导向器中燃气膨胀，温度压力降低，燃气获得极大的速度。而后燃气气流在工作轮中高速冲击工作轮叶片，并在叶片通道中大范围转弯；高温高压燃气在工作轮中还会进一步膨胀。以上两方面的气动力作用在工作轮叶片上形成极大力矩，从而获得很高的机械功率。

涡轮分为径向式和轴流式两种。径向式涡轮一般与离心式压气机配合使用，总是单级，主要用于小功率的燃气涡轮发动机；而轴流式涡轮一般与轴流式压气机配合使用，主要用于大型燃气涡轮发动机。

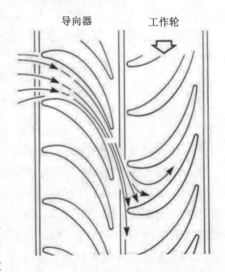

导向器　工作轮

图 14-20　涡轮工作原理示意图

涡轮是发动机中的高温、旋转叶轮部件，因此其结构围绕高温、高转速工作条件设计，如图 14-21 所示。发动机的涡轮导向器一般为空心结构，以便于通过冷空气进行冷却，此外也便于在其中布置各种支撑承力结构。涡轮转子叶片（尤其工作温度较高的高压涡轮叶片）也是空心结构，采用空气进行冷却，提高工作温度。

(a) 涡轮整体结构

(b) 涡轮转子

图 14-21　涡轮整体结构和涡轮转子

　　由于涡轮级数大大少于轴流式压气机级数，涡轮转子较短，因此直接采用盘＋轴的结构形式。叶片直接安装于盘上，盘通过一定的形式和轴相连，并通过轴驱动压气机。如图 14-22 所示为 CFM56-3 的转子结构。为了限制从涡轮叶片向轮盘的热传导，每级轮盘的两面都通有冷却空气。

　　涡轮由静子和转子两部分组成，涡轮静子又称涡轮导向器，涡轮转子又称涡轮工作轮。类似于压气机，一排静子叶片和一排转子叶片组成涡轮的一个级。如 CFM56-3 涡扇发动机有 5 级涡轮，包含 1 级高压涡轮（HP）和 4 级低压涡轮（LP）；PW4000 涡扇发动机有 7 级涡轮（2HP，5LP）。由于气体通过涡轮膨胀做功，气体比容增大，密度减小，因而涡轮的气流通道截面是逐渐增大的，呈扩张形。

　　转子叶片仍然由叶身和榫头组成，但涡轮多使用枞树形榫头，主要是其具有受热后可以自由膨胀、传热性好的优点，如图 14-23 所示。

转子叶片
涡轮盘
涡轮轴

图 14-22　CFM56-3 涡扇发动机的
高压涡轮转子结构

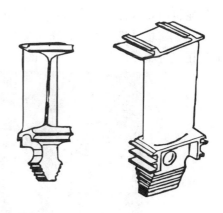

图 14-23　RB211 涡扇发动机的涡轮转子叶片

　　由于燃气温度高，涡轮部件必须冷却，这样既可以增加涡轮部件的寿命，又可以间接提升涡轮效率。在涡轮中，需要冷却的部件有导向器、榫头以及转子叶片。涡轮导向器叶片和转子叶片内部一般被设计成复杂的冷却通道，如图 14-24 所示。

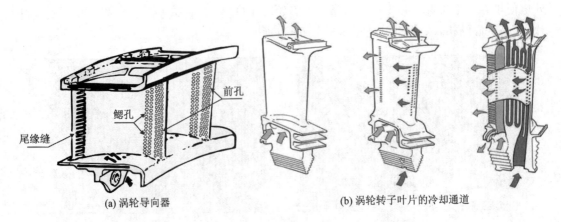

(a) 涡轮导向器　　　　　　　　(b) 涡轮转子叶片的冷却通道

图 14-24　涡轮导向器和涡轮转子叶片的冷却通道

单通道内部对流冷却涡轮叶片具有很强的适用性，主要用来自压气机的空气对其进行冷却。多通道的内部冷却涡轮叶片效果更佳，冷却的方法有很多种，如对流冷却、气膜冷却、冲击冷却等，当前大多数现代燃气涡轮发动机是将三种冷却方法组合使用。

发动机在使用中如果超出排气温度或者最大转速极限，或者发动机在最大状态下的使用时间超出限制将导致涡轮转子叶片产生蠕变，并出现裂纹或断裂。骤然的严重超温、超转或外来物打伤也可能使叶片产生严重损伤。

为防止涡轮叶片失效，要使发动机的转速、排气温度和最大状态工作时间限制在极限条件内。要避免推油门过猛，防止喘振，正确使用反推装置，控制压气机引气量等。此外，在适当的转速下对发动机进行一定时间的冷、暖机，可以避免涡轮叶片骤冷、骤热引起过大的热应力，损坏叶片。

当发动机有较大推力富裕时，可以在保证飞行性能和安全的前提下，降低排气温度使用，如在波音 737NG 上采用的减推起飞技术，可以延长发动机热端部件特别是涡轮的使用寿命，还可以降低起飞噪声，节省燃油。

燃气轮机的高压转子部分（高压压气机、燃烧室和高压涡轮）称为核心机（core engine）（见图 14-25），核心机可以作为燃气发生器。但是双轴燃气轮机中的燃气发生器是核心机加上低压压气机和低压涡轮。因此，核心机与燃气发生器是两个不同的概念。

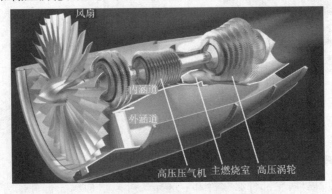

图 14-25　核心机三大部件

　　一台高性能核心机可以扩展出一系列的发动机,包括涡轮喷气发动机、涡轮风扇发动机、涡轮螺旋桨发动机、涡轮轴发动机以及地面及舰船用的动力。另外,按相似理论放大、缩小,可以将核心机尺寸加大或缩小,以改变发动机的推力或功率大小。因此,国内外的航空发动机公司均不遗余力地开展高性能核心机和燃气发生器的研制工作。

5. 尾喷管

　　涡喷发动机尾喷管的主要功能是将燃气加速排出,产生推力。尾喷管具有二维与轴对称、管道与塞式、对称与非对称等不同形式,但从气动工作原理来讲主要分为收敛喷管(convergent nozzle)和收扩喷管(也称拉瓦尔喷管,Laval nozzle)两大类,如图 14 - 26 所示。

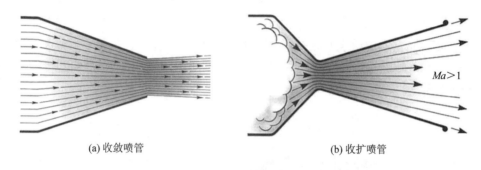

(a) 收敛喷管　　　　　　　　　　　(b) 收扩喷管

图 14 - 26　尾喷管工作原理示意图

　　按照气动原理,收敛喷管最多能将燃气加速到声速,因此用在尾喷管入口燃气压力不是很高的发动机中,如部分涡喷发动机和高涵道涡扇发动机。收扩喷管在燃气的压力足够高的条件下可以将燃气加速到超声速的状态,因此常用于燃气压力较高的发动机上,以获得尽可能大的推力,如军用低涵道涡扇发动机。

　　最简单的尾喷管是由排气管和喷口两部分组成的,如图 14 - 27 所示,排气管位于涡轮与喷口之间,使从涡轮出来的燃气从环形通道过渡到实心通道,且为了避免涡轮盘后的涡流损失,要增加整流锥。整流锥靠整流支板固定在排气管内。整流支板一般做成对称叶型,起半级涡轮作用,以保证燃气轴向排出,减少推力损失。其一般为空心结构,测量排气压力或温度的探头会安装在内部,一些油管路也要穿过其到达轴承腔。

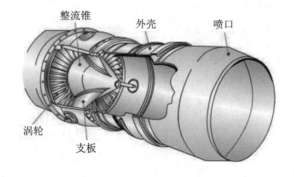

图 14 - 27　最简单的尾喷管(收敛)

　　除涡轴发动机外,航空涡轮发动机的尾喷管都是排出和加速燃气的部件。涡喷、低涵道比的混合排气涡扇发动机、涡桨发动机都具有统一的尾喷管,便于排出发动机所有燃气，涡喷发动机有收敛喷管和收扩喷管等类型（图 14 - 28 所示为采用收扩喷管的涡扇发动机）。

图 14 - 28　采用收扩喷管的 AL - 31F 军用涡扇发动机

高涵道涡扇发动机采用了大尺寸的涵道风扇，并采用内涵道和外涵道分别排气的形式，因此采用的是同心的两个收敛尾喷管，如图 14 - 29 所示。该类尾喷管一般是固定结构。有的发动机尾喷管为降低雷达信号或降低噪声，还采用锯齿形的边缘，也有采用二维几何截面的二元尾喷管。

图 14 - 29　带有锯齿边缘分别排气的涡扇发动机喷管

14.2.2　涡喷发动机的整体结构

涡喷发动机各个部件需要以一定的结构形式组合在一起才能完成发动机的功能，为此发动机整体结构还包括如下功能结构。

1. 转子的连接结构

转子的连接结构主要是压气机转子和涡轮转子（轴）连接结构，如图 14 - 30 中的 5。此类结构常采用刚性或柔性的联轴器连接压气机和涡轮转子，以保证工作可靠和制造、维修的便捷。

2. 转子的支撑结构

转子的支撑结构就是将转子可靠支撑的轴承结构，如图 14 - 30 中的 3 和 6。长度小的转子采用两个轴承，长度大的采用 3 个轴承。为了保证传递载荷，并使转子有热胀冷缩的余地，每个转子上只有一个可以传递轴向力的轴承，即推力轴承，如图 14-30 中的 3；另一个轴承为允许轴有一定轴向位移的滑动轴承，如图 14-30 中的 6。

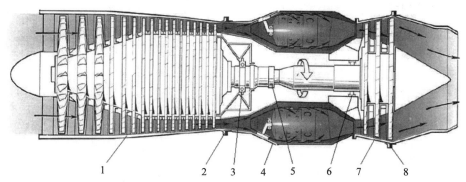

1—压气机机匣；2—主安装节；3—推力轴承；4—燃烧室机匣；
5—联轴器；6—滑动轴承；7—涡轮机匣；8—辅助安装节

图 14-30　涡喷发动机整体结构

为防止喘振，当压气机采用双转子时，低压涡轮和低压压气机组成低压转子，转速记为 N_1，高压压气机和高压涡轮组成高压转子，转速记为 N_2。多转子发动机的支撑结构相对单转子发动机复杂。首先低压转子的轴必须穿过高压转子轴，形成"轴套轴"的结构形式。因此低压轴往往比较长，需要多个支点。此外，多转子发动机的高压轴往往还驱动发动机的各种功能附件，启动过程中高压转子还被启动机带动，因此有各种传动机构，典型的多转子的连接和支撑如图 14-31 所示。

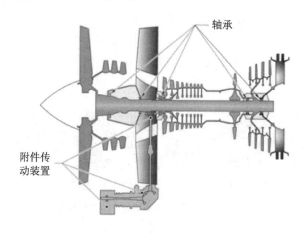

图 14-31　多转子的连接和支撑

3. 静子传力结构

转子的力传递到轴承，最后传给发动机静子机匣，其他部件的力也通过压气机、燃烧室、涡轮等机匣传递给外机匣。外机匣再通过安装节点传递给飞机。为保证各个部件传递力的路径尽可能短，主传力安装点一般在发动机压气机后部，并设置若干辅助安装点，发动机最终通过安装点安装到飞机上，如图 14-32 所示。

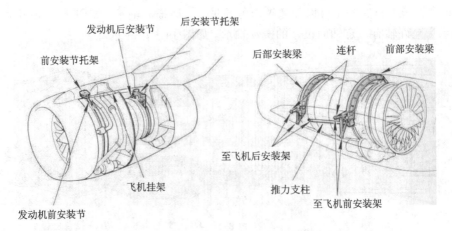

图 14 - 32 航空涡轮发动机的安装

14.3 典型燃气涡轮发动机

14.3.1 涡轮风扇发动机

涡轮风扇发动机简称涡扇发动机，是指由喷管喷射出的燃气与风扇排出的空气共同产生反作用推力的燃气涡轮发动机。涡扇发动机由涡轮喷气发动机发展而成。目前应用最广泛的两种涡扇发动机分别是混合排气涡扇发动机和分别排气涡扇发动机（如图 14 - 33 和图 14 - 34 所示）。将涡扇发动机和涡喷发动机对比不难发现，涡扇发动机和涡喷发动机最大的不同在于：涡扇发动机都具有两个流动通道，相比涡喷发动机多了一个外部通道，即外涵道，外涵道中无燃烧室和涡轮；而对应涡喷的流道称为内涵道，有燃烧室和涡轮。涡扇发动机所谓的风扇可以认为就是空气分流之前的低压压气机。

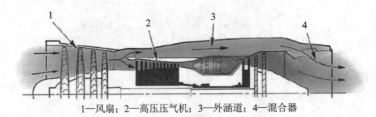

1—风扇；2—高压压气机；3—外涵道；4—混合器

图 14 - 33 混合排气涡扇发动机（双转子）

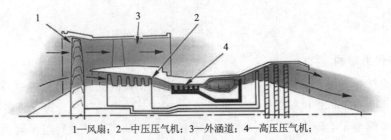

1—风扇；2—中压压气机；3—外涵道；4—高压压气机；

图 14 - 34 分别排气涡扇发动机（三转子）

涡扇发动机内涵道的气流经过风扇、高压压气机的压缩，而后经过燃烧室的加热和涡轮中的能量输出，最后进入尾喷管，该过程和涡喷发动机中气流的变化过程一致。混合排气涡扇发动机中外涵道的气流流过风扇和外涵道，经过混合器后和内涵气流在涡轮后混合，最后由同一尾喷管排出。分别排气的涡扇发动机外涵道的气流经过风扇后直接从外涵尾喷管排出，不和内涵气流混合，因此称为"分别排气"。

涡扇发动机通过增加外涵道，以"风扇＋外涵道"改进涡喷发动机的推进方式，可以获得相对涡喷发动机更大的低速推力和更低的油耗；同时相对涡桨发动机又具有更好的高速性能，因此成为航空燃气涡轮发动机的主流。

1. 涡扇发动机基本工作原理

涡扇发动机内涵道有燃烧室和压气机，气流在内涵道完成热力循环。涡扇发动机将燃料化学能转化为机械能的原理和涡喷发动机是基本一致的。涡扇发动机也是依靠尾喷管加速气流获得反推力的，其推进的基本原理也和涡喷发动机一致。

外涵气流仅仅参与推进，分别排气涡扇发动机的推力是外涵推力和内涵推力之和。混合排气涡扇发动机由于气流由同一尾喷管排出，其推力的产生形式和涡喷发动机一样。

涡扇发动机推力和经济性的改善来自参与推进工质质量的增加，即所谓的"质量附加原理"。在喷气发动机完成热力循环获得的功相同的情况下，参与推进的工质越多，发动机的推力和经济性改善越明显。为衡量附加质量增加的程度，定义涡扇发动机的涵道比（bypass ratio）为

$$B = \frac{W_{a外}}{W_{a内}} \tag{14-1}$$

式中：$W_{a外}$、$W_{a内}$——涡扇发动机外涵道和内涵道空气的质量流量。

涡扇发动机的涵道比大小和发动机形式、发动机性能以及发动机的应用范围密切相关。

1）对排气方式的影响

低涵道比涡扇发动机单位质量的外涵道气流获得的能量更多，因此低涵道比对应着高的外涵道增压比，风扇的级数较多。当涵道比小于 1 时，外涵气流压力高，可以通过混合器流入内涵，利用内涵气流加热，并通过同一尾喷管排出，获得更大的推力。

高涵道比涡扇发动机单位质量的外涵道气流获得的能量低，风扇的级数少，外涵气流压力低；同时内涵能量剩余少，内外涵气

图 14-35　高涵道比分别排气涡扇发动机(CFM56)

流无混合必要，因此可采用分别排气的推进形式，获得更大的总推力。以上原理可参考图 14-33 和图 14-34，实际发动机可参考图 14-35、图 14-36。

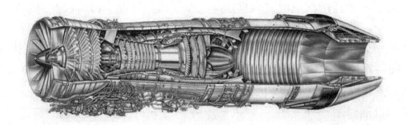

图 14-36 低涵道比混合排气涡扇发动机(F110)

2) 对发动机性能的影响

涡扇发动机利用质量附加原理可改善发动机的推力和经济性,因此涡扇发动机的涵道比对发动机的性能有直接影响。为此将涵道比超过 4 的涡扇发动机称为高涵道比涡扇发动机,小于 4 的称为低涵道比涡扇发动机。

图 14-35 中的 CFM56 发动机和图 14-36 中的 F110 发动机具有相同的核心机,选择不同的涵道比,搭配不同的低压转子,获得的发动机性能也不同。

CFM56 发动机的涵道比为 6.6,为典型单级风扇的高涵道比分别排气涡扇发动机,起飞推力大,亚声速经济性好,但高速飞行的性能不佳,不具备超声速飞行能力,因此该发动机广泛用于波音 737、空客 A320 等客机的动力装置。

对于多轴的涡扇发动机而言,在发动机核心机和内涵工作参数一致的条件下,涡扇发动机的涵道比越高,发动机的低速推力越大,经济性越好,但高速飞行的性能越低。

民航客机以经济性为重要指标,为此新研制的 LEAP(新型 737、我国 C919 等客机的动力装置)以及 PW1000G(A320NEO 飞机动力装置)等发动机沿用了增加涵道比、改善经济性的技术路线,其涵道比均超过了 10。

F110 发动机的涵道比为 0.81,搭配三级风扇,形成了带有加力燃烧室的混合排气涡扇发动机,推力特性和经济性介于高涵道涡扇和涡喷之间,具有良好的亚声速巡航经济性和超声速冲刺性能,因此是 F-14、F-15、F-16 等第三代战斗机的动力装置。

2. 涡扇发动机的构造

涡扇发动机具有外涵道,多数发动机不止一个转子,所以发动机的整体结构复杂。但是涡扇发动机部件的结构原理和整体构成原理与涡喷发动机类似,在此不详细讨论,仅介绍分别排气涡扇发动机不同于涡喷发动机的风扇和外涵道。

民航客机采用的大推力高涵道涡扇发动机对应着高的空气流量和大的风扇尺寸,风扇叶片均为无进口导流叶片的宽叶片,并广泛采用高性能轻质合金、复合材料、空心结构作为叶片材料,以减轻重量并提高气动性能(见图 14-37)。

图 14-37 高强度材料加强的风扇机匣

为了有足够高的热机效率,涡扇核心机转速都在 10 000 r/min 以上。风扇尽管转速低,但叶片尺寸大,并有撞鸟和吸入外来物的危险。如果发动机的转子叶片断裂并飞出机匣发生所谓的"非包容性破坏",就可能引发客机灾难性事故。为此,客机发动机机匣往往采用高强度防弹材料增加强度，以保证发生事故时发动机不发生非包容性的破坏。

3. 发动机部件匹配工作

涡扇发动机部件匹配原理和涡喷发动机基本一致。对于混合排气涡扇发动机，由于需要内、外涵混合，外涵道后的压力基本和内涵涡轮后的压力相等；分别排气涡扇发动机为减小排气损失，内、外涵的排气速度或排气总压相等。

此外，对于高涵道比的涡扇发动机，涵道增大会带来转子部件工作的匹配性问题。因为高涵道比意味着需用大尺寸的风扇。风扇实际上也是一种涵道式的叶轮机械，工作效率和切线速度相关，相对于内涵道的涡轮尺寸大，高涵道比涡扇发动机需要在相对低的转速下运行，而涡轮需要高的转速才能有足够高的效率。

为缓解这一矛盾，高涵道涡扇发动机一般为多转子(图 14 - 38 为三转子涡扇发动机的转子)，但这会增加发动机轴系的复杂性和支撑结构的设计难度。双转子的高涵道发动机往往将图 14 - 38 中 1 号和 2 号转子合并，增大低压涡轮尺寸，保证核心机效率，并缓解涡轮和风扇之间工作转速的矛盾。

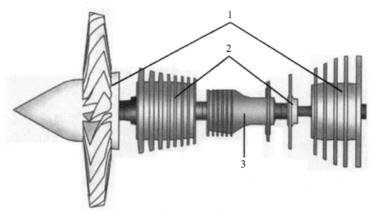

1—高转子；2—中转子；3—低转子

图 14 - 38　典型涡轮风扇发动机的转子(低、中、高三转子)

为了从根本上解决风扇和涡轮转速的匹配问题，最直接的手段是在风扇和驱动风扇运转的涡轮之间安装变速器，使风扇和涡轮均工作在自身合适的转速，这一类涡扇发动机称为齿轮传动(驱动风扇)的涡扇发动机。

14.3.2　涡轮螺旋桨发动机

涡轮螺旋桨发动机简称涡桨发动机。和涡喷、涡扇以喷气产生推力不同，涡桨发动机主要利用螺旋桨和旋翼产生动力，是间接产生动力的发动机。涡桨发动机可以看作涵道比接近 20 的涡扇发动机。该发动机的低速推力比涡喷、涡扇发动机大，短程运输机采用涡桨发动机更经济实惠。

1. 工作原理

涡桨发动机作为热机，其工作原理和涡喷、涡扇发动机是一致的。涡桨发动机的工作原理如图 14 - 39 所示，气流在涡桨发动机中流动和参数变化过程与涡喷发动机类似，所不同的是涡桨发动机的涡轮从燃气中提取的机械能一部分驱动各级压气机，另一部分通过减速器驱动螺旋桨。涡桨发动机的推力主要由螺旋桨产生，排气涡轮后的燃气还具有一定的能量，通过尾喷管加速喷出还可以产生小部分推力。

因为螺旋桨的尺寸远大于涡桨发动机压气机、涡轮的尺寸，螺旋桨的转速远低于发动机转子的转速，所以减速器是涡桨发动机必不可少的部件，如图 14 - 39 所示。

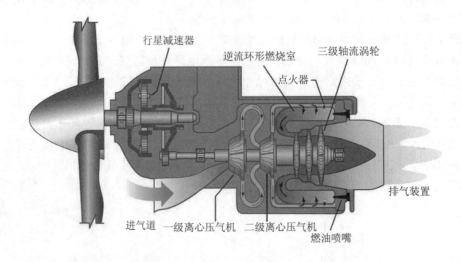

图 14 - 39　涡桨发动机(带减速器和螺旋桨)的工作原理图

2. 结构特点

涡桨发动机的部件和总体结构与涡喷、涡扇类似。但根据涡轮和压气机、螺旋桨的关系不同，发动机涡轮中可能包含自由涡轮，如图 14 - 40 所示。自由涡轮、减速器和螺旋桨构成一个单独的功率输出转子，与压气机之间既没有机械关系也没有能量关联。涡扇发动机低压涡轮、风扇构成的转子中，风扇参与了气流的压缩，不单纯是功率输出，因此涡扇发动机的低压涡轮不是自由涡轮。

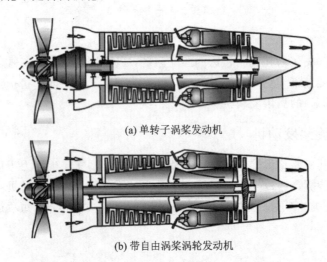

(a) 单转子涡桨发动机

(b) 带自由涡桨涡轮发动机

图 14 - 40　单转子涡桨发动机和带自由涡轮涡桨发动机示意图

图 14 - 40 中采用自由涡轮的涡桨发动机针对不同的工况，核心机转子可以工作在不

同的转速下,以获得更好的经济性。对于不设置自由涡轮的单转子涡桨发动机,因为转子和螺旋桨通过减速器直接相连,转速比恒定,螺旋桨和发动机均为恒定转速,所以经济性相对较差。但是单转子涡桨发动机需要增加推力时只需要增加供油量,同时改变螺旋桨的桨距,转子没有加速过程,单转子涡桨发动机的复飞特性好于自由涡轮的涡桨发动机。因此,单转子涡桨发动机常用于需要应急复飞的飞机上,比如,用在舰载固定翼预警机上。

14.3.3　涡轴发动机

涡轴发动机作为热机,其工作原理、能量传递形式和涡桨发动机相似,不同之处在于涡轮发动机输出的机械功率通过减速器以轴功的形式传递给直升机旋翼,而旋翼的轴线和发动机的轴线往往不在同一方向上。

1. 工作原理

涡轴发动机的工作原理如图 14 - 41 所示。除空气流量特别小的发动机外,涡轴发动机一般设置自由涡轮,也称为动力涡轮,主要向减速器输出轴功。其他涡轮带动压气机,通过压缩、加热、膨胀的过程形成推动自由涡轮的燃气,也叫燃气涡轮。

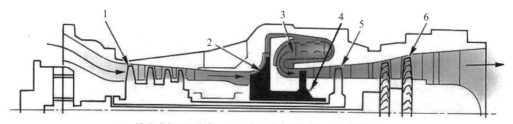

1—轴流式低压压气机；　2—离心式高压压气机；　3—燃烧室；
4—高压燃气涡轮；　5—低压燃气涡轮；　6—自由涡轮

图 14 - 41　涡轴发动机工作原理示意图

用作直升机动力装置的涡轴发动机主要带动旋翼产生升力,旋翼的尺寸相比涡桨发动机的螺旋桨更大,转速更低。轴功率一定的条件下,低转速对应更大的机械力矩,需要的减速齿轮尺寸大而且笨重。因此,直升机的涡轴发动机往往将减速器设计成两部分:和自由涡轮直接连接的高速部分直接装在发动机上,称为机内减速器;低速减速器装到直升机上,称为主减速器。直升机如果有多个涡轴发动机,这些发动机可以共用一个主减速器。

2. 结构特点

涡轴发动机的压气机、燃烧室、涡轮等部件以及整体结构和其他涡轮发动机类似。但使用涡轴发动机的直升机的飞行速度基本在 100 m/s 以下,来流动能相对小,涡轴发动机的进气道减速增压需求不大;直升机的飞行高度低,吸入各种外来物的可能性大大增加。为此直升机进气道具有图 14 - 42 和图 14 - 43 中所示的防护网或者粒子分离装置。粒子分离装置利用固体颗粒密度大、流动跟随性弱的特点,采用气流转弯、旋转等运动实现涡轴发动机进气净化。

涡轴发动机的尾喷管多采用扩张型的排气通道(如图 14 - 44 所示),这样可以减小涡轮后的压力,有利于涡轮输出更多的功。此外,直升机的飞行高度低,容易被各种红外制导武器攻击,武装直升机、军用运输直升机的排气装置都安装有红外抑制装置,用以降低

图 14-42　直升机设置的进气道防护网

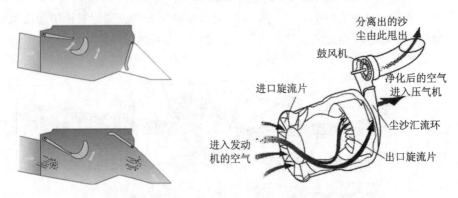

图 14-43　挡板式和旋流式粒子分离装置工作原理

被攻击的概率。

图 14-44　带有发动机排气红外抑制装置的武装直升机

　　典型的涡轴发动机的机内减速器如图 14-45 所示，机内减速器的转速高，齿轮为高速齿轮，尺寸相对小，减速器和发动机共用滑油系统。图 14-46 所示为机外主减速器，较为笨重，也需要额外的滑油系统。

　　直升机旋翼也有类似涡桨发动机螺旋桨的桨距调节器，如图 14-47 所示，该装置较为复杂，可以实现旋翼桨叶角度和整个旋翼倾角的调节。桨叶角度不同，旋翼需要的功率不

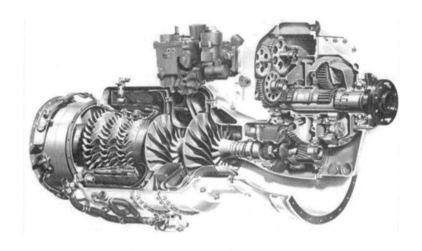

图 14-45　涡轴发动机的机内减速器

(a)

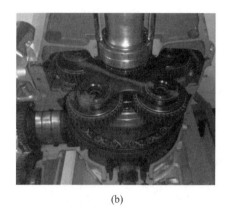

(b)

图 14-46　涡轴发动机的机外减速器

同,由此和发动机自由涡轮功率匹配,保持旋翼转速不变。

图 14-47　直升机旋翼调节机构

14.4　性能指标与特性

航空燃气涡轮发动机的使用性能可用一系列工作参数进行表征。使用者最关心动力装置能提供多大的推力或功率，其次也要考虑经济性等因素。

14.4.1　喷气式发动机的推力计算

1. 推力计算公式

涡喷、涡扇一类的喷气式发动机既是热机又是推进器，其推力可以视为作用于各部件上各种作用力的合力，但按照部件受力计算发动机的推力十分困难。从另一个角度来看，喷气推进的基本原理是增加流入推进系统的空气具有的动量，进而获得反作用力。因此可以把整个推进系统视为一个整体，通过计算发动机控制体进口和出口边界的气流动量变化来确定发动机的推力。

进入发动机的空气流量为 W_a，按照图 14-48，采用动量定理可以推导出发动机推力为

$$F = W_9 c_9 - W_a c_0 + (p_9 - p_0) A_9 \qquad (14-2)$$

其中：W_9、c_9 分别为 9 截面的燃气流量和速度。忽略燃油流量，有 $W_9 = W_a$，则

$$F = W_a(c_9 - c_0) + (p_9 - p_0) A_9 \qquad (14-3)$$

若燃气在尾喷管中完全膨胀，则有 $p_9 = p_0$，因此发动机的推力可以简化为

$$F = W_a(c_9 - c_0) \qquad (14-4)$$

由此可见，增大排气速度和流量是增大航空燃气涡轮发动机推力最直接的手段。

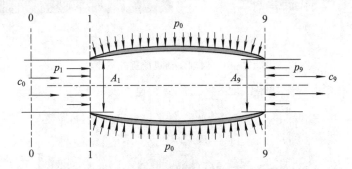

图 14-48　涡喷发动机推力计算的示意图

混合排气涡扇发动机进气、排气形式和涡喷发动机一样，因此可以用同样的公式计算。分别排气的涡扇发动机推力为内涵和外涵推力之和，为了减小内、外涵道排气造成过大的混合损失，分别排气涡扇发动机往往内、外涵道的排气速度会设计为基本一样，所以也可以参考涡喷发动机推力的计算公式进行计算。

目前分别排气的高涵道发动机的涵道比达到了 6~10，发动机外涵的推力占发动机推力的大部分，该推力和涡扇发动机风扇的转速直接相关，因此常常将高涵道涡扇发动机低压转子的转速作为重要的工作状态控制量加以控制。

喷气式发动机由于要大量吸气（如 GE90-85B 的空气流量为 1415 kg/s）和高速（可以

超过声速)高温排气,因此发动机在工作期间,其进气道和尾喷管周围存在很多危险区域,会对人员和设备造成直接伤害。发动机地面试车时的危险区域可以分为进气道危险区、排气危险区和噪声危险区。波音 737 - 300/400 的 CFM56 - 3C 发动机在地面慢车状态的危险区域如图 14 - 49 中阴影部分所示。

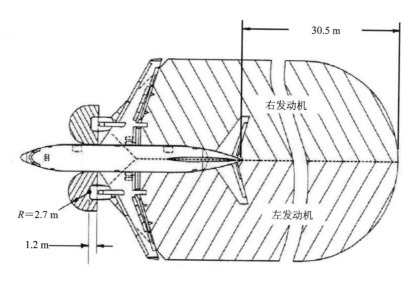

图 14 - 49　CFM56 - 3C 发动机在地面慢车状态的危险区域

发动机的危险区域与推力相关,推力越大,危险区域越大。发动机的安全通道是试车时接近发动机的通道,从进气、排气危险区以外的区域接近,一般仅在地面慢车时接近。

2. 推力相关指标

1) 推力

通常将航空燃气涡轮发动机的推力表示为 F,推力的常用单位包括 N、kN 或 daN(10N)。

目前,大型客机所用的高涵道涡轮风扇发动机的最大推力超过 50 000 daN,军用混合排气加力涡扇发动机的最大推力达到了 20 000 daN;无人机用的小型涡喷或涡扇发动机的推力仅在 100~400 daN 量级。对于一般的推进系统而言,大发动机推力肯定比小发动机的推力大,空气流量大的发动机的推力比流量小的发动机的推力大,因此单纯以发动机推力的大小不足以衡量发动机的品质。

2) 推质比/推重比

推质比是航空发动机推力和发动机质量的比,是衡量发动机性能的重要指标:

$$F_m = \frac{F}{m} \tag{14 - 5}$$

式中: m——发动机的质量。

发动机推质比的单位通常为 daN/kg。类似地,工程上也常将发动机推力和其重量相比,称为推重比。推重比无量纲,因此更为常用。

发动机推力一定时,推质比越大,发动机越轻,飞行器空重越小,这对飞机的性能将有直接的影响。飞机升限、有效载荷和经济性均受发动机推质比的影响。对于涡轴、涡桨等间接产生动力的发动机,类似地,有功率重量比衡量发动机的性能。

在相同的空气流量条件下，低涵道比涡扇发动机一般比涡喷发动机的质量低 20％左右，因为通过涡扇发动机内涵道的燃气流量少，所以其尺寸和质量都相应地小一些。但是涡扇发动机的喷气速度低，单位推力小。若推力相同，则涡扇发动机的空气流量要大于涡喷发动机，即使如此，涡扇发动机的推质比仍然比较大。

3）单位推力

单位推力定义为流过航空发动机单位质量的空气流量所产生的推力：

$$F_s = \frac{F}{W_a} \tag{14-6}$$

式中：W_a——发动机的空气流量。

F_s 的单位为 daN·s/kg，对于燃气在尾喷管中完全膨胀且忽略燃油流量的情况，显然有 $F_s = c_9 - c_0$。

在给定推力的情况下，单位推力越大，空气流量相对越小，越容易研制出尺寸小、重力轻的发动机。涡桨和涡轴发动机以功率、当量功率衡量其动力性能，和推力指标类似，也有单位功率和功重比等指标，在此不详细介绍。

14.4.2　航空燃气涡轮发动机的经济性指标

作为热机和推进器，效率直接决定发动机的经济性。推进系统的效率包括将化学能转化为循环功的效率和将循环功转化为推进功的效率。

1. 航空燃气涡轮发动机的效率

1）热效率

航空发动机作为热机，可以用热效率来表示其性能：

$$\eta_t = \frac{L_e}{q_0} \tag{14-7}$$

式中：L_e——发动机单位质量空气获得的循环功；

q_0——对应单位循环功的燃料完全燃烧所能释放的热。

目前发动机的热效率约为 25％～40％，发动机的热效率考虑了循环过程中的全部损失，通常包括：

（1）燃烧过程不完全带来的损失，占总能量的 1％～3％；

（2）排出燃气带走的热量，占总能量的 55％～75％；

（3）发动机的传热，占总能量的 1％～2％。

2）推进效率

航空燃气涡轮发动机作为热机将热能转化为循环功，作为推进器还将循环功转化为推进功，推进效率主要衡量这种转化的有效性：

$$推进效率 = \frac{推进功}{循环有效功} = \frac{推进功率}{有效功率} \tag{14-8}$$

以涡喷、混合排气的涡扇为例，推进功率为 $N_P = Fc_0$。

若忽略燃料质量，假设发动机尾喷管完全膨胀，则推力可简化为

$$F = W_a(c_9 - c_0)$$

循环有效功为

$$N_{cy} = \frac{1}{2} W_a (c_9^2 - c_0^2)$$

代入式(14-8)，可得推进效率为

$$\eta_P = \frac{2}{1 + \dfrac{c_9}{c_0}} \qquad (14-9)$$

由推进效率的表达式可知，推进效率具有明显的物理意义，飞行过程中推进效率总是小于 1 的，即推进过程总有损失，则

$$\frac{1}{2} W_a (c_9^2 - c_0^2) - W_a (c_9 - c_0) c_0 = \frac{1}{2} W_a (c_9 - c_0)^2$$

可见，推进过程中不仅损失热能，还损失机械能，该部分能量被喷出的燃气的动能带走。此外，推进效率取决于 c_9/c_0，在循环参数一致的条件下，涡喷发动机的 c_9 大，推进效率小，涡扇发动机因空气流量大，且排气速度 c_9 较低，故而推进效率高，省油。

这种现象也决定了不同发动机的性能差异，产生推力可以采用速度较大但质量流量较小的喷气，也可以采用速度较小质量流量较大的喷气。当热机提供的循环功一致时，前者适合高速飞行，但低速飞行时的能量利用率低，比如涡喷发动机、低涵道比的涡扇发动机；后者适合相对低速飞行，但低速飞行时的能量利用率高、省油，比如高涵道比的涡扇发动机。

3）总效率

以发动机为核心的推进系统的总效率为热效率和推进效率之积：

$$\eta_0 = \eta_t \eta_P = \frac{F c_0}{Q_0} \qquad (14-10)$$

2. 耗油率

工程上直接以发动机的单位推力油耗来表征发动机的总效率。发动机的耗油率是衡量发动机经济性的重要指标。若单位时间内发动机消耗的燃油为 W_f，产生的推力为 F，则单位燃油消耗率(specific fuel consumption)定义为

$$sfc = \frac{3600 W_f}{F} \qquad (14-11)$$

sfc 的单位为 kg/(daN·h)。在地面台架条件下，涡喷发动机的耗油率约为 0.8～1.1 kg/(daN·h)，战斗机用低涵道比涡扇发动机为 0.6～0.8 kg/(daN·h)，涡喷和涡扇发动机开加力时的耗油率约为 1.8～2.0 kg/(daN·h)，客机所用大涵道比的涡轮风扇地面耗油率低于 0.4 kg/(daN·h)。与此类似，涡轴和涡桨发动机采用单位功率油耗衡量发动机经济性，先进的涡轴发动机比如 RTM322、VK2500，其单位油耗为 0.26～0.3 kg/(kW·h)。

航空燃气涡轮发动机的性能随外界条件和供油量的变化而变化，变化的规律称为发动机的特性。作为一个工作系统，航空发动机的特性是由发动机本身的部件、部件之间的共同工作以及发动机控制规律共同决定的。发动机工作在相对平稳状态的特性为发动机的稳态特性，发动机也存在启动、加速、减速等过渡工作过程，对应其非稳态特性。

14.4.3 发动机性能影响因素分析

1. 推力影响因素

由发动机推力的计算方法可知，航空燃气轮机的推力取决于发动机的空气流量 W_a 和进气、排气的速度差 $(c_9 - c_0)$。

流经发动机的空气流量和以下因素直接相关：

(1) 发动机来流总压。

进入进气道的空气总压越高，空气流通能力越强，发动机的空气流量越大。

(2) 发动机来流总温。

空气总温越高，密度越小（同时压气机对高温空气越难压缩），发动机的流量越小。

(3) 大气密度。

空气密度越小，流经发动机的空气流量越小。

(4) 发动机转速。

发动机的转速增大，压气机抽吸空气并进行压缩的能力增大，发动机的流量增大。

实际的飞行条件往往由以上因素共同起作用。比如，在发动机转速一定的条件下，飞行速度增大，空气来流的总温和总压都增大，引起流量变化的趋势相反。但飞行速度引起总压增大造成流量增大的趋势大于总温增大引起流量减小的趋势，因此随飞行速度增大，发动机的空气流量增大。

2. 耗油率影响因素

发动机的耗油率由发动机总的效率决定，即由推进效率和热效率共同决定。

(1) 推进效率。

推进效率由排气速度和飞行速度决定，二者相差越小，推进效率越高。

(2) 热效率。

发动机热效率的决定因素较多，主要的外部条件是来流温度，温度越高空气越难于压缩，压气机的部件效率越低，发动机的热效率越低。在发动机转速增大的过程中，增压比增大，发动机的热效率提高，但若发动机的转速超过经济转速，则压气机等部件的效率又会下降，发动机的整体热效率也会下降。

以上发动机的性能参数影响规律会直接在发动机的各种稳态转速中体现。

涡桨和涡轴发动机的功率变化情况和涡喷、涡扇发动机的推力变化规律类似，耗油率变化规律相似，因此不单独讨论。

14.4.4 航空燃气涡轮发动机的稳态特性

发动机的稳态特性包括速度特性、高度特性和节流特性。下面主要以不同类型发动机性能参数的变化规律介绍燃气涡轮发动机的速度、高度和节流特性。

1. 速度特性

在给定的油门杆位置、飞行高度、大气条件和调节规律下，推力和耗油率等参数随飞行马赫数的变化关系称为发动机的速度特性。典型的涡喷发动机、低涵道比涡扇发动机、高涵道比涡扇发动机的速度特性如图 14-50 所示。

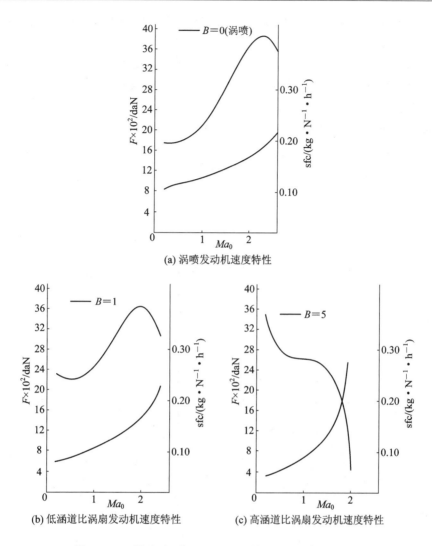

(a) 涡喷发动机速度特性

(b) 低涵道比涡扇发动机速度特性　　　　(c) 高涵道比涡扇发动机速度特性

图 14-50　涡喷（涵道比 $B=0$）、涡扇发动机的速度特性

当飞行马赫数增大时，从进气道进入的空气流量增大，这会引起推力的增大。但是飞行速度增大，(c_9-c_0) 将减小，会引起推力减小。涡喷发动机和低涵道比涡扇发动机的排气速度高，低马赫数时流量增加占主导地位，因此随飞行速度增大推力增大；高马赫数时 (c_9-c_0) 减小的趋势占主导，发动机推力减小。高涵道涡扇发动机低速时推力大，但随着飞行速度增大，(c_9-c_0) 减小的趋势大大超过发动机空气流量增大的趋势，因此高涵道涡扇发动机推力随飞行速度的增大而减小。

此外，飞行速度增大，气流经过进气道减速增压后温度提高，高温气体难于压缩，会造成发动机部件效率和整机热效率下降，因此随马赫数增大，各种发动机的耗油率均增大。

对于民航客机的高涵道比涡扇发动机，可以形象地讲，"飞得越快，发动机的劲越小，越费油"。

2. 高度特性

在给定的油门杆位置、飞行马赫数、大气条件和调节规律下，推力和耗油率等参数随飞行高度的变化关系称为高度特性。不同类型的燃气涡轮发动机的高度特性基本一致。

以涡喷发动机为例(见图 14-51),飞行 Ma 等条件不变,随飞行高度的增加,大气温度下降,低温有利于发动机压气机等部件工作,发动机的效率得到改善,因此耗油率不断下降,这也会提高发动机的排气速度和单位推力 F_s。直至飞行高度到达 11 000 m 的同温层,发动机的耗油率基本保持不变。

对于推力来讲,随高度增加,空气密度越来越小,发动机的空气流量急剧下降(图 14-51 中的空气流量用 q_{ma} 表示),该趋势的作用大大超过排气速度增大的趋势,因此发动机的推力单调减小,超过 11 000 m 时,这种下降趋势依然存在。

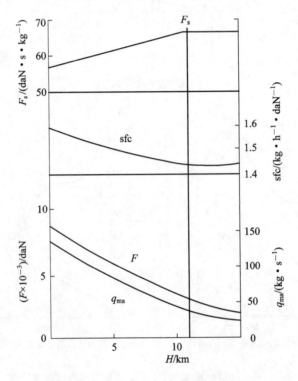

图 14-51 涡喷发动机的高度特性

综上所述,飞机飞得越高,发动机的劲越小,越省油。这种情况由发动机的高度特性直接决定,若民航客机在高原机场起飞,则空气密度降低,发动机的推力减小,这是飞机滑跑距离增加的主要原因之一。

此外,在同样的高度条件下,大气温度越高,空气流量越小,空气越难压缩,同时发动机各个部件的效率下降,发动机推力下降,起飞距离、起飞油耗也会增加。

涡轴发动机、涡桨发动机的功率随高度、温度变化的规律也是类似的,这造成使用涡轴发动机的直升机在高原地区或者在高温大气环境中的起飞重量大大减小。

3. 节流特性

在给定的飞行马赫数、飞行高度、大气条件和调节规律下,推力和耗油率等参数随油门杆位置或者发动机转速的变化关系称为节流特性。涡喷、涡扇发动机飞行条件一定时,发动机的空气流量是由发动机的转速决定的,转速往往是由油门杆的位置决定的,发动机的工作性能随转速变化的规律称为节流特性,也称为转速特性或油门特性。

涡喷、涡扇发动机的主要节流状态如下：

（1）最大工作状态：此时发动机工作于最大允许条件，转速最大，推力最大。此种状态下可连续工作的时间一般都有限制。

（2）额定状态：此时发动机的转速小于最大状态，推力为 90%～95% 左右。此种状态下可连续工作的时间也有限，但长于最大状态，对发动机寿命的影响也小于最大状态。

（3）最大连续工作状态：通常规定，当推力约为最大工作状态推力的 85% 时，为发动机的最大连续工作状态。涡轮前温度和耗油率相对较低，允许连续工作的时间较长，或在规定的寿命范围内没有限制。

（4）巡航状态：当推力约为最大工作状态推力的 60% 时，为发动机的巡航状态，具有最好的经济性，使用时间不限。

（5）慢车状态：慢车状态是发动机的最小推力状态，也是维持发动机自持工作的最小转速状态，一般推力约为最大推力的 5%，常用于进场着陆和地面滑行。

民航客机发动机有起飞（最大）、灵活起飞（额定）、巡航等不同状态；涡桨发动机则称为起飞状态、100% 额定、90% 额定；涡轴发动机则称为最大应急、起飞、额定等状态。

图 14-52 给出了典型涡喷发动机的节流状态和节流特性。随着转速的增大，发动机的推力一直增大。在达到巡航状态以前，发动机的油耗随发动机转速下降，原因是发动机转速增大带来压气机压比增加，引起效率改善，该趋势在较大范围占主导地位，所以油耗降低；到达巡航转速后，若进一步增大转速，则发动机的排气速度、排气温度可得到大大提高，但发动机的推进效率下降，该趋势将占主导地位，此时发动机的油耗又将增大。

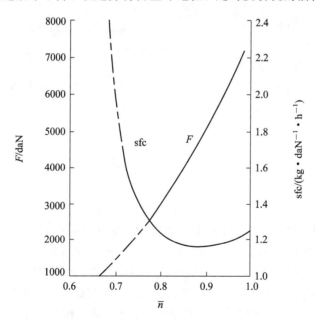

图 14-52　典型涡喷发动机节流特性

综上所述，飞行条件不变，"转速越高，发动机越有劲"。因此各种飞机将发动机不同转子的转速作为重要参数显示给飞行员。多转子发动机中，涡喷、混排涡扇高压转子转速更能体现发动机的工作状态，因此以涡喷发动机和混合排气涡扇发动机的 N_2 为主控参数。高涵道涡扇推力主要由外涵道产生，发动机以 N_1 为主控参数，控制发动机工况。

14.5 燃气涡轮发动机的工作系统

航空燃气涡轮发动机要想正常工作，离不开为其服务的几大工作系统：空气系统、燃油系统、启动点火系统、润滑系统，还有辅助动力装置。

14.5.1 空气系统

航空燃气涡轮发动机空气系统里的气流是指那些对发动机推力的产生无直接影响的空气气流。这些气流主要用于发动机工作的以下几个方面：对发动机内部进行冷却，轴承腔封严，压气机防喘控制，涡轮叶片的间隙控制，发动机防冰等。这些气流还可以为飞机的使用提供引气，用于飞机空调、机翼防冰、探头加热等。

1. 冷却与封严

发动机内部空气气流的主要任务是内部封严、压力平衡和内部冷却，主要气流的流向如图 14-53 所示。

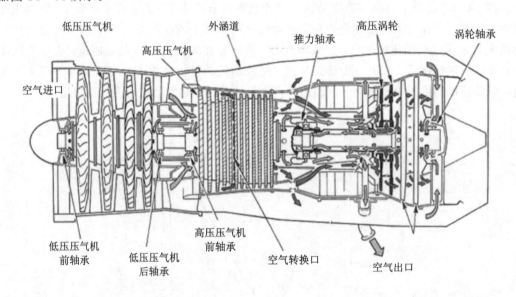

图 14-53 内部空气流向

如前所述，燃烧室的工作环境是十分恶劣的，燃烧室内燃烧释放的燃气温度大约是 1800～2000℃，由于燃气温度太高，不能直接进入涡轮导向器叶片，需冷却后进入涡轮导向器叶片。冷却在稀释区实现，在火焰筒与机匣间的两股空气流中，有 20% 引入火焰筒稀释区降低燃气的温度，其余 40% 用于冷却火焰筒壁，实现这一点主要借助于一层冷却空气沿火焰筒壁的内表面流动，形成一层隔热空气膜，将火焰筒壁面与热燃气隔开。

涡轮前燃气温度越高，涡轮喷气发动机的热效率越高，但是这个温度受到涡轮叶片和导向器材料的限制，因此需要对涡轮部件进行冷却，并按涡轮叶片向涡轮盘的热传导要求对轮盘加以冷却，从而防止热疲劳和不可控的膨胀率和收缩率。冷却涡轮盘的空气进入轮盘之间的空腔，并往外流过轮盘的表面，在完成冷却功能之后，排入主燃气流。

封严件用于防止滑油从发动机轴承腔漏出，控制冷却空气流并防止主气流的燃气进入涡轮盘空腔。在燃气涡轮发动机上可使用多种封严方法，如篦齿封严、液压封严、石墨封严和刷式封严等。选择何种方法取决于周围的温度和压力、可磨损性、发热量、重量、可用的空间、是否易于制造及安装和拆卸。

2. 压气机防喘

如果压气机的工作状态偏离设计状态太多，就会发生气流分离和空气动力诱导的振动。转子叶片可能因为空气流相对叶片的迎角太大或太小而失速。如果失速叶片过多，就会出现发动机喘振。压气机防止喘振的主要措施是采用压气机可调静子叶片（VSV）、放气机构和多转子，即通过改变迎角大小，避免叶片失速。

在单轴上实现高增压比时，必须在设计压气机时采用流量控制。控制形式是在第一级上安装可调进气导向叶片。此外，随着该轴上增压比的提高，在随后的一些级中采用可调静子叶片。可调静子叶片机构根据发动机的状态控制静子叶片的角度，主要由可调静子叶片、摇臂、同步（联动）环、液压作动筒和控制器等组成，如图 14 - 54 所示。当压气机转速从其设计值往下降低时，静子叶片逐渐关小，使空气流到后面的转子叶片上的角度合适。反之，转速增加时，静子叶片逐渐开大。

同步环　　　　摇臂　　　　　　　液压作动筒

图 14 - 54　可调静子叶片调节装置

放气机构是根据发动机状态控制放气活门的开关，打开放气机构放掉一部分压气机中间级的空气，一旦空气脱离喘振区，放气活门或者放气带就关闭。放气机构主要由放气活门（放气带）、液压作动筒和控制元件等组成。活门关闭过早或过晚均不利，关闭过早，发动机没有脱离喘振范围，仍可能喘振；关闭过晚，放掉了空气，造成了浪费，影响发动机的工作效率。

3. 发动机防冰

当飞机穿越含有过冷水珠的云层或在有冻雾的地面工作时，发动机的进气道前缘、进气整流罩、进口导向叶片都有可能结冰。防冰是必要的，这是因为结冰会大大限制通过发动机的空气流量，从而影响发动机的工作性能，并且脱落下来的冰块被吸入压气机后就会造成发动机部件损坏。

为了防止飞机某些部位结冰，根据结冰情况实时除冰，保证飞机安全飞行，人们常常采取适当的防冰与除冰技术。发动机防冰方法是对容易结冰的零件表面进行加温。常用热源有压气机热空气、电加热和滑油加热。

防冰用的热空气一般来自高压压气机，经防冰调节活门和供气管路送到防冰部位，如图 14-55 所示。进口整流罩防冰系统用过的空气可以排入压气机进口或排出机外。调节活门一般由飞机防冰探测系统的信号自动作动，管道上可由压力、温度传感器监视防冰热空气的温度和压力，一旦超限，传感器便给出信号。

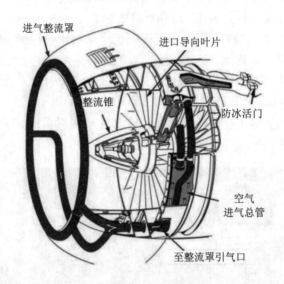

图 14-55　发动机防冰系统热空气管路

14.5.2　燃油系统

飞机的不同飞行阶段（滑跑、起飞、爬升、巡航、下降、进近、复飞等）需要不同的推力（或功率），对应着发动机不同的工作状态，需要供给发动机不同的燃油量。在飞机上有飞机燃油系统和发动机燃油系统。发动机燃油系统的工作过程是从飞机燃油系统将燃油供到发动机的燃油泵开始，一直到燃油从燃烧室喷嘴喷出，CFM56-3 涡扇发动机的燃油系统如图 14-56 所示。这中间除燃油泵外，还有燃油/滑油热交换器、燃油滤、燃油控制器、燃油流量计、燃油总管和燃油喷嘴等。

CFM56-5B 发动机燃油系统提供燃油流量到燃烧室，它所运送的燃油流量能够达到发动机工作所需要的量，并且冷却发动机滑油和整体驱动发电动机（IDG）滑油。燃油系统包含：有低压和高压元件的两级燃油泵、液力组件，滑油/燃油热交换器、FADEC 控制、IDG 滑油散热器、伺服机构燃油加热器、回油活门、燃油过滤器、燃油流量传感器、20 双圆锥体喷嘴（16 标准，以及 4 主喷嘴），以及燃烧器分级活门（见图 14-57）。

燃油泵主要负责供油和增压。目前世界各国研制的航空发动机的主燃油泵普遍采用齿轮泵。另外，柱塞泵作为燃油泵也是一种合理的选择。燃油泵有低压泵和高压泵之分，低压泵能够在低燃油进口压力下使热交换器更轻便且更有效，保证高压泵的进口总能维持一定的压力；而高压泵能够产生高燃油压力，保证发动机正常工作。

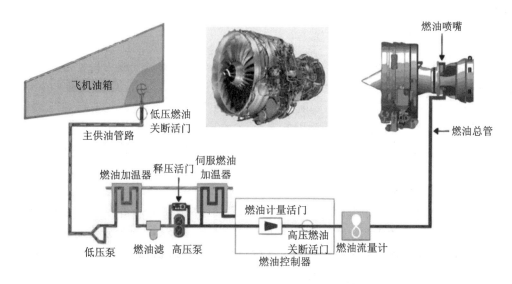

飞机油箱

燃油喷嘴

低压燃油
关断活门

主供油管路

燃油总管

燃油加温器　释压活门　伺服燃油
加温器

燃油计量活门

低压泵　燃油滤　高压泵

高压燃油
关断活门　燃油流量计

燃油控制器

图 14-56　CFM56-3 发动机燃油系统

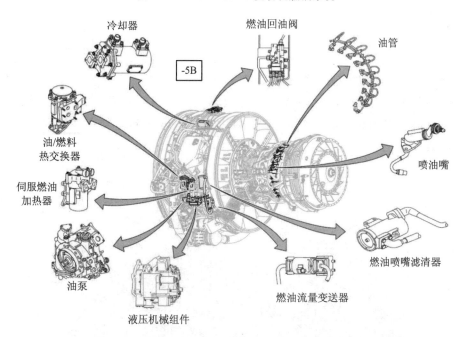

冷却器

燃油回油阀

油管

-5B

油/燃料
热交换器

喷油嘴

伺服燃油
加热器

燃油喷嘴滤清器

油泵

燃油流量变送器

液压机械组件

图 14-57　CFM56-5B 发动机燃油系统组件

14.5.3　启动点火系统

为了保证航空燃气涡轮发动机能顺利启动，需要有两个相互协调工作的系统——启动系统和点火系统。发动机在地面正常启动时，两个系统必须同时工作。首先由启动系统将发动机压气机转子带转到一定转速，使适量空气进入燃烧室并与燃油喷嘴喷出的燃油相混合，再由点火系统点燃燃烧室内的油气混合气，燃烧产生的高温高压燃气带动涡轮转动，此时，压气机在启动机和涡轮的共同作用下不断加速，当转速达到一定值时，启动机退出工作。

1. 启动系统

使航空燃气涡轮发动机转子的转速由零增加到慢车转速的过程称为启动过程。燃气轮机的结构和循环过程决定了它不能像汽车发动机那样自主地点火启动。在静止的发动机中直接喷油点火，压气机没有旋转，前面的空气没有压力，就不能使燃气向后流动，也就无法使涡轮转动起来，这样会烧毁燃烧室和涡轮导向叶片。所以燃气涡轮发动机的启动特点就是：先使空气流动，再点火燃烧，也即发动机必须要先旋转再启动。这就是矛盾所在：发动机还没启动，还没点火，却要它先转动。根据这个启动特点，就必须在点火燃烧前先由其他能源带动发动机旋转。

根据发动机启动过程中带动转子转动的扭矩与转子阻力矩的变化情况，可以将启动过程分为三个阶段：由启动机开始带动发动机压气机转子转动起到涡轮发出功率，转子仅由启动机带动；由涡轮开始发出功率起到启动机脱开为止，压气机转子由启动机和涡轮共同带动；由启动机脱开起到发动机进入慢车状态，转子由涡轮单独带动。

启动机必须产生高扭矩并传递到发动机旋转组件，以提供一种平缓的方式从静止状态加速转子，供应足够的空气到燃烧室和燃油混合燃烧，直到流经发动机涡轮的燃气流提供足够的功率取代启动机的功率。

启动机的类型有很多，通常使用的是电动启动机和空气涡轮启动机。电动启动机主要用于涡轮螺旋桨、小型喷气发动机和辅助动力装置上。电动启动机就是一台直流电动马达，使用、维护方便，尺寸小，易使启动过程自动化。图14-58所示为一种电动启动机，它通过减速齿轮、棘轮机构或离合器与发动机连接，当发动机达到自维持转速后能自动脱机。

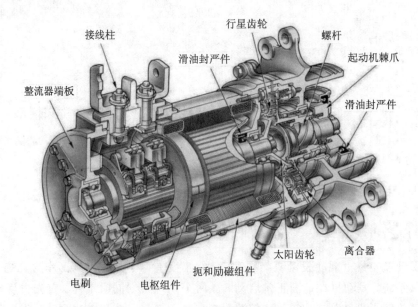

图14-58　电动启动机

空气涡轮启动机用于大多数商用和某些军用喷气发动机，由单级涡轮、减速器、离合器和传动轴等组成，如图14-59所示。空气涡轮启动机具有重量轻、扭矩大、结构简单的优点。但是空气涡轮启动机工作时需要有气源，它的可用气源有地面气源、机上辅助动力装置的引气和已启动的发动机的引气，因此它不单独启动。

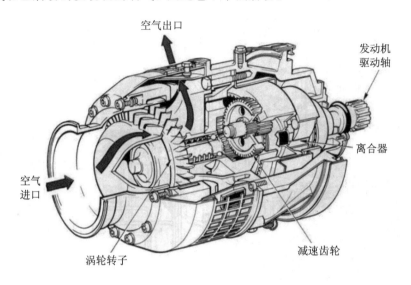

图 14 - 59　空气涡轮启动机

2. 点火系统

点火系统的作用是当发动机启动时产生电火花，点燃混合气，并且能在起飞、着陆和遇到恶劣天气下，提供连续点火。点火程序根据不同的电控单元 ECU 选择不同的点火系统，来增加系统的寿命。所有喷气发动机均采用高能点火，而且总是装备双套系统。点火系统包括点火激励器、点火导线和点火电嘴等。

点火装置使用的是飞机供电系统的电源，由启动点火系统电路控制。点火装置还可由飞机应急电源系统供电。电能被储存在点火激励器的储能电容中，直到达到非常高的预定电压值，该能量便以高电压、高电流放电形式通过点火电嘴释放出来，产生火花。就是说，点火激励器是把低压电转换成高压电，而高压点火导线是将高压电从点火激励器传送到点火电嘴。

根据使用的低压电源不同，点火激励器分为直流点火器和交流点火器两种。典型的直流断续器控制装置有一个感应线圈，如图 14 - 60 所示，由断续器机构操作，通过高压整流器给储能电容器充电。当电容器中的电压等于封严放电间隙的击穿值时，能量通过点火电嘴端面释放。装置中的扼流圈可以延长放电时间，并装有一个放电电阻用以保证在系统断开一分钟内电容器残存的能量被释放。点火装置中的安全电阻使装置安全工作。

交流点火器接受交流电，通过变压器和整流器对电容器充电。当电容器中的电压等于封严放电间隙的击穿值时，电容器通过电嘴的端面释放能量。如同直流点火器一样，它也有安全和放电电阻，如图 14 - 61 所示。

点火电嘴装在燃烧室，通常位于 4 点钟和 8 点钟位置。电嘴有两种基本类型，即空气间隙式与表面放电式。空气间隙式与常规活塞式发动机的火花塞相似，但其火花要击穿的电极和壳体之间的空气间隙较大。高的电压要求整个线路具有非常好的绝缘性能。表面放

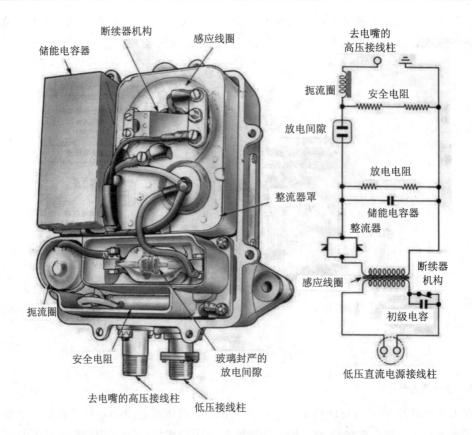

图 14 - 60 直流点火器

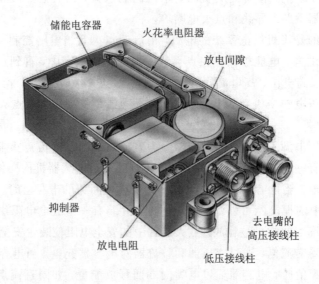

图 14 - 61 交流点火器

电式电嘴有一个绝缘的端头,它由半导体雷管构成,允许自中央的高压电极向壳体漏电,使得雷管表面电离,为储存在电容器中的电能提供一条低电阻通路。

14.5.4　润滑系统

航空燃气涡轮发动机润滑系统的主要功能与活塞式发动机一致,主要是对轴承、附件传动装置进行润滑和冷却,以及对燃油加温等。对于主要提供轴功率的涡桨和涡轴发动机,润滑系统还要为减速器进行润滑和冷却,并进行变距和扭矩测量。

润滑系统一般由供油系统、回油系统和通风系统三个子系统组成。供油系统把一定压力、一定量的滑油送到需要润滑的区域,如轴承腔、附件齿轮箱等。回油系统把润滑后的滑油尽可能快地送回滑油箱。这样既可以充分利用油箱中的滑油,又可以减少滑油在轴承腔等部位的停留时间,从而减少滑油接触高温的时间,有利于保持滑油的性能。通风系统将轴承腔、滑油箱和附件齿轮箱相互连通,以消除压差,提高滑油喷射效率,同时将各收油池的滑油蒸气收集到一起,进行油气分离,并将分离出的气体通到机外。

润滑系统部件包括滑油箱、滑油泵、滑油滤、磁屑探测器、滑油冷却器、油气分离器等。图 14-62 所示为 PW4000 涡扇发动机滑油系统主要组成部件。

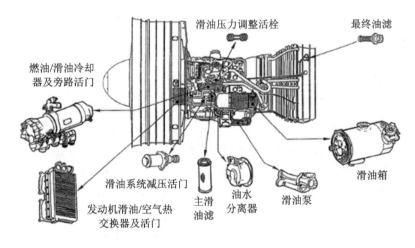

图 14-62　PW4000 涡扇发动机润滑系统部件

14.5.5　辅助动力装置(APU)

1. 主要功能

辅助动力装置(auxiliary power unit,APU)是指航空器上主动力装置(发动机)之外可独立输出压缩空气或供电的小型辅助动力装置。APU 一般是小型的燃气涡轮发动机(见图14-63),包括压缩空气引出装置、自动控制装置、附件齿轮箱和功率输出轴等。APU 通常安装在飞机的非增压部分(一般在飞机尾部),该部分通过防火墙与飞机的其他部分隔开。

飞机起飞前,APU 为航空器提供压缩空气,可用于航空器的空调系统供气或为主发动机启动机提供气源启动,也可在主发动机启动前为飞机电力系统输出电力,减少航空器对机场设备的依赖,在飞机起飞以后即停止工作。

在飞行中,当主发动机或其发电装置出现故障时,APU 可重新启动,能向航空器提供应急能源和气源,为发动机重启提供动力,提高飞行安全性;着陆时,也可为航空器提供能源。在大、中型飞机和大型直升机上均装有辅助动力装置。

图 14 - 63 安装在飞机尾锥的 APU

所以说，APU 既是保证发动机空中停车后再启动的主要装备，直接影响着飞行安全；又是飞机在地面时确保客舱舒适的必要保障，这会影响旅客对乘机机型的选择。因此 APU 成为飞机上一个重要的、不可或缺的系统。

有些特殊航空器上 APU 装置各系统的设计特殊，不供气、只供电，如波音 787 系列。还有一些航空器由 APU 供电启动发动机，但仍保留气源系统，应用于以前一些装有小功率发动机的航空器，如国产的运-7，运-8。

2. APU 结构

辅助动力装置的核心部分是一个小型的燃气涡轮发动机，大部分是专门设计的，也有一部分由涡桨发动机改装而成，一般装在机身最后段的尾椎之内（见图 14 - 64），在机身上方垂尾附近开有进气口，排气直接由尾锥后端的排气口排出。发动机前端除正常压气机外装有一个工作压气机，它向机身前部的空调组件输送高温的压缩空气，以保证机舱的空调系统工作，同时还带动一个发电动机，可以向飞机电网送出 115 V 的三相电流。APU 有自己单独的电动启动机，由单独的电池供电，有独立的附加齿轮箱、润滑系统、冷却系统和防火装置。它的燃油来自飞机上总的燃油系统。

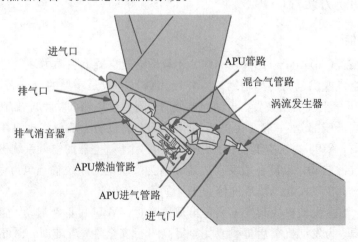

图 14 - 64 APU 结构

典型的 APU 启动系统的主要部件包括 APU 控制电门、APU 控制组件、APU 启动机（旧称起动机）、APU 启动继电器、飞机电瓶、传递电瓶电源到 APU 启动马达的导线。

习　题

1. 航空燃气涡轮发动机的常用类型有哪些？作为热机工作原理是否相同？作为推进器又有何不同？

2. 不同类型的航空燃气涡轮发动机都有的部件是哪些？

3. 为什么涡扇发动机相对涡喷发动机的低速推力大、耗油率低？随涵道比增加，这种趋势如何变化？

4. 轴流式压气机和离心式压气机的性能各有何特点，为何小发动机常用离心式压气机？

5. 涡桨发动机和涡扇发动机的性能差别有哪些？

6. 涡轴发动机和涡桨发动机的结构区别是什么？

7. 涡喷、涡扇发动机有哪些节流状态，推力和耗油率随转速如何变化？

8. 涡喷、涡扇发动机的性能随飞行高度如何变化？

9. 某涡轮喷气发动机的飞行速度为 360 km/h，已知 $A_9 = 1600$ cm^2，$p_0 = 95\,300$ Pa，求下列情况下发动机的推力：

（1）$p_9 = 122\,800$ Pa，$c_9 = 560$ m/s，$W_a = 51$ kg/s；

（2）$W_a = 50$ kg/s，$c_9 = 600$ m/s，燃气在尾喷管内完全膨胀；

（3）$c_9 = 600$ m/s，求燃气在尾喷管内完全膨胀时的单位推力 F_s。

（参考答案：（1）27 860 N；（2）25 000 N；（3）500 N/kg）

第15章　航空电动机动力系统

学习任务单

15.1　航空电动机动力系统组成

　　航空电动机动力系统主要依靠电池提供能量，直流电动机提供动力。直流电动机按换向方式可以分为有刷电动机和无刷电动机。有刷电动机采用机械换向，存在机械摩擦、换向火花、较难维修等缺点；无刷电动机采用电子换向，弥补了有刷电动机的缺点。为无人机提供动力的电动机主要有无刷电动机和空心杯有刷电动机。

15.1.1　无刷电动机动力系统组成

　　无刷电动机动力系统主要由电池、无刷电动机、电子调速器（ESC，简称电调，如图15-1所示）、平衡充电器和传动系统组成。

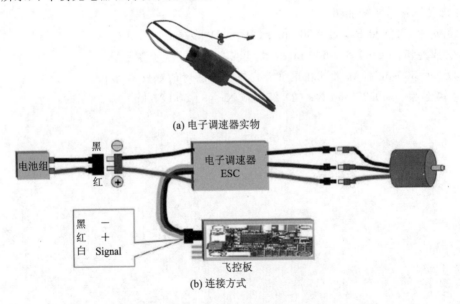

(a) 电子调速器实物

(b) 连接方式

图15-1　电子调速器

　　(1) 电池：能量装置，为电动机提供电能，常用能量密度大、重量轻、耐电流数值较高的锂聚合物电池。

　　(2) 无刷电动机：能量转换装置，将电能转化为机械能，属于外转子电动机，无电刷。

　　(3) 电调：主要作用是控制电动机的转速。其输入端的信号线与飞控板连接，两条输入线与电池连接，输出端三条线与电动机的三条输入线连接（见图15-1）。电调与电动机一样，不同负载的动力系统需要配合不同规格的电调。电调的其他功能还包括变压供电

（相当于变压器）、电源转化（相当于换相器），以及电池保护、启动保护和制动等。

（4）平衡充电器：专用电池必须采用平衡充电器充电。

（5）传动系统：电动机与螺旋桨（旋翼）之间的齿轮传动系统。

15.1.2　空心杯有刷电动机动力系统组成

空心杯有刷电动机的动力系统主要由电池、空心杯有刷电动机、MOS 管和平衡充电器组成。

（1）电池：为空心杯有刷电动机提供电能，常用锂聚合物电池。

（2）空心杯有刷电动机：无铁芯、有电刷的空心杯电动机。

（3）MOS 管：用作驱动电路。

（4）平衡充电器：专用电池采用平衡充电器充电。

15.2　有 刷 电 动 机

15.2.1　结构组成

有刷电动机主要由定子和转子两部分构成。

1. 定子

直流电动机运行时静止不动的部分称为定子。定子的主要作用是产生磁场和机械支撑，由主磁极、换向极、机座、电刷装置等组成。

1）主磁极

主磁极的作用是产生气隙磁场。主磁极由主磁极铁芯和励磁绕组两部分组成（见图 15 - 2）。

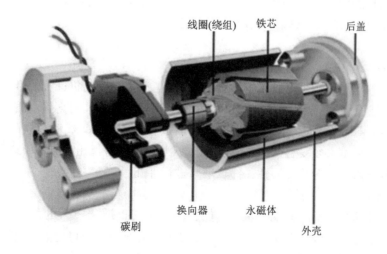

图 15 - 2　直流有刷电动机结构

铁芯一般用 0.5～1.5 mm 厚的硅钢板冲片叠压铆紧而成，分为极身和极靴两部分，上面套励磁绕组的部分称为极身，下面扩宽的部分称为极靴，极靴宽于极身，既可以调整气隙中磁场的分布,又便于固定励磁绕组。励磁绕组用绝缘铜线绕制而成,套在主磁极铁芯上。整个主磁极用螺钉固定在机座上。

2) 换向极

换向极的作用是改善换向,减小电动机运行时电刷与换向器之间可能产生的换向火花,一般装在两个相邻主磁极之间,由换向极铁芯和换向极绕组组成。换向极绕组用绝缘导线绕制而成,套在换向极铁芯上,换向极的数目与主磁极相等。

3) 机座

电动机定子的外壳称为机座。机座的作用有两个:一是用来固定主磁极、换向极和端盖,并对整个电动起支撑和固定作用;二是机座本身也是磁路的一部分,借以构成磁极之间磁的通路,磁通通过的部分称为磁轭。为保证具有足够的机械强度和良好的导磁性能,机座一般为铸钢件或由钢板焊接而成。

4) 电刷装置

电刷装置是用来引入或引出直流电压和直流电流的。电刷装置由电刷、刷握、刷杆和刷杆座等组成。电刷放在刷握内,用弹簧压紧,使电刷与换向器之间有良好的滑动接触,刷握固定在刷杆上,刷杆装在圆环形的刷杆座上,相互之间必须绝缘。刷杆座装在端盖或轴承内盖上,圆周位置可以调整,调好以后加以固定。

2. 转子

电动机运行时转动的部分称为转子,其主要作用是产生电磁转矩和感应电动势,是直流电动机进行能量转换的枢纽,所以通常又称为电枢,由电枢铁芯、电枢绕组、换向器、转轴和风扇等组成。

1) 电枢铁芯

电枢铁芯是主磁路的主要部分,同时用以嵌放电枢绕组。一般电枢铁芯采用由0.5 mm厚的硅钢片冲制而成的冲片叠压而成,以降低电动机运行时电枢铁芯中产生的涡流损耗和磁滞损耗。叠成的铁芯固定在转轴或转子支架上。铁芯的外圆开有电枢槽,槽内嵌放电枢绕组。

2) 电枢绕组

电枢绕组的作用是产生电磁转矩和感应电动势,是直流电动机进行能量变换的关键部件。它由许多线圈(以下称元件)按一定的规律连接而成,线圈采用高强度漆包线或玻璃丝包扁铜线绕成,不同线圈的线圈边分上下两层嵌放在电枢槽中,线圈与铁芯之间以及上、下两层线圈边之间都必须妥善绝缘。为防止离心力将线圈边甩出槽外,槽口用槽楔固定。线圈伸出槽外的端接部分用热固性无纬玻璃带进行绑扎。

3) 换向器

在直流电动机中,换向器配以电刷,能将外加直流电源转换为电枢线圈中的交变电流,使电磁转矩的方向恒定不变;在直流发电动机中,换向器配以电刷,能将电枢线圈中感应产生的交变电动势转换为正、负电刷上引出的直流电动势。换向器是由许多换向片组成的圆柱体,换向片之间用云母片绝缘。

4) 转轴

转轴起转子旋转的支撑作用,需有一定的机械强度和刚度,一般用圆钢加工而成。

15.2.2　工作原理

1. 基本原理

直流发电动机的工作原理就是把电枢线圈中感应的交变电动势,靠换向器配合电刷的换向作用,使之从电刷端引出时变为直流电动势(见图 15-3)。

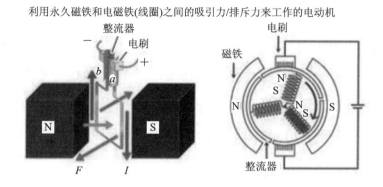

利用永久磁铁和电磁铁(线圈)之间的吸引力/排斥力来工作的电动机

图 15-3　直流有刷电动机工作原理图

直流电动机里固定有环状永磁体,电流通过转子上的线圈产生安培力,当转子上的线圈与磁场平行时,再继续旋转则受到的磁场方向将改变,此时应将转子末端的电刷跟转换片交替接触,从而线圈上的电流方向也改变,产生的洛伦兹力方向不变,从而保证电动机能保持一个方向转动。

感应电动势的方向按右手定则确定(磁感线指向手心,大拇指指向导体运动的方向,其他四指的指向就是导体中感应电动势的方向)。

导体受力的方向按左手定则确定。这一对电磁力形成了作用于电枢的力矩,这个力矩在旋转电动机里称为电磁转矩,转矩的方向是逆时针方向,企图使电枢按逆时针方向转动。如果此电磁转矩能够克服电枢上的阻转矩(如由摩擦引起的阻转矩以及其他负载转矩),电枢就能按逆时针方向旋转起来。

随着电动机转动,不同时刻给不同线圈或同一个线圈的不同的两极通电,使得线圈产生的磁场的 N-S 极与最靠近的永磁铁定子的 N-S 极有一个适合的角度差,磁场异性相吸、同性相斥,产生力量,推动电动机转动。碳电极在线圈接线头上滑动,像刷子在物体表面刷,因此叫碳刷。

在有刷电动机中,这个过程是将各组线圈的两个电源输入端依次排成一个环,相互之间用绝缘材料分隔,组成的圆柱体与电动机轴连成一体,电源通过两个碳元素做成的小柱子(碳刷),在弹簧压力的作用下,从两个特定的位置,压在线圈输入电源环状圆柱的两点上,给一组线圈通电。

直流有刷电动机的调速方法是变压调速,即调整电动机供电电源电压的高低,调整后的电压通过转向器和电刷的转换,改变电极产生磁场的强弱,达到改变转速的目的。

2. 主要特点

有刷电动机采用机械换向，磁极不动，线圈旋转。电动机工作时，线圈和换向器旋转，磁钢和碳刷不转，线圈电流方向的交替变化是随电动机转动的换相器和电刷来完成的。

有刷电动机是内含电刷装置的将电能转换成机械能（电动机）或将机械能转换成电能（发电动机）的旋转电动机。区别于无刷电动机，电刷装置是用来引入或引出电压和电流的。有刷电动机是所有电动机的基础，它具有启动快、制动及时、可在大范围内平滑地调速、控制电路相对简单等特点。

有刷电动机的主要缺点如下：

（1）摩擦大，损耗大。

有刷电动机使用一段时间以后，需要打开电动机来清理电动机的碳刷，费时费力，维护强度大。

（2）发热大，寿命短。

由于有刷电动机的结构原因，电刷和换向器的接触电阻很大，造成电动机整体电阻较大，容易发热，而永磁体是热敏元件，如果温度太高，磁钢会退磁，使电动机性能下降，影响有刷电动机的寿命。

（3）效率低，输出功率小。

有刷电动机发热很大程度是因为电动机内部电阻的能量消耗，电能大部分转化为了热能，所以有刷电动机的输出功率不大，效率也不高。

（4）噪声大，干扰大。

电刷摩擦的噪声较大，而且随着电刷逐步磨损，噪声会逐渐增大。同时，电刷会产生电火花，干扰无线电设备。

3. 型号与参数

直流电动机机座上的铭牌标注了一些额定值数据，它是合理选用电动机的依据，如额定功率、额定电压、额定电流、额定转速、励磁方式、额定励磁电流等。

有些物理量虽然不标注在铭牌上，但也是额定值，如在额定运行状态下的转矩、效率分别称为额定转矩、额定效率等。

直流有刷电动机的型号一般包含产品代号、规格代号、特殊环境代号、补充代号四个部分。

产品代号：如 Z3，Z 代表直流电动机，3 代表设计序号，即第三次设计序列。

规格代号：主要用中心高、机座长度、铁芯长度和极数表示。

（1）中心高指电动机轴中心到机座底脚面的高度，单位为 mm。

（2）机座长度用国际通用字母表示，S 为短机座、M 为中机座、L 为长机座。

（3）铁芯长度用阿拉伯数字 1、2、3…由短至长分别表示。

（4）极数分为 2 极、4 极、6 极、8 极等。

特殊环境代号：一般用汉语拼音的首字母表示，如高原（G）、户外（W）等。

补充代号：仅适用于有补充要求的电动机。

例如，Z3 - 200 - 2 是指第三次设计的直流有刷电动机，电动机的中心高为 200 mm，电枢铁芯长度代号是 2。

15.3　无　刷　电　动　机

15.3.1　无刷电动机工作原理

直流无刷电动机是一种不使用机械结构换向电刷，而直接用电子换向器的新型电动机，属于三相永磁同步电动机的范畴（见图 15-4）。

直流无刷电动机由电动机主体和驱动器组成，是一种典型的机电一体化产品。由于直流无刷电动机是以自控式运行的，因此不会像变频调速下重载启动的同步电动机那样在转子上另加启动绕组，也不会在负载突变时产生振荡和失步。中小容量的无刷直流电动机的永磁体多采用高磁能级的稀土钕铁硼（Nd-Fe-B）材料。因此，稀土永磁无刷电动机的体积比同容量三相异步电动机缩小了一个机座号。

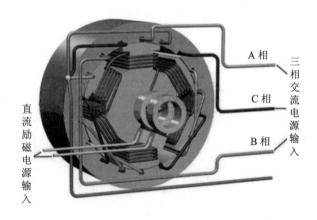

图 15-4　直流无刷电动机原理图

无刷电动机和有刷电动机在结构上有相似之处，也有转子和定子，只不过和有刷电动机的结构相反；有刷电动机的转子是线圈绕组，和动力输出轴相连，定子是永磁磁钢；无刷电动机的转子是永磁磁钢，连同外壳一起和输出轴相连，定子是绕组线圈，去掉了有刷电动机用来交替变换电磁场的换向电刷，故称之为无刷电动机（brushless motor）。有刷与无刷电动机在结构上的区别如表 15-1 所示。

表 15-1　有刷与无刷电动机在结构上的区别

名　称	定子	转子	换向电刷
直流有刷电动机	永磁磁铁	绕组	有
直流无刷电动机	绕组	永磁磁铁	无

没有了电磁场的变换，如何让无刷电动机转动呢？简单而言，依靠改变输入到无刷电动机定子线圈上的电流波交变频率和波形，在绕组线圈周围形成一个绕电动机几何轴心旋转的磁场，这个磁场驱动转子上的永磁磁钢转动，电动机就转起来了，电动机的性能和磁钢数量、磁钢磁通强度、电动机输入电压大小等因素有关，更与无刷电动机的控制性能有很大关系，因为输入的是直流电，电流需要电子调速器将其变成 3 相交流电，还需要从遥

控器接收机那里接收控制信号，控制电动机的转速，以满足模型使用需要。总的来说，无刷电动机的结构比较简单，真正决定其使用性能的是无刷电子调速器，好的电子调速器的价格要比有刷电动机高出很多。

　　无刷电动机中，换相的工作由控制器中的控制电路（一般为霍尔传感器＋控制器，更先进的技术是磁编码器）来完成。无刷直流电动机是采用半导体开关器件来实现电子换向的，即用电子开关器件代替传统的接触式换向器和电刷。它具有可靠性高、无换向火花、机械噪声低等优点。

　　无刷电动机采取电子换向，线圈不动，磁极旋转。无刷电动机使用一套电子设备，通过霍尔元件感知永磁体磁极的位置，根据这种感知，使用电子线路适时切换线圈中电流的方向，保证产生正确方向的磁力来驱动电动机，消除了有刷电动机的缺点。这些电路就是电动机控制器。无刷电动机的控制器还可以实现一些有刷电动机不能实现的功能，比如调整电源切换角、制动电动机、使电动机反转、锁住电动机、利用刹车信号、停止给电动机供电。现在电瓶车的电子报警锁就充分利用了这些功能。

　　无刷电动机产品的型号一般以 KV 值为准。例如，图 15-5 中电动机的型号为 2212/920KV，其中 22 代表电动机的外转子直径为 22 mm，12 代表转子的高度为 12 mm，920 KV 代表电压每增加 1 V 则电动机的实际转速增加 920 r/min。高 KV 的电动机相对同级别低 KV 电动机来说，转速高但扭力小，螺旋桨越大，升力越大，但对应需要更大的力量来驱动，电动机的 KV 越小，转动力量就越大，螺旋桨转速越高，升力越大。综上，大螺旋桨就需要用低 KV 电动机；反之，需要高 KV 电动机。

图 15-5　直流无刷电动机型号

　　如果高 KV 电动机带大桨，要么根本不能正常运转，要么桨的转速不够而不能离地，要么使电动机过烫而烧毁，引发飞行事故。

　　有刷与无刷电动机调速方式的区别是：实际上两种电动机的控制都是调压电压，只是由于无刷直流电动机采用了电子换向，所以要有数字控制才可以实现，而有刷直流电动机是通过碳刷换向的，利用可控硅等传统模拟电路都可以控制，比较简单。

　　（1）有刷马达调速过程是调整马达供电电源电压的高低。调整后的电压电流通过整流子及电刷的转换，改变电极产生的磁场强弱，达到改变转速的目的。这一过程称为变压调速。

（2）无刷马达调速过程是马达供电电源的电压不变，改变电调的控制信号，再通过微处理器改变大功率 MOS 管的开关速率来实现转速的改变。这一过程称为变频调速。

15.3.2　有刷与无刷电动机特点对比

（1）有刷电动机结构简单，开发时间久，技术成熟。

早在十九世纪，实用性电动机就是无刷形式，即交流鼠笼式异步电动机，这种电动机在交流电产生以后得到了广泛应用。但是异步电动机有许多无法克服的缺陷，以致电动机技术发展缓慢，尤其是直流无刷电动机一直无法投入商业运营。伴随着电子技术的日新月异，直至近几年直流无刷电动机才慢慢投入商业运营，就其实质来说依然属于交流电动机范畴。

无刷电动机诞生不久，人们就发明了直流有刷电动机。由于直流有刷电动机的结构简单，生产加工容易，维修方便，容易控制，同时直流电动机还具有响应快速、较大的启动转矩、从零转速至额定转速具备可提供额定转矩的性能，所以一经问世就得到了广泛应用。

（2）直流有刷电动机响应速度快，启动扭矩大。

直流有刷电动机的启动响应速度快，启动扭矩大，变速平稳，速度从零到最大几乎感觉不到振动，启动时可带动更大的负荷。无刷电动机启动电阻大（感抗），所以功率因素小，启动扭矩相对较小，启动时有嗡嗡声，并伴随着强烈振动，启动时带动负荷较小。

（3）直流有刷电动机运行平稳，起、制动效果好。

有刷电动机通过调压调速，所以启动和制动平稳，恒速运行时也平稳。无刷电动机通常是数字变频控制，先将交流变成直流，再将直流变成交流，通过频率变化控制转速，所以无刷电动机在启动和制动时运行不平稳，振动大，只有在速度恒定时才会平稳。

（4）直流有刷电动机控制精度高。

直流有刷电动机通常和减速箱、译码器一起使用，使得电动机的输出功率更大，控制精度更高，控制精度可以达到 0.01 mm，几乎可以让运动部件停在任何想要的地方。所有精密机床都采用直流电动机控制精度。无刷电动机由于在启动和制动时不平稳，所以运动部件每次都会停到不同的位置上，必须通过定位销或限位器才可以停在想要的位置上。

（5）直流有刷电动机使用成本低，维修方便。

由于直流有刷电动机的结构简单，生产成本低，生产厂家多，技术比较成熟，所以应用也比较广泛，如工厂加工机床、精密仪器等，如果电动机故障，只需更换碳刷即可，每个碳刷只需要几元，非常便宜。无刷电动机技术不成熟，价格较高，应用范围有限，主要应用在恒速设备上，如变频空调、冰箱等，无刷电动机损坏只能更换。

（6）无电刷，低干扰。

无刷电动机去除了电刷，最直接的变化就是没有了有刷电动机运转时产生的电火花，这样就极大地减少了电火花对遥控无线电设备的干扰。

（7）噪声低，运转顺畅。

无刷电动机没有了电刷，运转时摩擦力大大减小，运行顺畅，噪声会低许多，这个优点对于模型运行稳定性是一个巨大的支持。

（8）寿命长，维护成本低。

少了电刷，无刷电动机的磨损主要是在轴承上，从机械角度看，无刷电动机几乎是一种免维护的电动机，必要时只需做一些除尘维护即可。

（9）在适用范围方面。

无刷电动机：通常被使用在控制要求比较高、转速比较高的设备上，如航模、精密仪器仪表等对电动机转速控制严格、转速要求高的设备上。

碳刷电动机：通常动力设备使用的都是有刷电动机，如吹风机、工厂的电动机、家用的抽油烟机等，另外串激电动机的转速也能达到很高，但是由于碳刷的磨损，使用寿命不如无刷电动机。

15.4 空心杯电动机

15.4.1 结构特点

空心杯电动机在结构上突破了传统电动机的转子结构形式，所谓"空心"是指采用的是无铁芯转子，因为有一个像杯子一样的线圈，所以也叫空心杯形转子。这种转子结构彻底消除了由于铁芯形成涡流而造成的电能损耗，同时其重量和转动惯量大幅降低，减少了转子自身的机械能损耗。空心杯电动机属于直流、永磁、伺服微特电动机，也可以将其归类为微特电动机。

转子的结构变化使电动机的运转特性得到了极大改善，空心杯电动机具有突出的节能特性、灵敏方便的控制特性和稳定的运行特性，更为重要的是具备了铁芯电动机所无法达到的控制和拖动特性，技术十分先进，在很多领域代表了电动机的发展方向。

空心杯电动机分为有刷和无刷两种，空心杯有刷电动机转子无铁芯（见图 15 - 6），空心杯无刷电动机定子无铁芯，绕组采用三角形接法。

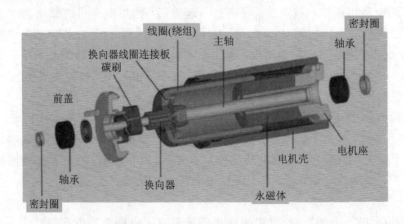

图 15 - 6 直流空心杯有刷电动机结构

由于转子重量大幅降低，因此空心杯电动机的转动惯性减小，相比传统铁芯电动机，大扭矩急加速、急减速性能突出。整体来说，它有体积小、效率高、功率密度高、可控性高、噪声小、散热效果好等优点。但是因为没有铁芯支撑，线圈只能做得很薄，这也导致了线圈和输出轴的连接强度有限，所以整体不可能做得太大。一般空心杯电动机的最大功率也就是几百瓦。

15.4.2 直流空心杯有刷与无刷电动机的区别

直流空心杯有刷与无刷电动机的结构对比如图 15 - 7 所示,有刷和无刷的区别如下:

(1)有刷电动机用物理碳刷和换向器的配合来完成换向,无刷电动机没有这种物理结构,线圈导线直接连接到控制器。

(2)无刷电动机多了个霍尔传感器。

(3)有刷电动机是线圈、换向器和连接板在外壳和永磁体中间旋转,它们共同组成转子。无刷电动机的线圈是固定的,磁铁在中间旋转,同时也是转子。

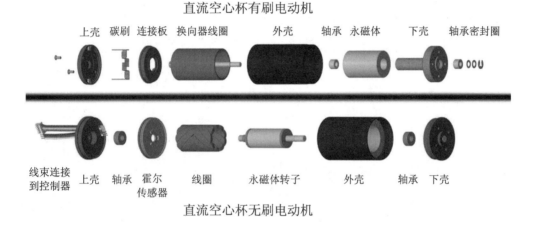

图 15 - 7 直流空心杯有刷与无刷电动机对比

15.4.3 特性与应用

空心杯电动机主要具有以下特性:

(1)节能特性:能量转换效率很高,其最大效率一般在 70% 以上,部分产品可达到 90% 以上(普通铁芯电动机一般在 20%～70%)。

(2)控制特性:启动、制动迅速,响应极快,机械时间常数小于 28 ms,部分产品可以达到 10 ms 以内(铁芯电动机一般在 100 ms 以上);在推荐运行区域内的高速运转状态下,可以方便地对转速进行灵敏的调节。

(3)拖动特性:运行稳定性十分可靠,转速的波动很小,作为微型电动机其转速波动能够容易地控制在 2% 以内。

(4)电磁干扰少:采用高品质的电刷、换向器结构,换向火花小,可以省去附加的抗干扰装置。

另外,空心杯电动机的能量密度大幅度提高,与同等功率的铁芯电动机相比,其重量、体积减小了 1/3～1/2。

空心杯电动机克服了有铁芯电动机不可逾越的技术障碍,而且其突出的特点集中在电动机的主要性能方面,使其具备了广阔的应用领域。尤其是随着工业技术的飞速发展,人们对电动机的伺服特性不断地提出更高的期望和要求,使空心杯电动机在很多应用场合拥有不可替代的地位。

综合看来,空心杯电动机可以应用在需要快速响应的系统中。例如,无人机和导弹的飞行方向快速调节、相机快速自动调焦、工业机器人、仿生义肢等。

空心杯电动机的应用,从军事、高科技领域进入大工业和民用领域后,十多年来得到了迅速的发展,尤其是在工业发达国家,已经涉及大部分行业和许多产品。

习　　题

1. 简述无刷电动机动力系统的主要特点和功能。
2. 直流无刷电动机与有刷电动机有什么区别?
3. 简述空心杯电动机的结构和原理。
4. 从应用的角度,阐述直流无刷电动机、有刷电动机与空心杯电动机的区别。

模块六　固定翼无人机的飞行准备和飞行操纵

　　本模块主要介绍固定翼无人机使用前一些必要的检查项目以及固定翼无人机手动飞行和自动飞行的知识。

　　无人机良好的状态是安全飞行的基础条件,因此,在使用前一定要确保无人机的飞行状态是良好的。在实际飞行中也有一些需要注意的事项,以及各飞行阶段应当注意的内容。

第 16 章　固定翼无人机飞行前必要的检查

16.1　稳定性检查

学习任务单

16.1.1　重心位置和稳定性间的关系

　　无人机的飞行需要满足稳定性条件,无人机的稳定性分为静稳定性和动稳定性。对于机动能力要求不高的无人机来说,一般都具有静稳定性。无人机的静稳定性是指在飞行过程中受到外界扰动,无人机的飞行状态发生改变后,具有的自动恢复到原来平衡状态的能力。

　　无人机的静稳定性是由重心和气动焦点的相对位置所决定的,即当重心位于气动焦点前面时,无人机具有静稳定性;反之,则不具有静稳定性。具有静稳定性的无人机的重心和气动焦点的相对位置如图 16-1 所示。

　　对于一款处于使用阶段的无人机来说,气动焦点的位置是固定的,而且可以从相关使用说明、设计资料中查找到。但是无人机的重心位置会随着任务载荷的装载、电池的规格以及安放位置、燃油的多少等因素而发生改变。因此,对于一款无人机来说,其气动焦点的位置是固定且已知的,但是重心位置则会随着使用情况的不同而发生改变。也就是说,在使用阶段,影响无人机静稳定性的因素是无人机的重心位置,即我们要保证无人机的重心位于气动焦点前部一定距离,这样才能保证无人机的静稳定性。

　　这里又涉及另外一个问题:重心和气动焦点的距离为多少是合适的?一般来说,无人机静稳定性的重心和气动焦点之间的距离是通过无人机的平均气动弦长来定义的。为了保证无人机的稳定性和操纵性,重心和气动焦点之间的距离为 8%～15%平均气动弦长是合

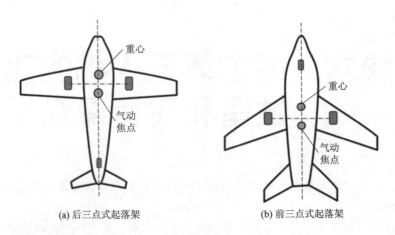

(a) 后三点式起落架　　　　　　　　　　(b) 前三点式起落架

图 16-1　具有静稳定性的无人机的重心和气动焦点的相对位置关系

适的。若重心和气动焦点之间的距离小于 8% 平均气动弦长，则无人机飞行过程中的稳定性得不到保证；若重心和气动焦点之间的距离超过 15% 平均气动弦长，则无人机的操纵不够灵活。由于气动焦点位置、平均气动弦长都是已知的，因此无人机重心合适的位置就可以推测出来。

16.1.2　重心位置测量方法

无人机重心位置的测量方法大致有三种：吊线法、支撑法和简单托举法。

吊线法应用悬挂的物体的吊线必经过物体重心的原理，采用两点或者多点悬挂，其吊线延长线的交点就是无人机的重心（如图 16-2 所示）。该方法是目前测量重心位置最精确的方法，也是无人机研发过程测量重心实际位置的试验方法。但是该方法需要专业的吊装设备，在无人机实际使用过程中并不常用。

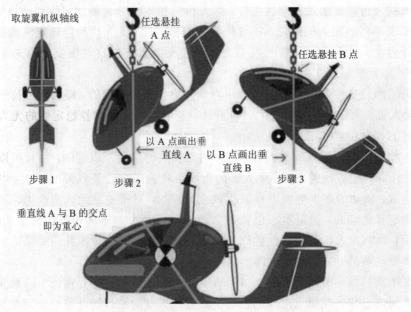

图 16-2　吊线法测无人机重心位置

支撑法是利用力矩平衡原理，间接测量重心的方法。具体测量方法为：在已知无人机主轮轮距、前/后轮到主轮轴线连线中垂线距离的条件下，分别测量无人机平放在地面上三个轮子的重量，然后应用力矩平衡原理计算得到无人机重心位置。该方法具体的原理下节会详细说明。该方法具有适用性强，对大、中、小型无人机都适用，操作简单，便于在野外机场实施且精度较高等优点，成为野外机场作业确定无人机重心位置最常用的方法。

吊线法和支撑法测量无人机重心位置都需要相对专业的设备和较长的测试过程，对经常使用的无人机来说就显得有些复杂了。对于尺寸小、重量轻、技术成熟度比较高的小型无人机来说，在飞行场地常采用简单托举法确定无人机的重心位置是否合适。简单托举法的测量过程为单人或者两人将手指放在无人机机翼前缘四分之一到三分之一弦长处，然后轻轻托举无人机。若无人机轻微低头，则无人机的重心位置合适；若无人机抬头，则无人机的重心位置靠后；若无人机低头严重，且当将手指移到机翼前缘处时，无人机保持平衡甚至低头，则无人机的重心位置过于靠前。

简单托举法是确定无人机重心位置最方便的方法，也是小型无人机测量重心位置最常用的方法。但是该方法并不能给出具体的重心位置，且精度不高，只能作为最简单的判定依据。

16.1.3　支撑法测量重心位置的原理

支撑法的基本原理是力矩平衡，即在地面上稳定放置的物体，其重心处的力矩是平衡的，也就是说重心处的力矩之和为零。对于无人机来说，一般机体具有几何对称性和重量对称性。正是由于这种对称性，无人机的重心位于机体纵轴轴线上。

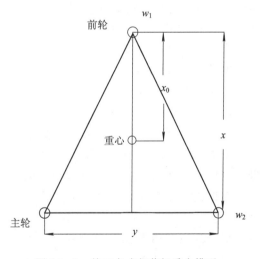

另外，无人机放置在地面上时，无论采用前三点式起落架，还是后三点式起落架，能够在重心处产生力矩的只有三个轮子所受到的地面支撑力。因此，可以把无人机在地面上的受力简化为三个轮子为顶点的等腰三角形。因此，只要知道该等腰三角形的尺寸和顶点处的受力情况，就能确定该等腰三角形的重心位置(如图 16-3 所示)。

对于该模型，重心处的力矩平衡方程为

$$w_1 \cdot x_0 = 2 \cdot w_2 \cdot (x - x_0) \quad (16-1)$$

从式(16-1)可得重心的位置为

$$x_0 = \frac{2 \cdot w_2 \cdot x}{w_1 + 2w_2} \quad (16-2)$$

图 16-3　前三点式起落架受力模型

支撑法具体的测量步骤如下：

(1) 将无人机的机轮放置在三个电子秤平台上(分别对应前面三个机轮)，重量分别通过电子秤读出；

(2) 测量前轮到主轮间的直线距离，记为 L_1；

(3) 测量两个主轮间的跨度，记为 L_2；

(4) 由勾股定理可知 $x = \sqrt{L_1^2 - L_2^2/2}$；

（5）带入式（16-2），可求得重心位置。

一般而言，无人机的气动焦点位置在总体设计阶段已经知道。在重心位置已知的情况下，我们就可以分析无人机的静稳定性是否满足要求。无人机的静稳定性主要通过无人机的重心和气动焦点的相对位置进行判断。若重心在气动焦点的前面，则无人机就是静稳定的；若重心在气动焦点的后面，则无人机就是静不稳定的。对于一架无人机来说，静稳定构型是最理想的状态。但是无人机的稳定性和机动性总是矛盾的：稳定性强，机动性就会减弱。因此，无人机的稳定性也不是越强越好。

若无人机的重心位置和气动焦点的相对位置不满足上述要求，则需要对无人机进行配重，使无人机的重心处在合适的位置。在对无人机重心配平时，应遵循以下基本原则：

（1）应尽可能采用任务载荷进行配平；

（2）在满足重心位置的前提下，用于配平的物体质量应尽可能轻；

（3）基于（2），用于配平物体的放置位置应当尽可能远离重心；

（4）重心位置对飞行安全和飞行品质会产生至关重要的影响，因此，当燃油的装载、任务载荷发生变化、着陆再次起飞时，应尽可能地重新确认无人机重心的位置。

16.2　机体对称性检验

16.2.1　机体对称性对飞行性能和飞行品质的影响

图 16-4 是美国 MQ-9"死神"无人机的多视图，也是固定翼无人机最常见的布局方式。如图 16-4 所示，该无人机具有对称性，主要包括几何尺寸的对称性和重量的对称性。

无人机之所以能够克服重力在天空飞翔，靠的是机翼的外形产生的升力。对于升力的产生来说，除了无人机的速度外，最重要的因素是机翼的形状、大小以及安装角度。机翼的形状、大小以及安装角度在很大程度上决定了产生的升力的大小。

对于常规布局的无人机来说，其左右两边的机翼在理想情况下应该是对称的。这种对称的机翼可以产生相同大小的升力，从而保持无人机的平稳飞行。若

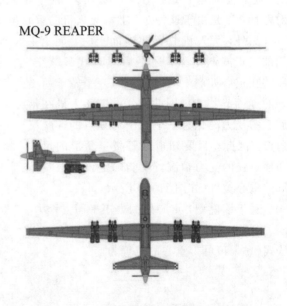

图 16-4　美国 MQ-9"死神"无人机多视图

机翼的形状、大小以及安装角度的对称性被破坏，则无人机两边产生的升力不一样，从而导致滚转、偏航等问题，给飞行操纵和安全带来隐患。

重量对称性同样如此。当无人机产生的升力一样时，重量较重的一边具有向下倾斜的趋势，同样会导致滚转、偏航等问题，给飞行操纵和安全带来隐患。

16.2.2　机体对称性包含的内容

无人机是具有对称性的，主要包括几何尺寸的对称性和重量的对称性。几何对称性主要包括机翼的形状、大小、安装角度以及表面质量等。

对于一架做工良好的无人机来说，其机体结构强度是满足使用需求的。但是随着使用时间的增长，机体、机翼难免会出现不当的碰撞、摩擦、变形等情况，这些因素都可能改变机身的几何参数。需要特别注意的是，机翼表面由于风化、摩擦等因素出现的脱皮等现象应引起高度注意。这些微小的表面缺陷可能引起飞行过程中气流的不对称分离，造成严重的飞行事故。另外，长期使用后，机翼也可能出现扭曲、变形等，从而影响几何特性。对于模块设计的无人机来说，由于使用时需要组装，随着组装次数的增多，两边机翼的安装位置可能出现变化。另外，无人机飞行过程中，在气动载荷的作用下，机翼总会发生一定程度的变形，极大地放大机翼各种缺陷引起的不对称性。虽然这些变形都不会很大，却能彻底改变无人机的飞行特性，带来不必要的安全隐患，因此应高度重视。

引起无人机重量不对称的因素有很多。在制造环节，每一个零件的重量不可能完全相同，这就可能带来重量上的不一样。对于采用复合材料制造工艺制造的无人机来说，黏合剂用量不同可能是引起重量不同的主要原因。另外，表面处理、喷漆等因素也可能引起重量的不相同。不过对于制造环节引起的重量误差，一般会有相对严格的控制，满足相关的产品质量要求。

重量不对称最大的影响因素来源于任务装载。无人机的飞行总是要完成特定任务的，这就不可避免地需要携带任务设备以及燃料、油料等。这些任务装载除了机身之外，最主要的装载位置是在机翼。如果装载不对称，就可能引起机体重量不对称。另外，对于采用轻木结构的简易无人机来说，其特点是具有一定的吸水性，长期使用也会引起重量不对称。

就重量不对称性来说，单一的因素（除任务装载外）一般不足以对飞行造成太大的影响。但是一旦这些因素叠加到一起，依然会引起不小的影响。

16.2.3　机体对称性检查的主要方法

机体对称性检查就是对无人机的几何对称性和重量对称性进行检查。检查的依据就是测量无人机左右的尺寸是否一样，即测量无人机左右机翼的尺寸、机翼展长、安装角度等。

对于无人机来说，这些不对称都很小，直接测量在使用环节很难实现。因此，这里提供一些在野外使用条件下简单检查无人机对称性的方法。一款固定翼无人机，其翼展一般较长。较长的翼展会对这些不对称因素具有放大作用。因此，一般通过对机翼参数进行测量，进而检查其对称性。

机翼展长：固定翼飞行器左右翼尖之间的距离，是衡量机翼气动外形的主要几何参数之一。测量时直接用卷尺或者皮尺测量即可。

机翼的安装角度（安装角）：机翼弦线与机翼中心之间的夹角。安装角又分为上反角和下反角。可以用水平仪测量无人机的安装角度，即分别测量机翼翼根和翼尖处的水平角度，根据左右机翼翼根、翼尖处水平角度的对比可以得到机体的对称信息。同时，同侧机翼翼根、翼尖水平角度的对比也可以反映机翼的加工精度和刚度。如果只是简单地对比机体是否对称，也可以通过测量左右翼尖与地面距离是否一样进行检验。

在这些测量中，要考虑地面是否水平，以及地面倾斜带来的影响（最好在水平地面上进行测量）。

重量对称性的检测可分为机翼安装前和机翼安装后。机翼安装前测量左右机翼的质量，机翼安装后测量左右机轮的质量。

16.3　无人机响应特性检查

16.3.1　各通道响应特性对飞行性能和飞行品质的影响

无人机的飞行控制主要依靠气动舵面，舵面的响应特性很大程度上决定了无人机的飞行品质。无人机主要的气动舵面与有人驾驶飞机一样，如图 16-5 所示。对于应用阶段的无人机来说，通道响应特性主要是指舵面的延迟和响应极性。

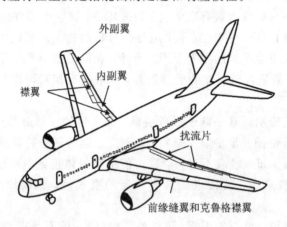

图 16-5　飞机主要的控制舵面

延迟特性即舵面响应跟踪操纵指令的速度。也就是说，舵面响应跟随操纵指令越快，延迟也就越小；反之亦然。舵面响应延迟会带来很严重的飞行安全隐患，特别是在变化较快的突风等因素快速改变无人机飞行状态的情况下，舵面响应延迟会加剧无人机的振荡，甚至发生失稳、坠机。对于高速飞行的无人机来说，舵面延迟会引发跨声速振荡问题。因此，理想情况下，无人机的操纵系统应当是在指令传输过程中瞬时完成的。

响应极性是指在特定指令条件下，各控制舵面的偏转方向。舵面响应极性又分为两种完全不同的情况：① 增稳模式和自动模式下的响应极性；② 各种飞行模式下对飞手操纵的响应极性。

无人机飞行中飞行姿态的改变主要依靠舵面偏转的调整。因此，飞行姿态的改变方向和大小主要由舵面的偏转方向和大小决定。也就是说，舵面的响应极性正确与否，在很大程度上决定了无人机的飞行安全和能否按照理想轨迹运动。

然而，就无人机的响应极性来说，增稳模式/自动模式下的自动调整与飞手的操纵响应是完全相反的。就作用而言，增稳模式/自动模式下舵面自动调整的目的是消除飞行在外界干扰影响下飞行状态的改变，使其回到原来的平衡位置。而飞手操纵响应舵面偏转的目的是使无人机按照操作意愿改变飞行状态。因此，在这两种情境下，舵面偏转的目的一个是消除无人机飞行状态的改变，另一个是有意识地主动改变飞行状态。

16.3.2　舵面响应速度和极性检查

舵面响应速度是由系统的特性决定的，在使用阶段并不能进行调整。然而，对舵面响应速度进行检查可以让相关人员熟悉无人机具体的延迟状态，进而对飞行过程中产生的影响做好必要的预判和准备。

舵面响应速度的检查相对简单，一般只需要在手动模式下，飞手站立在无人机尾部，由飞手摇动操纵杆，观察舵面随操纵杆运动而响应的速度，进而完成对舵面响应速度、有无延迟等情况的检查。

对于舵面响应极性的检查也分为操纵模式和增稳模式。下面以前三点式起落架无人机为例进行说明。在操纵模式下，操纵杆、舵面极性的定义以及舵面随操纵杆的正确响应如表 16 - 1 所示。

表 16 - 1　操纵杆、舵面极性的定义以及舵面随操纵杆的正确响应

舵面偏角	正负定义	操纵位移	正负定义	舵面随操纵的响应	上下左右定义
平尾偏角	平尾前缘上偏为正下偏为负	纵向操纵位移	前移为正后移为负	纵向操纵前移纵向操纵后移	平尾前缘上偏平尾前缘下偏
副翼偏角	右副翼后缘下偏为正上偏为负	横向操纵位移	左移为正右移为负	纵向操纵左移纵向操纵右移	右副翼后缘下偏右副翼后缘上偏
方向舵偏角	方向舵后缘右偏为正左偏为负	方向操纵位移	右脚蹬前移为正后移为负方向舵摇杆左移为正右移为负	右脚蹬前移方向舵摇杆左移　右脚蹬后移方向舵摇杆右移	方向舵左偏　　方向舵右偏
前轮偏角	前轮偏角左偏为正右偏为负	方向操纵位移	右脚蹬前移为正后移为负方向舵摇杆左移为正右移为负	右脚蹬前移方向舵摇杆左移　右脚蹬后移方向舵摇杆右移	前轮偏角右偏　　前轮偏角左偏

增稳模式下舵面极性的响应和操纵模式有很大的不同，下面同样以前三点式起落架无人机布局为例进行说明。在检查时，首先将无人机的模式调为增稳模式，然后通过外力改

变无人机的姿态,观察舵面的响应极性。增稳模式下无人机的姿态、舵面极性的定义和正确响应如表 16-2 所示。

表 16-2 增稳模式下无人机的姿态、舵面极性的定义和正确响应

舵面偏角	正负定义	姿态改变	正负定义	舵面随姿态改变的响应	
平尾偏角	平尾前缘 上偏为正 下偏为负	俯仰角	抬头为正 低头为负	无人机抬头 无人机低头	平尾前缘下偏 平尾前缘上偏
副翼偏角	右副翼后缘 下偏为正 上偏为负	滚转角	左滚转为正 右滚转为正	无人机左滚转 无人机右滚转	右副翼后缘上偏 右副翼后缘下偏
方向舵偏角	方向舵后缘 右偏为正 左偏为负	偏航角	左偏航为正 右偏航为正	左偏航 右偏航	方向舵右偏 方向舵左偏
前轮偏角	前轮偏角 左偏为正 右偏为负	偏航角	左偏航为正 右偏航为正	左偏航 右偏航	前轮偏角左偏 前轮偏角右偏

在实际检查时,应按照对应的条目,逐一操作并检查,确保不同工作模式下的舵面响应极性都正确。

16.3.3　动力装置怠速油门、响应速度

动力系统良好的响应性能是无人机飞行的必要保障。目前,无人机的动力来源主要为电动机和活塞式发动机。发动机产生推力的大小与油门开度以及飞行状态有关,某活塞式发动机的静推力、动推力以及飞行速度对推力的影响如图 16-6 所示。一般而言,电动机的响应速度要优于活塞式发动机,而且随着油门杆拉到最低时可以完全停下来。但是由于活塞式发动机的启动相对困难,为了保证飞行安全,要保证在油门杆拉到最低时,发动机依然可以平稳运转。

活塞式发动机在启动之后,油门杆拉到最低时具有的运转速度称为怠速。怠速要保证能够维持发动机以当前状态保持一段时间运转而不至于熄火。但是发动机的转速如果太大,产生的推力会使得无人机的停放不稳定,因此该转速越小越好。

无论是电动机还是各种内燃活塞式发动机,在油门杆最初始的增大阶段响应都不够灵敏。因此,要对油门杆的响应进行检查和校正。动力系统的响应特性可以通过遥控器油门通道的响应曲线进行调整。理想状态下,动力系统应当对油门杆的操纵产生线性的、平稳的响应。

同时,还要保证当油门杆推到最大时,动力系统产生的推力最大,该最大推力对应的操纵杆位置不能是操纵杆未到最大位置时,也应极力避免油门杆推到最大位置时发动机推力没有达到最大情况的发生。

如果有必要应进行调整,这些参数的调整也可以通过遥控器和地面站进行。

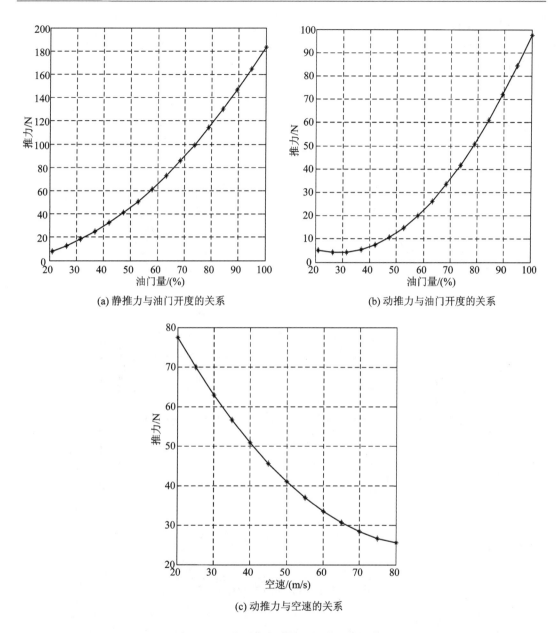

(a) 静推力与油门开度的关系　　　　　　　(b) 动推力与油门开度的关系

(c) 动推力与空速的关系

图 16 - 6　某活塞式发动机推力影响因素

16.3.4　滑跑稳定性和机动能力检查

无人机的起飞和着陆是最危险的两个阶段。因此，保证这两个阶段的飞行安全至关重要。无人机的起飞需要一定的速度，平稳的滑跑过程是无人机获得速度的必要条件。因此，应对无人机的滑跑稳定性进行测试。

无人机在地面的滑跑性能主要包括滑跑稳定性和调节的机动性能。无人机在地面滑跑时可以通过方向舵和前轮偏转角度调整航向。但是由于这些操纵可能引起无人机的侧翻和翼尖触地等危险情况，因此在滑跑过程中，无人机应当具有一定的稳定性能。

无人机稳定性能的检查主要通过实际的滑跑来实现。一般而言，我们希望无人机可以在平整的跑道上，在不经调整的情况下，以平稳、直线的方式加速到无人机抬前轮速度。若在滑跑过程中无人机出现转弯、向一侧偏移等情况，则应调节前轮的中立角度，直到无人机可以跑直为止。

调节的机动性能主要是指无人机在滑跑过程中可以灵活地、平稳地调整航向，实现360°转弯的能力。该能力是由无人机的性能决定的，飞手应当对该能力有充分的了解，使得无人机在起飞滑跑过程中能够安全、稳定地实现纠偏。大型无人机地面转弯示意图如图16-7所示。

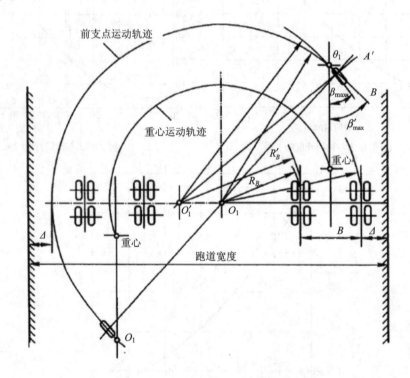

图16-7　大型无人机地面转弯示意图

16.4　配平情况检查

16.4.1　无人机配平对飞行性能和品质的影响

所谓无人机的配平是指利用舵面的预制中立位置实现静态配平以及利用机载传感器信号、自驾仪或者飞手的操纵实现动态配平。

对于一架设计良好的无人机来说，一般具有良好的静稳定性和机体对称性。在该情况下，无人机的静态配平是要保证在启动、无任何操纵状态下，各舵面位于中立位置。但是自动驾驶仪的动态增稳配平是依靠传感器测量的飞行状态反馈，以及自驾仪的调节指令，控制舵面偏转实现的。因此，该功能实现的基础是机载传感器的准确测量。机载传感器的正常使用比较复杂，而且不同厂家、不同型号传感器的使用方式差别很大。对于这些传感器，有些在出厂校正后就无需再校正，有些则要求每次使用前都要进行校正。而且机载传感器还受到磁场、电场、风速、风向等因素的影响,面临着诸多影响因素。飞手的操纵配平则属于个人技巧,需要个人技术的提升。

从以上配平过程的描述可知,无论采用哪种方式,无人机配平的实现都依靠舵面的偏转。如果由于配平的需要使得舵面偏转过大,一方面会增大飞行中的气动阻力,另一方面会减弱操纵无人机改变飞行状态时的舵面偏转角度。另外,频繁的配平操作会使得舵机的寿命减小,增加飞手的操纵困难,这些因素都是对飞行不利的。无人机机翼上的配平舵面如图 16-8 所示。

图 16-8　无人机机翼上的配平舵面

因此,对于无人机的飞行来说,理想的状态是无人机的舵面中立状态就是配平或者接近配平状态。

16.4.2　纵向配平调整

对于纵向配平来说,主要调节的是升降舵的中立位置。在起飞之前,应检查升降舵是否位于中立位置。在飞行过程中,观察无人机是否具有明显的低头或者抬头的趋势。如果有,就可以通过遥控器调节舵面的角度,使得无人机基本达到配平状态。

纵向动态配平主要依靠的是机载加速度计、陀螺仪测量的俯仰信号。飞行之前要确认陀螺仪能否正确测量无人机俯仰姿态的改变。

16.4.3　横向配平调整

对于横向配平来说,主要调节的是副翼的中立位置。在起飞之前,应检查副翼是否位于中立位置。在飞行过程中,观察无人机是否具有明显的滚转或者转弯的趋势。如果有,就可以通过遥控器调节舵面的角度,使得无人机基本达到配平状态。

横向动态配平主要依靠的是机载陀螺仪测量的滚转信号。飞行之前要确认陀螺仪能否正确测量无人机滚转姿态的改变。

同时,无人机自动飞行时的转弯还依靠罗盘以及 GPS 所确定的指向。因此,同样也要确认罗盘所确定的指向是否正确,以及罗盘和 GPS 所确定的指向是否一致。

16.4.4　方向配平调整

对于方向配平来说,主要调节的是方向舵的中立位置。在起飞之前,应检查方向舵是否位于中立位置。在飞行过程中,观察无人机是否具有明显的侧滑趋势。如果有,就可以通过遥控器调节舵面的角度,使得无人机基本达到配平状态。

　　方向动态配平主要依靠的是机载陀螺仪测量的偏航信号。飞行之前要确认陀螺仪能否正确测量无人机偏航姿态的改变。

　　同时,方向舵还承担着消除侧滑角的功能,侧滑角信号的获得主要依靠空速计。空速计的测量精度和环境状态密切相关,因此在使用前应当确认空速计和环境的匹配情况,消除环境误差。

习　　题

1. 简述无人机重心位置测量方法。
2. 简述无人机机体对称性检查的内容。
3. 简述无人机通道响应检查的内容。
4. 简述无人机如何配平,以及需要校正的传感器。

第17章 固定翼无人机的飞行操纵

17.1 起飞和降落

学习任务单

固定翼无人机的起飞和降落是事故最多发的两个阶段,飞行事故绝大部分都是发生在该阶段。起落阶段面临的干扰因素较多,如低空气流混乱、飞行速度处于失速的边缘、舵面操纵效率低等因素。为了飞行安全,固定翼无人机在起飞开始前和着陆后要进行充分的检查。

1. 起飞前准备

起飞前要进行充分的准备工作,来保证飞行的安全。这些准备工作主要包括以下几个方面:

(1) 检查机体是否有损坏,机体是否对称,有无变形;

(2) 确定电池电量是否充足,燃油是否满足飞行要求;

(3) 对于小型无人机,尽可能在全状态下确定重心位置是否合适;

(4) 检查机载设备是否正常、传感器测量是否正确;

(5) 检查舵面响应的极性是否正确;

(6) 检查无人机的操纵特性、舵面的响应特性;

(7) 检查油门控制通道的响应特性,检查螺旋桨的安装是否正确、有无破损,动力系统最大推力是否正常,怠速情况是否正常(如果可能,检查油门通道安全开关是否有效);

(8) 滑跑测试,可能的话,多滑跑几次。

2. 起飞操作

前三点机型相较于后三点机型由于使用了前轮转向,因此在地面转弯时更加精准灵活,在起飞阶段需要稳住方向舵,稳步加大油门,使飞机的速度稳定增加。若飞机机头有偏向的趋势,用方向舵轻轻地向相反的地方修复,让飞机在跑道上水平均匀地增加速度。当飞机达到起飞速度之后,轻拉升降舵,使飞机抬起前轮,随后整个机身离地升空,这便完成了一次起飞。

3. 降落操作

降落阶段,在五边航线的最后一边,先调整飞机机头对准跑道,保持速度进行降落,再降低高度到视线高度(2 m左右),逐渐拉杆减小飞机的下降率,同时收小油门,此时注意油门与拉杆的配合,若速度太低而去拉杆,则会使飞机失速,但是拉杆量过小会使飞机重着陆。如果减小下降率后飞机速度过快,就需要先判断飞机会不会冲出跑道,如果会就马上复飞,进入爬升状态;如果不会,就减小油门,根据飞机姿态调整拉杆量。

在飞机即将接地时,收死油门使飞机后轮轻轻接地,此时推杆使飞机前轮接地,进入最后的滑跑，滑跑期间注意飞机的机头指向，及时用方向舵修正，直到飞机稳定地停在跑道上。

4. 降落后的检查

无人机着陆后应当检查的事项包括以下几个方面：

(1) 配平状态下的舵面所处的位置，以方便下次飞行配平和对机体对称性进行调整；

(2) 机体状态检查，是否出现损伤；

(3) 电量和油量的检查，积累数据以判断无人机和动力系统的状态。

17.2　手动飞行操控

1. 直线飞行

无人机直线飞行是无人机操作的一个最基本的动作。理想的无人机直线飞行是在静稳定配平状态下，没有飞手参与操纵，自动驾驶仪不必参与增稳调节，无人机即可实现直线飞行。这种情况不但阻力最小，而且能适应速度的变化。

但是在现实的飞行过程中，无人机的机翼、垂尾、平尾并不能达到理想中的配平角度，而且在无人机飞行的过程中，无人机的飞行姿态也受到飞行环境（如风速、湿度等）的影响，需要飞手不停地调整无人机的姿态。

这就要求飞手在飞行的过程中随时注意无人机的飞行姿态。无人机在飞行过程中有绕着三个轴旋转的自由度，分别是机翼方向、机身方向以及垂直于地面的方向，在飞行时需要随时注意这三个方向上无人机的姿态变化，不停地用手上的摇杆控制无人机的飞行姿态。

若无人机绕机身进行滚转，则用副翼舵面调整该方向上的误差；若无人机绕机翼滚转，则需要调整升降舵；若无人机产生了偏航，则用方向舵进行调整。

在实际的飞行过程中，这三个方向的姿态误差大部分时间内都是同时发生的，单独发生的情况很少，所以需要飞手在摇杆上进行组合操作。具体的操作要结合当时无人机具体的飞行姿态来确定。例如，无人机在飞行过程中突遇从机尾左侧吹来的风，这时无人机将会低头并向右翻转，很有可能还伴随着向左的偏航。这时可先稳住机头不让无人机再下降高度，拉升降舵，随后向左打副翼，使无人机不再翻转，保证飞行在原有航线上，最后修正对飞行影响较为微弱的方向舵，使无人机在原有的航线上继续飞行。熟练后这些动作基本可以在发生扰动的一瞬间完成。

因此，对于无人机的直线飞行，飞手的训练是第一位的，飞手应在无人机的飞行中体验每一种情况的处置方法，并且熟悉每一个舵面的作用，这时才能更好地完成无人机的直线飞行。

2. 平飞、爬升、下降飞行状态的变换

平飞、爬升、下降飞行与无人机的直线飞行原理差不多，重要的是要在保证无人机直线飞行状态的基础上，添加爬升以及下降即可。

无人机的平飞状态表明无人机在空中受力平衡——无人机在空中的重力与升力平衡，发动机的推力与阻力平衡。

由升力公式 $L=\frac{1}{2}\rho V_\infty^2 C_L S$ 可知，在外部环境以及无人机形态确定的情况下，无人机的升力只与飞行速度有关，而飞行速度与油门大小有关，所以若无人机的状态良好，平飞时飞手只需要稳住无人机的油门大小在一个合适的量，使无人机的升力等于重力即可。而无人机的爬升/下降就是相对于无人机平飞的两个状态，所以在理想状态下，只需要增大无人机的油门即可让无人机爬升，降低无人机油门即可让无人机下降。

但是在实际的操控中，无人机的上升/下降还需要搭配无人机的升降舵来进行，使无人机的爬升/下降更为灵敏。所以在爬升时飞手需要增大无人机油门并拉升降舵使升降舵抬起，在下降时飞手需要减小无人机油门并推升降舵使升降舵下偏。这就是无人机平飞、爬升、下降三个状态之间的相互切换。

3. 转弯动作

在了解转弯动作之前，先了解无人机转弯时在空中的受力情况。

无人机在转弯时需要沿机身方向倾斜机身，向哪边转弯就需要向哪边倾斜。所以这时无人机的升力与平飞状态下有所不同，无人机在平飞时所有的升力均可与重力抵消，使无人机维持在一个平衡状态，但是在转弯时无人机的升力与重力方向会产生夹角，即并不是所有的升力都与重力相抵消。若无人机还以之前的油门大小飞行，则产生的升力不足以抵消重力，带来的明显变化就是无人机会下降。

因此，在无人机转弯时，飞手在使用副翼让无人机倾斜后，需要增大油门以及拉升降舵，使无人机依旧处在同一飞行高度上。要注意的是，油门增加的大小与升降舵拉的多少要结合无人机的倾斜姿态以及当时的具体环境决定，飞手需要多加练习。

4. 水平圆周飞行

在理解了无人机拐弯的原理后，无人机的水平圆周飞行是很简单的。飞手在学会无人机转弯的情况下，只需要维持住无人机转弯的状态，让无人机最后的轨迹与开始转弯的点相重合，就完成了一次圆周飞行。

在无人机做水平圆周飞行时，飞手需要时时刻刻调整无人机的姿态使轨迹重合，若感觉到转弯半径变小，则需要减小副翼坡度，减小转弯的半径。若感觉到转弯半径变大，则需要适度增大副翼坡度，且根据实际情况调整油门大小以及升降舵的大小，使无人机的高度以及转弯半径维持在初始高度以及初始的轨迹。

5. 四边航线

四边航线就是矩形航线，顾名思义就是无人机在天空中飞行的轨迹为矩形，操控时需要把直线飞行与转弯动作结合起来。在开始四边飞行之前，要先将无人机飞到与视线相垂直的航线上，开始第一边的直线飞行。在完成第一边的直线飞行之后，无人机飞行到合适的位置需要转弯，这时需要压无人机的坡度并补好油门以及升降舵，保持无人机的高度不改变。在转过90°之后，迅速回正坡度，使无人机回到平飞状态，继续第二边的直线飞行。之后的第三边与第四边飞行同理。

要注意的是，在拐弯完成时需要果断地将无人机的姿态复原到直线飞行的状态，不可太早也不可太晚。若太早，则无人机转弯没有到位；若太晚，则无人机转弯过大。这些都会影响最后飞行的轨迹。飞手在练习时需要注意感知转弯角度的大小，以便良好地把握。

6. 五边航线

五边起落航线是无人机操纵很重要的基本功之一。如果五边航线飞不好，就会很难将无人机降落在狭窄的跑道上；而对于刚刚开始学习飞行的飞手来说，甚至无法将无人机降落到跑道上。

普通的五边航线投影为矩形，分为一边（起飞爬升）、二边（侧风平飞）、三边（顺风）、四边（侧风下降）、五边（下降着陆），共有四次转弯，每个转弯航向偏转约 90°（静风下），其投影为一个闭合的矩形，故称为五边航线（见图 17-1）。五边航线与四边航线相比就是添加了起飞和降落两个阶段。

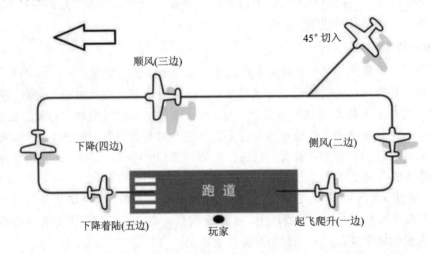

图 17-1　五边航线示意图

整个五边飞行包含了所有的基本飞行操作：滑跑，起飞，爬升，转弯，侧风\顺风\顶风航线，下降，着陆等。这些动作的完成质量会在很大程度上影响基础航线的精准度。对于基本飞行来说，如果五边航线飞不好，动作航线就会飞不好，降落也会落不好，还会有较大的飞行安全隐患。练习五边航线对于无人机操纵的最大作用是提高着陆质量和着陆精度。精准的五边航线可以使无人机非常精准地按照飞手的想法进行着陆。在一般的飞行中，若无人机出现紧急状况（如空中熄火等），则需要马上做出正确的判断，并控制无人机进入紧急着陆航线，这样才能极大程度地避免损失。所以在飞五边航线之前，直线飞行以及其他的航模基本飞行技巧要掌握得较为熟练。

第一边是起飞阶段，在无人机达到一定速度后柔和地拉杆使无人机离地；离地后进行一段稳定的小角度爬升，此阶段如果无人机出现问题并且跑道够长，就需要进行紧急着陆；当无人机加速至正常爬升速度后再逐渐增大爬升角度，并且保持直线飞行，这样的起飞也会是非常优雅而漂亮的。这样的飞行方法基本上适合所有的机型，新手切不可在无人机速度没有加起来时猛然拉杆，无人机速度不够时拉杆可能会造成无人机拖尾，严重的可能在起飞之后失速坠地。

达到正常航线高度后将无人机改平，改平动作没有太大的难度，一般是轻微推杆，改平后需根据速度大小进行油门的调整。随后进行一次转弯，以大约 90° 的角度进入侧风的第二边飞行。这时与四边飞行中的第二边无异，保证转弯的角度以及维持飞行高度即可，并根据当时的风速以及当地情况适当地调整转弯时的动作。

第三边与第二边基本相同，只需要调整好油门大小，保证无人机做直线飞行即可。

在第三边末尾时，就要开始着手无人机的减速以及下降了。这就是第四边，此时只需要与转弯动作结合即可。在转弯时，压无人机坡度之后，正常的做法是拉升降舵、补油门，使无人机转弯，此时需要无人机下降高度，并要注意飞行高度与速度的配合，高度过高无人机可能在降落时滑出跑道，高度过低可能会使无人机最后不能抵达跑道，这时就需要飞手多加飞行，感受无人机的高度与速度。

第四边之后，无人机就要进入到最后的降落阶段了。在第四边转第五边的转弯过程中，要注意转弯时机，若转弯过早，则无人机会对不准跑道（这时为了调整无人机航向，可能会使无人机机头冲着飞手，这样是很不安全的）。若转弯过晚，无人机可能会飞到飞手身后，这样会更加危险，增大了飞行事故的发生率。

这时有一个小技巧：在无人机转入四边飞行时，飞手眼睛的余光是可以看到自己肩膀的，这时用余光判断无人机飞到自己肩膀平齐的位置时进行90°急转弯，改平后无人机会处在离飞手很近的跑道延长线的正上方，之后再进行轻微的修正即可轻松对正狭窄的跑道。采用这个方法时，四边飞行要保持比较大的速度，因为这个急转弯会非常消耗无人机的势能。多练习这个方法，慢慢地就可以很容易地找到正常坡度四转弯的时机。

接下来就是五边航线的最后一边。第五边的前段与第四边基本相同，保持速度进行下降飞行即可。不过要注意无人机与跑道入口的距离，以及以目前的下降率和速度，无人机能否进入跑道，这时要根据经验进行调整。

即将着陆并下降至大约视线高度时，逐渐拉杆，减小无人机的下降率，同时降低油门以减小无人机的速度，此时要注意油门及拉杆的配合。拉杆过大会使无人机爬升后失速，拉杆过小可能导致重着陆；如果减小下降率后无人机即将失速，就需略微加大油门并减小拉杆，但不要使无人机爬升；如果减小下降率后无人机的速度过快，就需要先判断无人机会不会冲出跑道，如果会就马上复飞，进入一边爬升；如果不会，就减小油门，根据无人机的姿态调整拉杆量。

着陆动作是整个五边飞行中最难的一点，落得不好，轻则出现着陆跳跃，严重时会损伤起落架甚至机体结构。

在练习五边飞行时，飞手可以先从不接地的五边练起（也就是变种的四边飞行）。假设地面高度增加，在第五边时感受无人机拉飘的过程，并以较低的速度通场，过中线后加油门爬升进入一边。反复进行一段时间的练习后，就可以在第五边末端加入着陆动作了。着陆后在跑道上进行一段较高速度的滑跑，通过中线后加速起飞，进行标准的五边飞行训练。

7. 水平 8 字

水平 8 字是圆周飞行的升级版。水平 8 字飞行的俯视示意图如图 17-2 所示。

从图 17-2 可以很直观地看到，水平 8 字飞行其实就是两个相切的圆周飞行。在两圆的切点转换无人机飞行的方向，也就是向相反的方向压无人机的坡度，完成剩下的圆周飞行。其关键点就是在两圆切点时的状态转换，在切点时要迅速使无人机的横滚角度变化到与之前相反的状态，并进行下一个圆周转弯的飞行。在飞行中要全部遵循圆周转弯的要领，飞手多加练习才能更加精准地在切点摆好无人机的姿态与角度，让下一段的飞行更加顺畅。

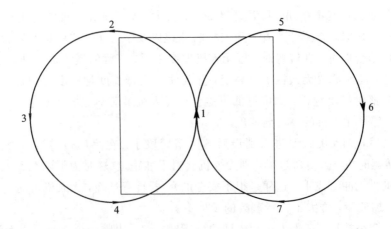

图 17-2　水平 8 字飞行的俯视示意图

17.3　自主航路飞行

对于一架状态良好的无人机，其自主航路飞行的主要工作是航路规划。无人机飞行航路规划需要从以下角度进行考虑：无人机的性能和任务需要。

1. 起飞速度的设定

就无人机自主飞行规划而言，首先要注意的性能指标为飞行速度。就飞行速度而言，失速速度和抬前轮速度需要特别注意。失速速度是指无人机能够保持正常、平稳飞行而不至于失速的最小飞行速度。如果飞行速度低于该速度，无人机将进入失速的危险飞行状态。抬前轮速度是无人机在起飞滑跑过程中抬起前轮时具有的速度。这两个速度在很大程度上决定了无人机的起飞速度和起飞性能。

若无人机的起飞速度设定得太大，则需要较长的滑跑距离，增加了对跑道长度的要求，同时也增大了出事故的可能性。但是若起飞速度设定得太小，则会引起不能拉起或者拉起后出现失速等问题。因此，在选择无人机起飞速度时，一定要结合无人机具体的性能进行设定。一般而言，将无人机的起飞速度设定为失速速度的 1.15~1.2 倍是合适的。

需要注意的是，真空速是无人机相对气流流动的真实速度。因此，应尽可能地采用真空速作为控制信号。但是测量真空速的空速计又是很容易受到干扰的，使用之前应对空速计进行校正。一般认为，在无人机不运动的情况下，空速计的测量波动要小于 2 m/s。

2. 起飞爬升段航路的设定

一般而言，无人机航路的第一个航点是起飞滑跑的原点，有时也把该点称为"home点"。第二个航点可以是沿着跑道尚未达到抬前轮位置的点，也可以是沿着跑道方向已经超过抬前轮位置、具有一定高度的点。第三个航点则是具有一定高度的航点。航点无人机无论怎样规划，在抬起前轮离地之后，无人机都将进入爬升阶段。

从离地、爬升到额定巡航高度的这段距离称为爬升阶段。在进行爬升段航路设定时，要特别注意无人机的爬升能力。无人机是具有最大爬升角度限制的。若爬升角度过大，则可能引起迎角过大，进而造成尾悬等危险事故。在设定航点时，两点之间的上升坡度要合理。若上升坡度太大，则无人机不能实现安全爬升；若上升坡度太小，则无人机爬升时间过长。另外，在设置爬升航点时，要重点考虑机场周围的空域情况，特别是高大的建筑、山体等，要确保无人机可以安全跨越。

因此，爬升段航点的设置要根据无人机的具体能力，以及巷道周围的净空情况而定。

3. 巡航段航路设定

巡航段航路设定需要从无人机的性能和任务需求综合进行考虑。

无人机主要的转弯方式是倾斜转弯。倾斜转弯方式决定了无人机不能以直角方式完成转弯动作。因此，就最简单的航路规划而言，四边形航路、圆形航路、椭圆形航路、纺锤形航路等最终的表现形式都是四边形的四个顶点。

由于采用倾斜转弯方式，无人机转弯半径的大小和无人机转弯时的倾斜角度直接相关：无人机倾斜角度越大，转弯半径越小；倾斜角度越小，转弯半径越大。不过，增大转弯时的倾斜角度虽然可以减小转弯半径，但也增加了无人机倾覆、掉高等危险。因此，在规划转弯航路时，两点间转弯的直线距离不能太小。如果该距离太小，无人机要么采用大倾斜角度过弯，存在不确定风险；要么为保证安全倾斜角度，不能精确地跟踪航线。

另外，在进行巡航段航路设定时，还要重点考虑任务需要。因此，在规划航路时，应当尽可能地在任务点上空设定返航点，以确保无人机可以经过该区域。

4. 着陆段航路设定

着陆段航路设定同样应当着重考虑无人机的性能问题。在着陆阶段，无人机的航速一般较低，容易出现失速、被侧风干扰等问题。同时，在着陆瞬间，还面临着地面冲击载荷对机体的冲击。因此，在进行着陆段航线设定时，要特别注意下滑角度问题。

若下滑角度太大，则无人机的下沉率较大，着陆瞬间起落架、机体等面临着较大的载荷。但是若下滑角度太小，则无人机的着陆航迹就会太长。

另外还有着陆末端的油门锁定问题。为了保证着陆后的安全，无人机一般会在着陆的同时锁定发动机。但是为了防止由于传感器存在误差出现测量不准确而提前触地的情况，一般会在无人机对准跑道后，距离着陆跑道 1 m 左右关闭发动机。此后，无人机以飘飞的方式进行着陆。

习　　题

1. 简述无人机手动操纵应注意的问题。
2. 简述无人机自主飞行航路规划应注意的问题。

参 考 文 献

[1] 冯秀. 无人机结构与系统[M]. 北京：机械工业出版社，2019.

[2] 张炜，苏建民，张亚锋. 模型飞机的翼型与机翼[M]. 北京：航空工业出版社，2007.

[3] 丑武胜，贾玉红，何宸光，等. 空中机器人（固定翼）专项教育教材[M]. 哈尔滨：哈尔滨工程大学出版社，2013.

[4] 董彦非. 通用航空发动机原理与构造[M]. 北京：北京航空航天大学出版社，2018.

[5] 陈廷楠. 应用流体力学[M]. 北京：航空工业出版社，2000.

[6] 董彦非，刘璐，刘星. 空气动力学与 CFD 应用[M]. 北京：航空工业出版社，2019.

[7] 朱宝鎏. 模型飞机飞行原理[M]. 北京：航空工业出版社，2007.

[8] 朱宝鎏. 无人飞机空气动力学[M]. 北京：航空工业出版社，2006.

[9] 董彦非. 航空动力装置[M]. 北京：中国民航出版社，2020.

[10] 陈廷楠. 飞机飞行性能品质与控制[M]. 北京：国防工业出版社，2007.

[11] 董彦非，陈元恺，彭金京. 可变后掠翼技术发展与展望[J]. 飞行力学，2014，32(2)：97 - 100.

[12] 董彦非，黄明，李瑞琦. 通用航空发动机发展综述[J]. 西安航空学院学报，2017，35(5)：8 - 13.

[13] 董彦非，李继广，屈高敏. 飞机飞行力学与控制[M]. 西安：西北工业大学出版社，2020.

[14] 匡江红，王秉良，吕鸿雁. 飞机飞行力学[M]. 北京：清华大学出版社，2012.

[15] 张九阳. 无人机发射与回收技术[D]. 南京：南京航空航天大学，2013.

[16] 龙江，周斌，庞杰. 飞机系统[M]. 成都：西南交通大学出版社，2018.

[17] 郝红武，梁毅辰. 航空航天概论[M]. 北京：北京航空航天大学出版社，2018.

[18] 张锡金，马文彪，李陆豫，等. 飞机设计手册（第 6 册）：气动设计[M]. 北京：航空工业出版社，2002.

[19] 刘星，司海青，蔡中长. 飞行原理[M]. 北京：科学出版社，2011.